分布式架构水循环模型与实践

DISTRIBUTED-FRAMEWORK BASIN MODELING SYSTEM AND PRACTICE

陈　钢　王船海　马腾飞
曾贤敏　金　洁　张娉楠　◎著

·南京·

图书在版编目(CIP)数据

分布式架构水循环模型与实践 / 陈钢等著. -- 南京 ：河海大学出版社，2024. 9. -- ISBN 978-7-5630-9292-5

Ⅰ. P339；X321.2

中国国家版本馆 CIP 数据核字第 20246RZ230 号

书　　名 分布式架构水循环模型与实践
FENBUSHI JIAGOU SHUIXUNHUAN MOXING YU SHIJIAN

书　　号 ISBN 978-7-5630-9292-5

责任编辑 倪美杰

文字编辑 汤思语

特约校对 杨　获

装帧设计 

出版发行 河海大学出版社

地　　址 南京市西康路 1 号(邮编:210098)

电　　话 (025)83737852(总编室)　(025)83722833(营销部)

经　　销 江苏省新华发行集团有限公司

排　　版 南京布克文化发展有限公司

印　　刷 广东虎彩云印刷有限公司

开　　本 787 毫米×1092 毫米　1/16

印　　张 13.75

字　　数 247 千字

版　　次 2024 年 9 月第 1 版

印　　次 2024 年 9 月第 1 次印刷

定　　价 120.00 元

前言

Preface

水乃万物之源，流域中的水文过程如江河般变换不息。随着气候变化和人类活动影响加剧，传统水文模型在应对复杂多变的水文过程时往往显得无能为力，难以提供精确而适应性强的模拟结果。因此，本书的核心在于探讨如何构建基于人类活动影响下的全流域水循环模拟系统，针对山丘区、平原水网区及城市管网等典型区域，构建多要素、多尺度、多过程的精细水循环模型，为流域防洪排涝、水资源调度和水环境保护提供可靠的技术支撑。

书中的模型系统起源于河海大学"太湖流域模型"，这一模型经过了四十余年的不断迭代与发展，以太湖流域为原型，覆盖了从山丘到平原水网的多样化水文环境。模型体系不仅能精细模拟水量平衡过程，还涵盖了水质、泥沙模拟等多方面的功能。本书特别聚焦于水量模拟功能及其实践应用，为读者提供全面的理论与实践指导。

自 2008 年加入"太湖流域模型"学术大家庭以来，笔者见证并亲历了团队在模型研究与开发上的持续突破。心怀"长风破浪会有时，直挂云帆济沧海"的信念，团队攻克了跨操作系统、跨硬件架构的技术难题，实现了软件的完全国产化。这一成果凝聚了团队几十年来的智慧与努力，实现了技术的飞跃。在笔者自身的学习和科研经历中，曾多次使用欧美开发的商业软件，而通过反复对比，我们自主研发的软件在性能上毫不逊色，且更具灵活性和适应性，完全值得推广与应用。

在此，笔者衷心感谢"太湖流域模型"团队的老师和同学们，正是他们的辛勤付出与不懈探索，奠定了本书的理论与技术基础。同时，也要特别感谢南京慧水软件科技有限公司，他们为模型开发及应用提供了宝贵的支持，让我们真正实现了产学研的深度融合。本书还要感谢“十四五”国家重点研发计划项目“长江下游洪涝灾害集成调控与应急除险技术装备”(编号:2021YFC3000100)的资助。

希望本书不仅能为从事水文模型研究的学者、工程师和决策者提供启发,也能为流域水资源管理和水环境保护贡献技术力量。愿我们共同携手,探索流域水文研究的广阔天地。

目录

Contents

第 1 章

绪 论

1.1 分布式水文模型综述

流域水文模型是模拟流域水文过程和认识流域水文规律的途径和重要手段，是流域产汇流计算、洪水分析与预报以及水资源优化配置与调度等水文分析计算的重要方法，一直是水文学和水资源领域的重要基础研究课题[1]。分布式流域水文模型最基本的特征是按流域各处气候信息(如降水)和下垫面特性(如地形、土壤、植被、土地利用)要素信息的不同，将流域划分为若干小单元，在每一个单元上用一组参数反映其流域特征，使模型在流域降雨径流上具有反映降雨和下垫面空间分布不均影响的功能。

因此，分布式流域水文模型有望尽可能真实地模拟流域产汇流过程的空间变化，已成为流域水文模型一个新的发展方向[2]。近二十年来，随着计算机、遥感(RS)和地理信息系统(GIS)等信息技术的发展，人们比较容易获取流域的空间变化信息(如地形、土壤和植被类型等)[3]，分布式水文模型取得了很大的进展，也出现了很多不同类型的模型。但多数分布式水文模型都存在着一些问题，还有待于进一步完善。

(1) 流域水文模型的发展

水文模型以水文系统为研究对象，根据降雨和径流在自然界的运动规律建立数学模型，通过计算机实现快速分析、数值模拟、图像显示和实时预测各种水体的存在、循环和分布，以及物理和化学特性的功能。流域水文模型的研究大约始于20世纪中期，经过半个多世纪的发展，流域水文模型已经在水利工程规划设计、洪水预报、水资源开发利用中得到广泛的应用，为解决各种工程水文问题和提高人们对水文规律的认识起到了巨大的作用[1,4-6]。流域水文模型的发展主要经历了以下四个阶段。

第一阶段，20世纪60年代前，流域水文问题的定性研究和推理分析阶段。世界范围大规模工程建设促进了工程水文学的发展和成熟。这一时期重要的进展和成就表现在：Sherman提出流域响应的单位线方法[7]，Horton提出降雨产流的入渗理论[8]，马斯京根洪水演算方法[9]，单位线推理方法[10]，流域地貌与径流过程关系的Horton河流定律[11]，以及Nash的瞬时单位线和线性水库等。这个阶段降雨径流的关系一般采用的是“黑箱”的经验性关系，尚未形成流域性的水文模型，但它为后来概念性流域水文模型奠定了基础。

第二阶段，20世纪60—80年代，概念性流域水文模型极大发展的阶段。在前一时期流域水文观测资料和计算经验积累的基础上，推理方法得到了改进和完善,但在应用中不断暴露出矛盾、提出新问题,为此人们开展了大量关于流域水文过程的实验研究。同时,计算机的出现和迅速发展,为采用精细复杂计算程序提供了现实可能性,在此基础上产生了流域水文模型。这个阶段的流域水文模型主要是概念性模型,即所谓的"灰箱"模型。代表性的概念性模型有:Stanford 模型[12,13],TANK 模型[14],新安江蓄满产流模型[15,16]和陕北的超渗产流模型、SSARR 模型、ARNO 模型[17]、SCS 模型[18]、HEC - 1[19]模型和 API 模型等[20]。尽管这个阶段的概念性模型比前一阶段的经验关系前进了一大步,但是尚无法给出水文变量在流域内的空间和时间分布情况,不能满足规划管理实践中对流域内各个位置水位水量情报的需要。基于这样的认识,Freeze 和 Harlan[21]发表的 *Blueprint for a physically-based, digitally-simulated hydrologic response model*,提出了分布式水文物理模型(Physically-based Distributed Models)的概念和框架,但限于当时的计算机水平,该阶段对分布式物理模型研究得并不多。

第三阶段,20 世纪 80 年代—20 世纪末,分布式水文模型开发阶段。随着计算机技术、地理信息系统、遥感技术和雷达测雨技术的发展,考虑水文变量空间变异性的分布式水文模型的研究逐渐发展起来,Freeze 和 Harlan[21]的分布式水文模型"蓝本"得到了实现,世界各地的水文学家开发了许多分布式或半分布式流域水文模型。其中最具有代表性的就是 SHE[22,23](Systeme Hydrologique Europeen)和 TOPMODEL[24]模型。这类模型从水文循环过程的物理机制入手,将蒸发、下渗、地表水运动、土壤水运动、地下水运动、产汇流等过程联系在一起来研究考虑水文变量的空间变异性,通常也称为"白箱"模型。

第四阶段,21 世纪初至今,多目标耦合的分布式水文模型和大尺度连续的水文模型开发阶段。分布式水文模拟技术和地理信息系统,数字高程模型(DEM)和遥感、航测及雷达等遥测技术相结合,集成开发一体化的分布式模型[25,26],来解决水资源评价、水资源规划、洪水预报调度[27]、污染物的输移、土壤侵蚀以及各种各样的水问题。将水文模型与各专业模型相耦合建立模型库集成系统,成为分布式流域水文模型的发展方向之一。典型的代表有:美国 USGS 的 MMS 系统,丹麦 DHI 的 MIKE SHE 等。同时,流域不再是水文学唯一感兴趣的方向,大尺度水文模型成为水文界新的研究热点[28],陆-气耦合、尺度转换、水文过程的非线性、空间不均匀性等均成为水文学的研究热点[29,30]。

回顾水文模型的发展史,可以清楚地看到流域水文模型的发展离不开量测技术的发展。量测技术是流域水文模型发展的基础,新量测技术的出现和发展,促使流域水文模型发展及完善。

(2) 分布式水文模型的概述

具有物理基础的分布式水文模型是用严格的数学物理方程表述水文循环的各子过程,在参数和变量中充分考虑空间的变异性,并着重考虑不同单元间的水平联系,对水量和能量过程均采用严格的物理方程描述的。参数一般都是明确的物理量,不需要通过实测水文资料来率定,解决了参数间的不独立性和不确定性问题,便于在无实测水文资料的地区推广应用[31]。模型从1969年Freeze和Harlan提出到现在,经过几十年的发展,不同的国家和地区出现了许多不同的分布式模型。根据模型的结构主要分为以下两类。

①基于物理方程的分布式模型

这类模型亦称为"分布式物理模型"或"紧密耦合型分布式模型"。其主要特点是在每一个水文模拟的小单元上应用水动力学原理来构建描述水文过程的物理方程以及相邻模拟单元之间的时空关系,一般应用数值计算方法求解。比较典型的模型有:Hewlett和Troenale在1975年提出的森林流域的变源面积模拟模型(简称VSAS)[3]。在该模型中,地下径流被分层模拟,坡面上的地表径流被分块模拟。1980年,英国的Morris开发了IHDM(Institute of Hydrology Distributed Model)模型,它根据流域坡面的地形特征,将流域划分成若干部分,每一部分包含有坡面流单元、一维明渠段以及二维(在垂面上)表层流及壤中流区域。Beven等和Calver等对IHDM模型进行了改进[24,32]。英国水文研究所(Institute of Hydrology)、法国的SOGREAH咨询公司和丹麦水力学研究所(Danish Hydraulic Institute,简称DHI)于20世纪80年代初期联合研究了SHE模型[22,23]。MIKE SHE是丹麦水力学研究所于20世纪90年代初期在SHE模型的基础上进一步发展起来的模型,用于模拟陆地水循环中主要的水文过程,包括水流运动、水质和泥沙输移。它以水动力学为基础,模型中所涉及的植物截留、蒸散发、坡面水流、河道水流、土壤水运动、地下水流和融雪径流等物理过程,均由基于质量守恒定律和能量守恒定律的偏微分方程组来描述,并对这些物理过程采用模块化的结构。在每个独立过程的模块中,采用有效稳定的差分格式进行数值求解[33-35]。美国华盛顿大学西北太平洋国家实验室于1994年提出并成功研制了分布式水文土壤植被模型(The Distributed Hydrology Soil Vegetation Model,简称DHSVM)。DHSVM在数字高程模型(DEM)的尺度基础上对流域的蒸散发、雪盖、土壤水和径流等水文过程做整体的描述,目前已经运用到很多研究领域[36,37]。但这类模型结构复杂,计算繁琐,目前还难于运用到大流域[3]。

②基于概念模型的分布式模型

这类模型亦被称为"分布式概念模型"或"松散耦合型分布式模型"。其主要特点是在每一个水文模拟的小单元上应用概念性集总式模型来计算净雨，再进行汇流演算，计算出流域出口断面的流量过程。常见的可用于构建概念性分布式水文模型的有：美国的SAC模型、日本的TANK模型、中国的新安江模型等。该类模型中比较典型的有基于新安江模型的分布式水文模型[38]和SWAT模型[39]等。SWAT（Soil and Water Assessment Tool）模型是由美国农业部（USDA）农业研究局（ARS）开发的基于流域尺度的一个长时段的分布式流域水文模型。它具有很强的物理基础，能够利用GIS和RS提供的空间数据信息模拟地表水和地下水的水量与水质，长期预测土地管理措施对有多种土壤类型、土地利用和管理条件的大面积复杂流域的径流、泥沙负荷和营养物流失的影响。模型中产流计算采用的是SCS径流曲线数方法（Modified SCS Curve Number Method），产沙计算采用的是修正通用土壤流失方程MUSLE（Modified Universal Soil Loss Equation）方法。SWAT模型结构和计算都比较简单，适用于具有不同的土壤类型、不同的土地利用方式和管理条件下的复杂大流域，并能在资料缺乏的地区建模[40-42]。该类模型结构和计算比较简单，一般适用于较大的流域。

除此之外，还有一类模型介于集总式模型和分布式模型之间，称为"半分布式模型"。其典型代表是TOPMODEL模型[43]和TOPKAPI模型[44]。TOPMODEL基于DEM推求地形指数 $\ln(\alpha/T_0\tan\beta)$，并利用地形指数来反映下垫面的空间变化对流域水文循环过程的影响，模型的参数具有物理意义，能用于无资料流域的产汇流计算。但TOPMODEL并未考虑降水、蒸发等因素的空间分布对流域产汇流的影响，因此，它不是严格意义上的分布式水文模型[45,46]。国内一些学者将TOPMODEL与GIS相结合建立了GTOPMODEL[47]。TOPKAPI模型是一个以物理概念为基础的分布式流域水文模型，它根据由DEM推求的流水网，通过几个结构上相似的非线性水库方程来描述流域降雨-径流过程中不同的水文、水力学过程，模型的参数可以在地形、土壤、植被或土地利用等资料的基础上获得模型。该模型在国外已有相当广泛的应用[48-50]。国内也有学者将其改进并运用到实际的研究中[51,52]。由于它们既不同于分布式概念模型的结构，又不同于分布式物理模型的结构，国内外一些学者称其为具有一定物理基础的半分布式模型。

(3) 水动力学方法在分布式水文模型中的运用

基于物理基础的分布式流域水文模型一般是在揭示流域产汇流物理机制的

基础上，通过有关的物理定律如质量守恒定律、能量守恒定律，演绎并推导出描述产汇流过程微分方程组，一般为常微分方程组或偏微分方程组，再通过对空间和时间积分获得模型。典型的分布式流域水文模型以水动力学为基础，模型中所涉及的植物截留、蒸散发、坡面水流、河道水流、土壤水运动、地下水流和融雪径流等物理过程均由基于质量守恒定律和能量守恒定律的偏微分方程组来描述。为了考虑降雨和下垫面因子空间分布不均的影响，在水平方向上将计算流域划分为若干网格；为了考虑土壤垂向分布的不均匀性和不同土层中的土壤水运动规律，将土层在垂直方向上划分为若干子土层。

该类模型中最典型的是 MIKE SHE 模型。它最基本的模块就是 MIKE SHE WM，用于描述研究流域内的水流运动[34]。MIKE SHE WM 模块本身就是一个模块化结构，它包括六个描述产汇流过程的子模块，每个子模块描述水文循环中的一个部分的主要物理过程，综合起来则描述了整个水文循环过程：截留/蒸发(ET)、坡面流和河道流(OC)、不饱和带(UZ)、饱和带(SZ)、融雪(SM)、含水层和河道的水量交换(EX)。在每个独立的子模块中，采用有效稳健的有限差分数值解法来求解描述水流运动的偏微分方程。所有过程的描述采用与水文过程的时间尺度最相宜的时间步长。另外 MIKE SHE 还增加了几个用于水质、土壤侵蚀和灌溉研究的模块[35]。主要包括 MIKE SHE AD(溶解质的平移和扩散)、MIKE SHE GC(地球化学过程)、MIKE SHE CN(作物生长和根系区氮的运移过程)、MIKE SHE SE(土壤侵蚀)、MIKE SHE DP(双相介质中的空隙率)、MIKE SHE IR(灌溉)。

王船海等[53-56]在多年的研究基础上研制开发了数字流域原型系统。它以数字流域为依托，在 DEM 的基础上生成数字流域水系，对水流用水动力学方法进行研究，可以模拟流域内任何地方的水流状态以及水量水质情况，既适用于河道单向流动的山丘区，也适用于河道纵横交错、流动方向不定的平原河网地区或者两者交互的地区。该系统主要包括产流模型、产污模型、河网水量模型，河网水质模型、湖区水流模型以及湖区水质模型等。由于下垫面以及植被类型不同导致产流机制不相同，模型内对于不同的下垫面采用不同的产流方式，依据国内流域特征，主要分为水面、水田、旱地和城镇道路四种类型。在水平方向上划分成单元网格，按不同下垫面的产流机制进行产流计算，汇流采用各单元网格的河网多边形分配方法。水量模型主要由零维模型(小的湖泊)、河道一维模型和湖区二维水流模型或湖区三维模型(大的湖泊)组成。通过数值求解各偏微分方程或方程组，以及耦合计算节点水位方程组，该模型可以模拟流域内水力要素水位及流量的时空分布。同时模型还增加了流域水质状况的模块，产污模型可以计算污染物的产生，尤其是非点源的情况，而水质模型在水量模型的基础上通过求解水质偏微分方程可以了解污染物的运移情况，以及流域内水质指标的时空分布。水量水质联合起来研究，可以模拟流域内水量水质的时空分布，满足生产实践的需要，在国内尤其是东南部广大的平原河网地区得到了广泛运用[53,55]。

1.2 分布式模型问题分析

分布式水文模型从提出至今经过了近 40 年的发展，特别是近 20 年来通过 RS 和 GIS 等高新技术的引进和相关学科的渗透，分布式水文模型取得了很大的进展，也出现了很多不同类型的模型。但是，从总体情况看，分布式水文模型还有待于进一步完善。Beven 将分布式水文模型面临的问题归纳为 5 个方面：非线性问题、尺度问题、唯一性问题、等效性问题和不确定性问题[57]。本书结合国内实际就以下几个方面的问题进行探讨：

(1) 分布式水文模型的定义问题

严格地讲，目前阶段没有一个水文模型是真正意义上的分布式水文模型，有的仅仅是在某种特定尺度、某种类型流域等条件下可以看作准分布式水文模型。真正意义上的分布式水文模型须达到流域的影响产汇流的任何变化均能准确地反映到模型的成果上，且模型的参数及参数公式能够从下垫面信息中获取，最终要能够达到系数化要求。从这个意义上讲，水文模型须具有全尺度、全流域、全因子等特性。

(2) 全流域型水文模型问题

目前分布式水文模型的研究，一般是针对山区型流域的水文过程的研究，而对于流域的中下游地区的水文循环过程研究不足，这导致了现有的大部分水文模型无法解决流域中下游的平原区水文循环问题，更加谈不上平原区水文循环的分布式模型。因此需要针对全流域型水文模型进行研究，构建具有分布式架构的全流域型水文模型。

(3) 非线性问题

非线性问题是分布式水文建模所面临的核心问题[58]。一方面，水文系统的非线性使远离平衡态的系统形成有序结构，同时，非线性的作用也使系统的演化具有多样性和不确定性，非线性特征决定了水文系统是一个复杂的系统[58-60]。分布式水文物理模型通过微分方程来描述这种非线性水文过程，但非线性的微分方程和边界条件十分复杂，目前尚未有解析解。分布式流域水文模型将流域划分为很多响应单元，来反映时空变异性，但在响应单元内部参数也是变化的，这样必然会产生误差。Reggiani等[61]曾试图在子流域以及亚网格尺度上直接应用物质、能量和动量守恒方程描述水文过程以解决这类参数化问题，但是没有成功。另一方面，非线性系统对模型的初始条件和边界条件非常敏感，而在分布式水文模型中难以确定这两个条件。

（4）尺度问题

水文尺度问题自20世纪80年代初被正式提出后，在水文科学中一直受到国内外学者广泛的关注和重视[61]。水文系统是一个时空耦合的系统，水文现象、水文过程、水文模拟等既随空间变化又随时间变化[62-64]。以尺度的大小通常将水文尺度分为微观尺度、中观尺度和宏观尺度三类。水文尺度不同，水文过程所表现出的水文规律和特征也不同，研究者们设法寻求不同水文尺度之间的水文规律和特征值，以及它们之间的相互转换关系，以期获得普遍性的规律，而如何实现不同尺度之间的转换是水文尺度研究目前面临的主要问题[65]。国内外很多学者对这个问题进行了研究[66-68]，提出了一些方法来解决尺度转换问题[69,70]，但仍未有令人满意的结果。针对尺度问题，目前存在着两种不同的观点，Beven[71]认为尺度问题最终将被证明是不可解决的，必须接受分布式水文模型的尺度依赖性；Blöschl[72]认为尺度问题正在逐步被解决，而且将来必然在水文学理论和实践中取得重要进展。

（5）不确定性问题

水文变量和模型参数具有很大的随机性，而目前大部分分布式水文模型是确定性模型。此外所有分布式模型均有这样的假设和近似处理，不同的模型或同一模型在不同的时间和空间分辨率下使用同样的参数可能会出现较大差别的计算结果，这样便带来模型预测的“不确定问题”。因此，目前的模型，即使是分布式物理模型，仍然需要通过与实测资料对比分析进行模型检验，以及进行模型参数的灵敏度分析。另外，还可通过模型诊断与相互比较的方法来减小模型计算结果的不确定性。但是由于受观测资料的限制，很难有模型得到充分的检验。不确定性问题研究有待于进一步加深[6]。

（6）耦合集成问题

分布式水文模型需要大量地输入数据，然而目前没有足够的输入数据，大大限制了分布式水文模型的发展。大气模型的不断开发研究为水文模型提供了可选择的数据源。一些学者进行了研究，结果表明水文模型和大气模型中模拟的资料互相应用，可以取得较好的结果[73-75]。但是仍然存在一些问题，比如水文模型没有包括陆地水文循环中水的横向迁移，对蒸散发的模拟完全是根据垂直方向的水量平衡等，因此，应加强水文模型与大气环流模型的耦合研究。

分布式水文模拟技术应与地理信息系统、数字高程模型和遥感、航测及雷达等遥测技术相结合，集成开发一体化的分布式模型，并与其他专业系统模型相耦合建立模型库集成系统来解决水资源评价、水资源规划、洪水预报调度、污染物的输移、土壤侵蚀以及气候变化等问题，即分布式水文模型应朝多目标的方向进行发展。但是目前模型集成中仍然存在许多问题，需要进一步研究。

(7) 数据不足问题

由于分布式流域水文模拟需要大量的基础数据，数据不足的问题就显得尤为突出。除了加强地面观测工作及自动测量技术运用外，研究者更多要依靠遥感、航测、雷达等遥测技术来解决数据不足的问题。对于水文模型，依托遥测技术提供流域空间特征信息，是描述流域水文变异性的最为可行的方法，尤其是在地面观测资料缺乏的地区。但由于遥感资料还没有完全融入水文模型的结构中，直接应用还有很大的困难，又缺乏普遍可用的从遥感数据中提取水文变量的方法，使得遥感技术在水文模型中的应用水平还比较低。因此，加强遥感技术与水文模型的集成和从遥感数据中提取水文数据的方法研究，对于水文模型的创新十分必要[76]。

从整个全球水循环过程可以看出(图 1.2-1)，在水循环的不同阶段与不同时间上，水的表现形式不同、迁移与转化规律不同；即使在同一地区，阶段不同，

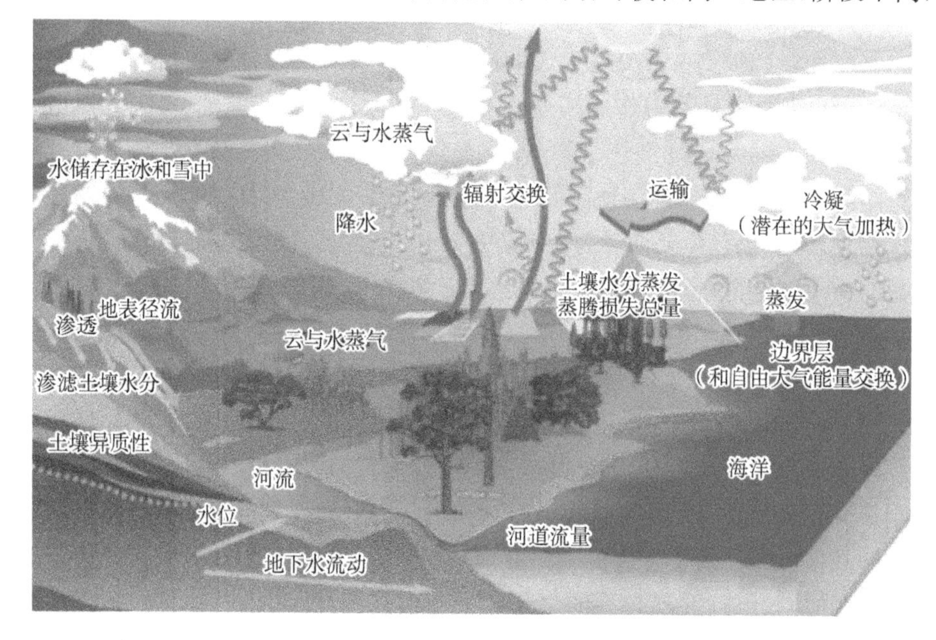

图 1.2-1　全球水循环过程示意图

其迁移与转化规律也不相同;此外在陆面上的不同地区,其产汇流规律也是不相同的;因此水循环研究方法与手段需要有针对性。

在全球水循环过程中,可以将其分解为垂向循环过程(图 1.2-2)与横向循环过程(图 1.2-3),在两个方向水循环的不同阶段其基本规律是不同的。在垂向水循环中水分在不同的介质中以不同的状态进行着水循环的迁移转化,其规律是不同的。垂向水循环主要分为两个阶段:①水分在空中的迁移与转化阶段,该阶段主要属于气象学家们的研究领域;②陆地水循环,该阶段水文学家们研究得较为充分。目前这两个阶段的研究已有相互交叉的趋势,即研究陆-气耦合模式,但从目前的研究看,其间的耦合方面研究还不太充分,大部分集中在连接方式的耦合研究上。

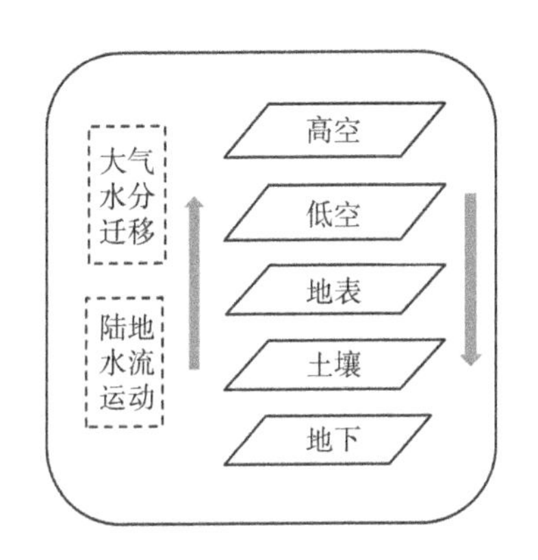

图 1.2-2　垂向水循环示意图

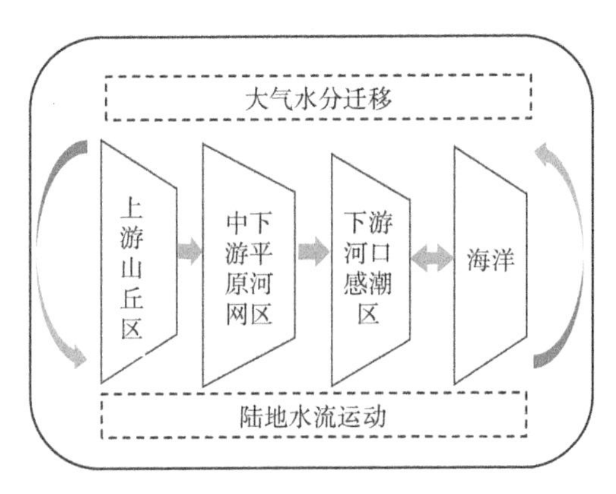

图 1.2-3　横向水循环示意图

在横向水循环过程中,水分在空中的迁移与转化相对来说运行规律单一,所处的介质也是一致的,而水循环在陆面的迁移转化过程中,主要受陆面的地形、地貌与下垫面等影响,可以将其分解为两个阶段:产流阶段与汇流阶段。水分从海洋、陆面通过蒸散发进入天空,通过空中的大气迁移与输运到内陆地区,再通过降雨降在不同区域,在陆面上水流循环遵循由高到低的规律,从上游山丘区—中下游的平原河网区—下游河口感潮区到最后汇入海洋。水流在不同类型的地区其产汇流运动规律是不相同的:在流域的上游山丘区段,地势较陡,洪水运动受地形的影响,流速快,汇流时间短,河系流向单一,呈树状,干支流相互影响小,且有唯一的流域出口断面控制;在流域的中下游段,地形起伏变化小,河道纵横交错,呈网状,干支流相互影响,流向不定,并且湖泊星罗棋布,人工建筑物众多,洪水运动情况复杂;在流域的下游河口感潮区段,地形起伏变化小,河道与湖泊纵横交错,呈网状,流向不定,且靠近入海口,受潮汐顶托与海水上溯的作用,再加上人工建筑物控制，水流运动更为复杂，经常有漫堤现象。横向的不同分区段的产汇流规律均不相同，再加上垂向不同水分循环介质的不同，直接导致了陆面上三维分区结构上的水分迁移转化规律的不一致性，也使得不可能采用一个统一的理论来描述其运动规律。需要指出的是，横向循环过程分解为上游山丘区、中下游平原河网区及下游河口感潮区是一种概念化的划分，在一个流域并非截然区分开的，有时是相互交替存在着的。

陆面水循环、海洋水循环与大气水分迁移转化构成整个地球的水循环，在这三个主要部分的水循环结构中，在现有的尺度情况下，海洋水循环与大气水分迁移转化结构中，水循环运行的介质相对简单，其迁移转化的规律可以采用明确的物理方程描述，但求解难度较大。陆面水循环中由于覆盖面广，下垫面复杂多变，影响陆面水循环的因素众多，水循环运行的介质也多变，在不同的介质中水循环的迁移转化规律均不相同，其循环规律目前还没有完全掌握，因此陆面的水循环问题是目前全球水循环问题研究的重点，陆-气、陆-海耦合研究也是今后研究的重点问题。

尺度问题对于水文循环的研究起着重要的作用，下面对于尺度问题进行进一步分析。表 1.2-1 水文时间尺度和空间尺度的一种分类列举了由 Dooge 提出的 9 个子类划分[77]。虽然这种划分不是唯一的，但的确为讨论范围较广的水文尺度问题提供了一个基础。

表 1.2-1　水文时间尺度和空间尺度的一种分类

分类			空间尺度		时间尺度	
大类	子类	系统	典型长度(m)	典型面积(km^2)	类型	量级
宏观	1	全球	10^7	10^8	地球演变	10^9 年
	2	大陆	10^6	10^6	侵蚀循环	10^5 年
	3	大流域	10^5	10^4	太阳黑子	10 年
中观	1	小流域	10^4	10^2	地球轨道	1 年
	2	子流域	10^3	1	月球轨道	1 月
	3	水文模块	10^2	10^{-2}	地球自转	1 日
微观	1	代表性单元	10^{-2}	10^{-10}	试验过程	1 秒
	2	连续介质点	10^{-5}	10^{-16}	连续介质点	10^{-6} 秒
	3	水分子	10^{-8}	10^{-22}	水分子	10^{-13} 秒

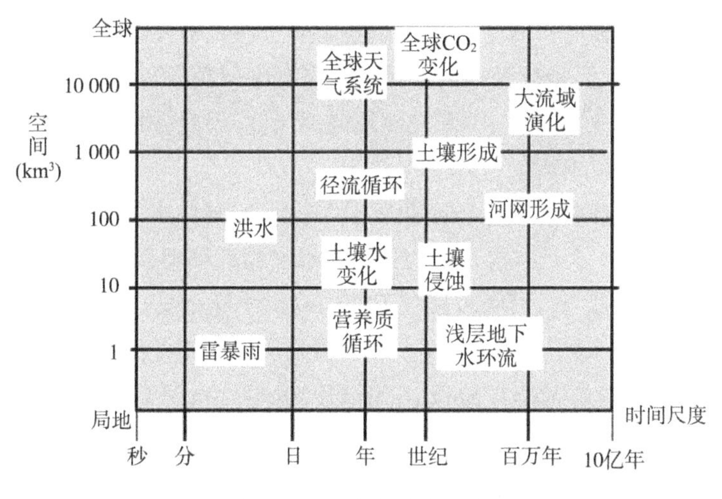

图 1.2-4　水文时空尺度

由表 1.2-1 及图 1.2-4 可见，由于量测技术的限制及应用需求，微观尺度上的研究目前基本没有完全展开，笔者认为其在今后相当长的时间内不会是研究的重点；中观尺度是水文循环的研究基础，重点是研究陆地水循环；宏观尺度扩大了研究区域范围，包括了整个全球范围内的水循环问题，具体有陆地水循环问题、海洋水循环问题、大气水分的迁移转化问题及其间的耦合问题。宏观尺度是在中观尺度研究基础上的进一步的深入研究，在中观尺度上的反映水循环的状态量（如水位、流量、土壤含水量等）均是可测量的，因此可以认为分布式水文模型的构建尺度首先应是在中观尺度上进行，对于在宏观尺度上的构建，要根据模型的离散尺度决定，如果其模型的离散尺度与中观尺度情况下的离散尺度相当，则可以构建宏观尺度下的分布式水文模型；若大大超过了中观尺度情况下的离散尺度，则其宏观尺度下的水文模型不可能是分布式。

模型离散尺度是对所模拟研究区域时间与空间离散的步长，模型离散尺度决定了水文模型的模拟精度，模型离散尺度要取得合适，才能够反映出水文循环过程的时空分布。很显然模型离散尺度越小其精度越高、越能够反映时空分布，水文过程的非线性误差也就越小，但其计算的工作量也就越大，因此最佳模型离散尺度是要寻找的。无论什么尺度的水文过程模型计算，其离散尺度在小于最佳模型离散尺度的情况下，才有可能构建分布式模型，否则即使采用分布式模型结构，其最终构建的水文模型方案也不是分布式水文模型，因为其模型计算精度不能够满足分布式水文模型所需的精度。由上述分析可见，对于目前一些研究中提出的采用月模型（模型离散尺度中的时间尺度为一个月）来构建分布式的水文循环研究基础是有必要的。由于非线性等问题，即使模型离散的空间尺度再小、方法再先进，其模型计算成果最终也达不到分布式的要求。可以认为无论是什么尺度的水文问题，最佳模型离散尺度才是尺度问题研究的关键，而不在于所解决的问题是否为宏观尺度、中观尺度及微观尺度，因此分布式模型除了水文模型结构外，还与模型的离散尺度相关。

下面重点研究在中观尺度下的陆面水循环问题，具体讲就是流域尺度下水循环问题的研究。第一个具有代表性的分布式水文物理模型由英国、法国和丹麦的科学家联合研制而成，称之为 SHE[78]（Systeme Hydrologique Europeen）模型。从 SHE 模型开始，人们先后研制建立了一系列的分布式模型，并且 SHE 现在也有很多不同的版本，如 MIKE SHE、SHETRAN 等。就框架而言，很多分布式模型是以 SHE 模型为蓝本的，SHE 模型的结构成为最典型的分布式模型结构，其模型的结构示意图如图 1.2-5 所示。MIKE SHE 模型是丹麦水力学研究所于 20 世纪 90 年代初期在 SHE 模型的基础上进一步发展起来的模型，它是一个综合性的、确定性的且具有物理意义的分布式水文系统模型。MIKE SHE 模型考虑了蒸散发、植物截留、融雪径流、坡面流和河网流、土壤非饱和流、饱和地下水、地表和地下水交换等水文过程，用模块化的结构比较完整地描述了整个水文循环过程。模型采用水动力学的方法来描述水流过程，并且采用有效稳健的差分格式来求解水流运动的偏微分方程。所有过程的描述都采用与水文过程的时间尺度最相宜的时间步长，并且当某个过程的时间步长与邻近过程不一致时，可以自动进行调整和耦合。MIKE SHE 模型在垂直方向上，通过模块将水文循环过程分为很多层，各层之间通过数据流连接起来描述整个的水文循环；在水平方向上，主要通过划分单元网格来考虑下垫面以及降雨的空间不均匀性。

MIKE SHE 模型目前已经广泛应用于许多机构，包括大学、研究机构和咨询工程公司，并且也应用到许多的工程项目中，在许多流域得到了验证。MIKE SHE 模型描述了流域水文循环中的整个陆面过程，是具有物理机制的水文模型。其框架的构成模块可以任意组织，具有极大的灵活性，而且可以协调水文过程的并行运行。但是 MIKE SHE 模型仍然存在着许多问题，主要问题包括其在水文过程的描述中，尚未考虑大孔隙流和溶解质的输移；模型参数化、参数率定和参数验证缺乏明确的方法体系；缺乏可视化用户界面的研制；没有考虑到水文参数空间变化的尺度问题等。

综观目前的分布式模型研究，主要有如下几方面的问题需引起重视：

（1）大部分的水文循环问题研究区域集中在流域的上游地区，流域水文循环更为复杂的中下游地区则研究不多，没有引起足够的重视，流域中下游地区的水文问题更应是研究的重点与难点。

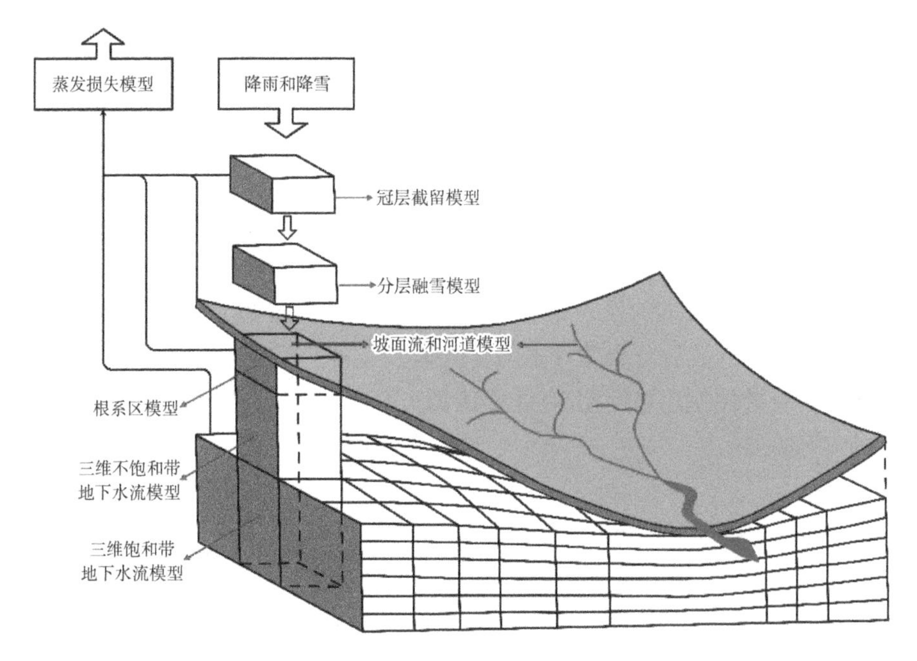

图 1.2-5　SHE 模型结构示意图

(2) 栅格型 DEM 模型及流域水系生成模型是构建分布式水文模型的基础，目前有直接利用栅格 DEM 进行水文产汇流模拟的趋势，且有许多学者认为这就是真正的分布式水文模型。笔者认为这是一种简单化的处理模式，并非真正意义上的分布式水文模型，也不是一种经济的处理模式。

(3) 将水文尺度与模型离散尺度相混淆，水文尺度是水文模拟问题的尺度，而模型离散尺度是数值方法求解问题的时间、空间步长，离散尺度对于水文模型的计算精度有直接影响，水文尺度与模型离散尺度并非成简单的正比关系。

(4) 由于水文过程所描述的是非线性问题，因此采用模型大离散尺度解决大尺度或宏观尺度的分布式水文问题没有研究意义。例如，描述土壤水运动的理查兹方程，如果将它用于描述数十、数百，甚至数千平方米的单元面积上的土壤水的运动，就只能认为它是概化了的"概念"式表达，而不能算作严格的物理方程。当前许多"物理基础"的分布式水文模型，在描述大尺度的问题时，实际都超过了它所代表的尺度层次，失去了严格的物理基础，也只能作为概念性模型来使用。

(5) 关于分布式模型的衡量标准问题，目前还没有一个统一的分布式水文模型的衡量标准。且"分布式"和"集总式"也不是截然区分的，而是可以转换的，例如，TOPMODEL 根据地形高程建立地形高程指数，这是分布式的，但如果在模型中最终使用的是指数的分布函数，则又转变为集总式的，只是像新安江模型考虑蓄水分布曲线那样，这里也是统计地考虑地形分布的影响。在现阶段，可以认为真正意义上的分布式水文模型是无法实现的，但是有条件的分布式水文模型是可以实现的。

综上所述，分布式水文模型，尤其是具有物理基础的分布式水文模型已经成为流域模拟的主要发展方向。尽管目前分布式水文模型尚存在许多问题，但这些问题将随着科学技术的发展逐步得到解决。未来分布式水文模型将建成全球一大陆一区域一流域一局地等多尺度嵌套和水文一气候一地貌一生态一环境等多系统耦合的模型库系统，并且能够最真实再现水文循环过程，满足工程和规划等的实际需要。

1.3 分布式架构模型必须具有的特点

流域水循环在陆面的迁移转化过程中，主要受陆面的地形、地貌与下垫面影响，由于目前人们对在地面水循环过程中各介质、各时段的迁移转化规律没有完全掌握，因而为了了解流域水循环问题，人们研制出各种水文模型，希望通过水文模型来描述、模拟以及预测流域上的水循环问题。众多水文模型的出现，一方面体现了水文科学研究的发展、受重视及应用程度不断加深，另一方面也说明了人们目前对流域水循环规律的认识远没有达到充分掌握的程度，说明学者对该问题的认识没有完全统一，没有达到完全理论化的程度。学者们通过模型的研究，最终达到对水循环问题认识的统一(理论化)。因此从这点上来讲，水文学科远没有达到像计算机学科那样的理论化程度。

描述流域水循环运动规律的水文模型从最初的黑箱模型(如统计相关模型、流域单位线模型)，到概念性水文模型(斯坦福模型[12,13]，水箱模型[14]，新安江模型[15,16]等)，到以物理方程为基础的动力学模型(Freeze 模型[21]，SHE 模型[22,23])，到重点考虑地形因素的 TOPMODEL 模型[79]，到目前充分利用最新的 3S 技术等信息处理技术的分布式水文模型，科学与技术的发展尤其是遥感技术的发展，对水文学科的发展起着重要作用。水文模型的发展首先依赖于水文测量技术与水文实验的发展，其次是计算机技术、3S 技术的发展，以及自然科学(数学、物理学、化学、气象学、地质学、生物学等)的发展，水文学科与水文模型的发展史，就是上述学科与技术综合应用的发展史。水文学家的任务是希望通过研究，掌握流域水循环的全过程，了解流域时空分布上水分迁移转化规律，且这种对时空分布规律的掌握是一个逐步深入却又不可能完全掌握的过程，因为这个掌握过程与现有的尺度相对应，一种尺度下掌握了，在更小的尺度下又需要继续研究。水文模型是掌握了解流域水循环规律的必要手段。

水文学家们希望通过水文模型了解流域水循环过程的时空分布过程，目前的水文模型更多模拟单站点的水文产汇流过程，而对于流域空间分配上的非均匀性问题考虑得不完善，尤其是概念性水文模型对空间上的分布成果表现不足，因此分布式水文模型是解决水文模型模拟流域水循环的空间分布问题的必然途径。但是，一方面由于对流域水循环规律认识不足，即使采用了分布式计算方法，模型的成果也并没有达到分布式成果的要求。另一方面现有的一些水文模型，如概念性水文模型、动力学模型甚至是一些黑箱模型，对于某些区域、流域类型的研究有着非常好的模拟结果，能够较好地反映该流域内水循环时空分布规律；此外，现有的一些水文模型在实际应用上也有着非常好的效果。因此好的分布式架构的水文模型必须具有如下几个特点：

（1）模型中具有吸收多种结构（集总式、分布式）、多种类型（黑箱、概念、物理基础、地形因素）的已有模型的能力。

（2）模型具有可以根据需要采用多种类型求解方法。

（3）模型具有可以采用多种离散尺度的能力。

（4）模型参数要求能够尽量系数化，具有直接从下垫面提取信息的能力。

（5）模型具有能够充分模拟全球水循环过程中垂向与横向循环的能力。

（6）模型要具有强大的可扩展能力，以及具有能够扩展研究区域的能力，如扩展到大气迁移转化与陆-气耦合模型等。

第 2 章

分布式架构水循环模型结构与主要功能

2.1　模型结构体系

分布式架构水循环模型属于数字流域模型系统的范畴，因此研究重点应在如下三个方面：

(1) 数据库管理系统；

(2) 3S 集成系统；

(3) 数字流域模型系统。

数据库管理系统对于数字流域系统来讲是一个基础系统，是软件系统不可或缺的部分，是数字流域研究的重要内容，但不是核心。

3S 集成系统是广义的 3S 集成，在数字流域系统中研究的内容主要是在空间信息的管理、应用与表现方面。对于 GPS，其重点是信息的采集，它在 3S 集成系统中起着地理信息导航作用；遥感遥测系统（RS）包含两个方面，一是遥感遥测信息的采集，二是遥感信息的解译与分析应用，遥感遥测信息的采集属于信息采集与传输层的内容，而遥感遥测系统在 3S 集成系统中主要研究的是遥感信息的解译与分析应用；地理信息系统（GIS）是 3S 集成的主要内容，数字流域模型所需要的大部分空间信息均由 GIS 提供，空间信息及模型成果的可视化表现也基本由它提供。虚拟现实系统（VR）是数字地球及数字流域提出的重要起因，没有虚拟现实系统就无法实现可视化表现功能，或者讲其可视化表现能力不足。因此，3S 集成系统是数字地球及数字流域研究的核心之一。

一个系统如果没有专业模型的支撑，该系统只能称为一个信息管理与显示系统，是无法解决行业业务需求的。数字流域模型的研究面非常广泛，它是模拟流域过去、现在及将来地理环境的演变模型的总称，包括流域地貌形态特征模型、流域自然地理过程模型、流域水循环模型、人地关系模型等。其中，流域水循环模型是其核心模型。数字流域模型系统除了研究模型本身，还需重点研究数字流域模型与 3S 集成、模型库技术及其模型库管理等问题。数字流域模型系统是数字流域研究的另一核心。

数字流域系统结构可以概括为一个基础、两个核心，其结构示意图见图 2.1-1，两个核心是数字流域的重要研究内容，因此可将这种数字流域结构形象地称作二元结构体系。从上述分析可见，数字流域系统从广义上讲是 3S 应用系统，但是如果仅仅是在 3S 应用系统的概念上进行扩充，那么可以认为提出数字地球及数字流域概念仅仅是一种炒作，是没有意义的。事实上数字地球及数字流域的理论意义在于科学应用，它是基于 3S 技术上的更高层次的应用系统。

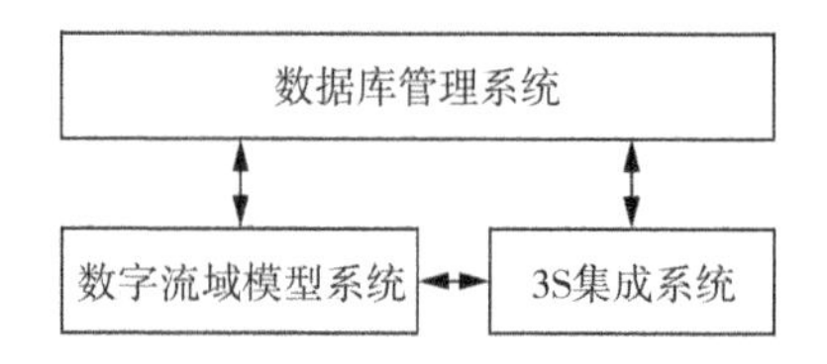

图 2.1-1 数字流域系统信息流程图

2.2 双对象结构共享体概念

地理对象数据结构与模型对象数据结构的不一致，导致两者间虽然在系统内部一一对应，但还无法解决两者间信息交互不够高效、流畅的问题。为此引进双对象结构共享体（见图 2.2-1）的概念，通过对两个对象间的数据结构分析，重新定义了一个两者共用的统一数据结构，该数据结构被称为共享体。

二元结构 GIS 中引进的双对象结构解决了地理信息系统与专业模型间两种不同时空概念观的相容问题，也为专业模型与地理信息系统的“融合”打下了基础。在双对象结构体系中引入了共享体的概念，它解决了模型对象与地理对象间的交互效率低的问题，可以认为双对象结构与双对象共享体是二元结构 GIS 的核心结构，二元结构 GIS 是地理信息系统模型化与专业模型 GIS 化的具体体现。在双对象体系结构的二元结构 GIS 中（见图 2.2-2），地理对象与模型模拟对象在整个系统中处于平等地位，它们之间相互对等没有主次，这一点与目前常用地理信息系统的集成模式两对象间有一主一次关系有着本质的区别。

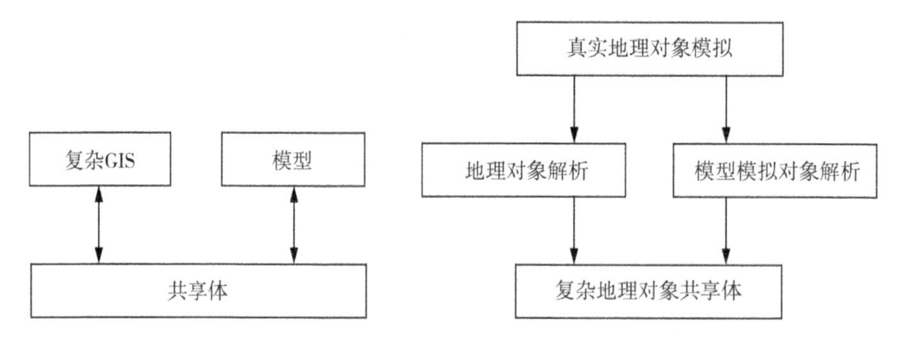

图 2.2-1 双对象结构共享体示意图　　**图 2.2-2 双对象结构共享体构成流程图**

2.3 空间信息管理功能

地理信息系统及其可视化构模是本系统软件核心内容之一，在本软件系统中将地理信息系统及其可视化构模系统与模型库管理子系统在系统底层进行一体化的设计与集成，以实现整个系统信息流动的高速流畅可靠。本系统软件中采用的地理信息系统(GIS)是针对专业模型进行开发的专业GIS，它主要用于解决可视化构模及模型计算成果的可视化表达等问题，其特点是偏重于与模型库的耦合。该系统具备以下功能：

(1) 物理河网概化(节点概化、联系要素概化等)。

(2) 湖泊、圩区二维模型网格剖分的可视化。

(3) 河道二维模型网格剖分的可视化。

(4) 湖区、河道数字高程模型的可视化处理功能。

(5) 数字地面高程模型建立，可视化生成山丘区水文模型及其拓扑关系功能。

(6) 雨量站站网动态管理功能，自动生成泰森多边形计算水利分区面平均降雨量、生成流域降雨量等值线功能。

(7) 快速生成与管理整治河道、新开挖河道功能。

(8) 平原区流域下垫面信息栅格化及其分析功能。

(9) 平原区降雨产流的可视化分配功能(河网多边形生成等功能)。

(10) 水动力模型信息的自动获取功能、模型参数的可视化查询、设置功能。

(11) 水利工程调度运用规则的可视化设置功能。

(12) 废水负荷模型的可视化构模功能。

(13) 与河网水量模型相匹配的河网水质模型构模功能。

(14) 湖区二维水质模型构模功能。

(15) 在平原区流域下垫面栅格化功能的基础上，构造非点源污染的河网分配功能。

(16) 来水组成分析功能。

(17) 可任意动态组合计算不同水质指标功能。

2.4 流域水信息管理系统功能

流域水资源信息管理子功能主要解决系统与外部数据库的接口问题，包括水文测站站网管理、水质监测站网管理、工程与工情信息及污染源信息的管理，同时负责处理系统计算成果的入库。具体有如下功能：

（1）通用数据库接口功能。解决系统与数据库的接口问题，系统所有与数据相关的操作（读、写数据库）均由此接口负责完成。同时该接口在设计时考虑到数据库的开放性、数据库库表结构的可扩充性要求，即当数据库表结构发生变化时，系统只需对数据接口部分做相应调整，系统就能正常运行，而无需修改系统源代码。

（2）水文测站站网管理功能。系统应用过程中用到许多实测水文信息。这些水文信息在系统中通过水文测站进行管理，由于在整个系统的运行周期内水文测站是不断变化的，本系统设计了一套完善的水文测站站网管理系统，在系统中可以任意增删水文测站的水文信息。

（3）水质测站站网管理功能。与水文站网管理相类似，主要是解决水质测站站网的改变问题。

（4）水利工程信息管理功能。管理系统中用到的河流、水库、堤防、圩区等水利工程相关信息。

（5）污染源信息管理功能。管理在水资源模型系统中应用到的相关污染源调查信息，其管理的重点是要求污染源调查信息发生改变时正确更新到本系统中。

（6）社会经济信息管理功能。主要管理行政分区、土地利用信息（分水面、城市、水田与旱地四种类型）；社经资料（主要为人口、工农业产值及农业发展与土地利用等）及供用水资料行政分区、人口分布、取水口及供水范围、排水口、退水口及水利分区等地理信息数据及其相关属性信息。

（7）基本信息标准化整编处理功能。主要是对过程性的基本信息进行标准化整编处理（等时段数据插值、特征统计等内容），便于后面模型系统直接采用。同时，为保证本系统的正常运行和计算成果的合理性，应对系统所用数据进行有效性与合理性检验。

（8）引入 MapInfo 交换数据格式（MIF 格式）及其他 GIS 系统数据格式的数据接口。

（9）自定义地理信息数据接口。

（10）其他地理信息数据接口。

（11）数字高程模型的高程基面管理功能。

（12）水文测站站网管理功能。

（13）水文测站基面管理功能。

（14）水质监测站站网管理功能。

（15）引排水信息管理功能。

（16）水资源典型过程管理功能。

(17) 水雨情信息数据库接口方案生成与管理功能。

(18) 水质信息数据库接口方案生成与管理功能。

(19) 地理信息系统地理要素属性数据库接口方案生成与管理功能。

2.5　流域水信息实时监控与分析功能

该系统利用流域内监测点的实时水雨情、工情及水环境信息，结合数字流域水资源决策管理模型(库)模拟预报(测)功能，实时监控了解整个流域内的水雨情、水环境、水资源状况及时空分布，重点提供了水资源时空分布的分析功能(主要为图表和 GIS 应用界面方式)。

(1) 在 GIS 界面上动态显示流域内水资源信息(包括水位、雨量、区域水资源量、水质指标等)。

(2) 在线定制水资源信息数据报表、图形报表功能，并与地理对象进行连接。

(3) 流域任一地点的来水组成分析功能及任一区域内的质量守恒分析功能。

(4) 流域内水流、水环境与工情动态可视化分析功能。可视化动态显示流域内的水流水环境运动状况，要求表现水流运动方向、河道流量及流速大小、水体的水质状况及枢纽的运行状态。

(5) 上述四个功能进行有机组合。

(6) 在线查询分析流域内水文站、降雨站的频率功能。

(7) 监控成果的整编输出功能(主要为特征值统计等)。

2.6　系统主控界面简介

基于以上理论，本研究开发了分布式架构的水循环模型系统，该系统软件具有如下几个方面的特点：

(1) 实现了地理信息系统、模型库与数据库管理系统的无缝集成。

(2) 模拟信息、预报(测)信息与实测信息的无缝管理。

(3) 模型计算与 GIS 的动态显示实现了在线集成。

(4) 可视化构建模型与成果的可视化可以交互进行。

(5) 适应网络化的运行环境(C/S 结构)。

系统完全支持网络运行环境，可实现客户/服务(C/S)方式，同时支持单机版运行模式。

服务器：Windows 2000 Server 及以上版本或 Unix。

客户端：Windows 2000、Windows XP 及以上版本。

数据库系统：任何支持开放数据连接标准（ODBC）的任何厂家的网络版数据库管理系统（如 Ms SQL Server 2000、Oracle 8 等）。

硬件要求：PⅣ 2.0G/RAM 1.0G/HD 80G 以上。

2.6.1 系统主控界面窗体简介

系统主控界面窗体简介如图 2.6-1 所示。

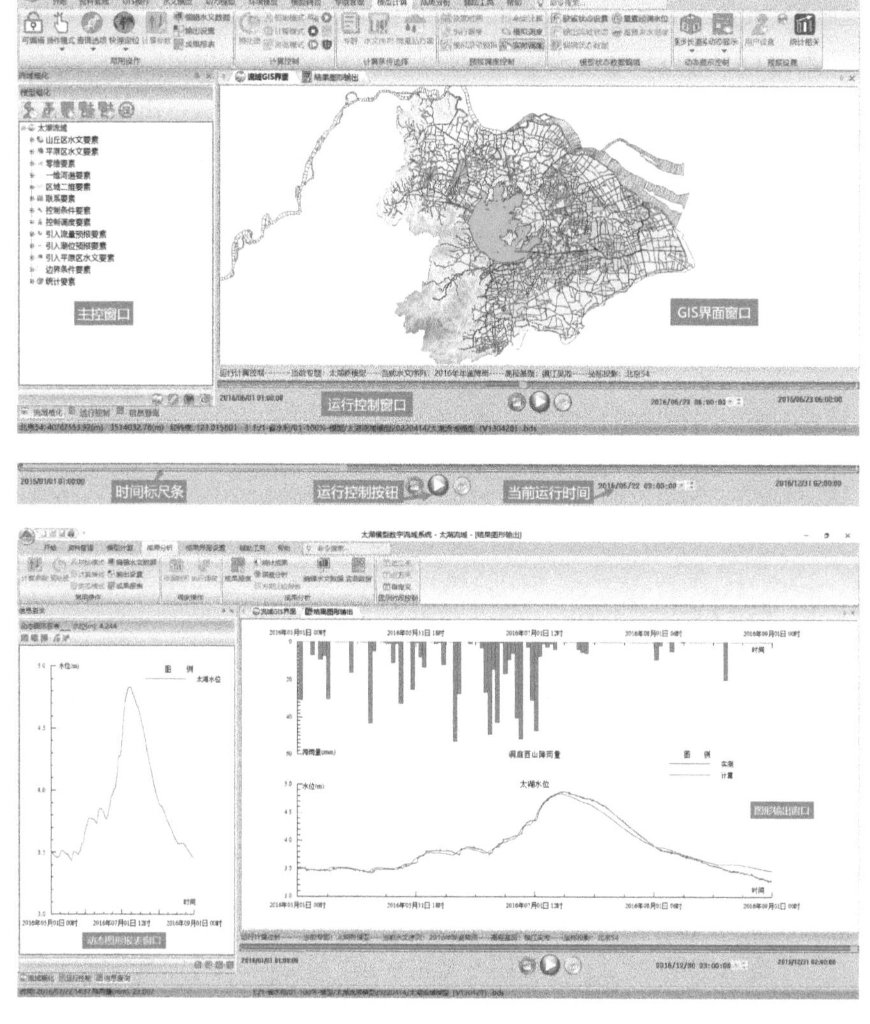

图 2.6-1 系统主控界面窗体简介

2.6.2　主菜单界面

主菜单界面如图 2.6-2 所示。

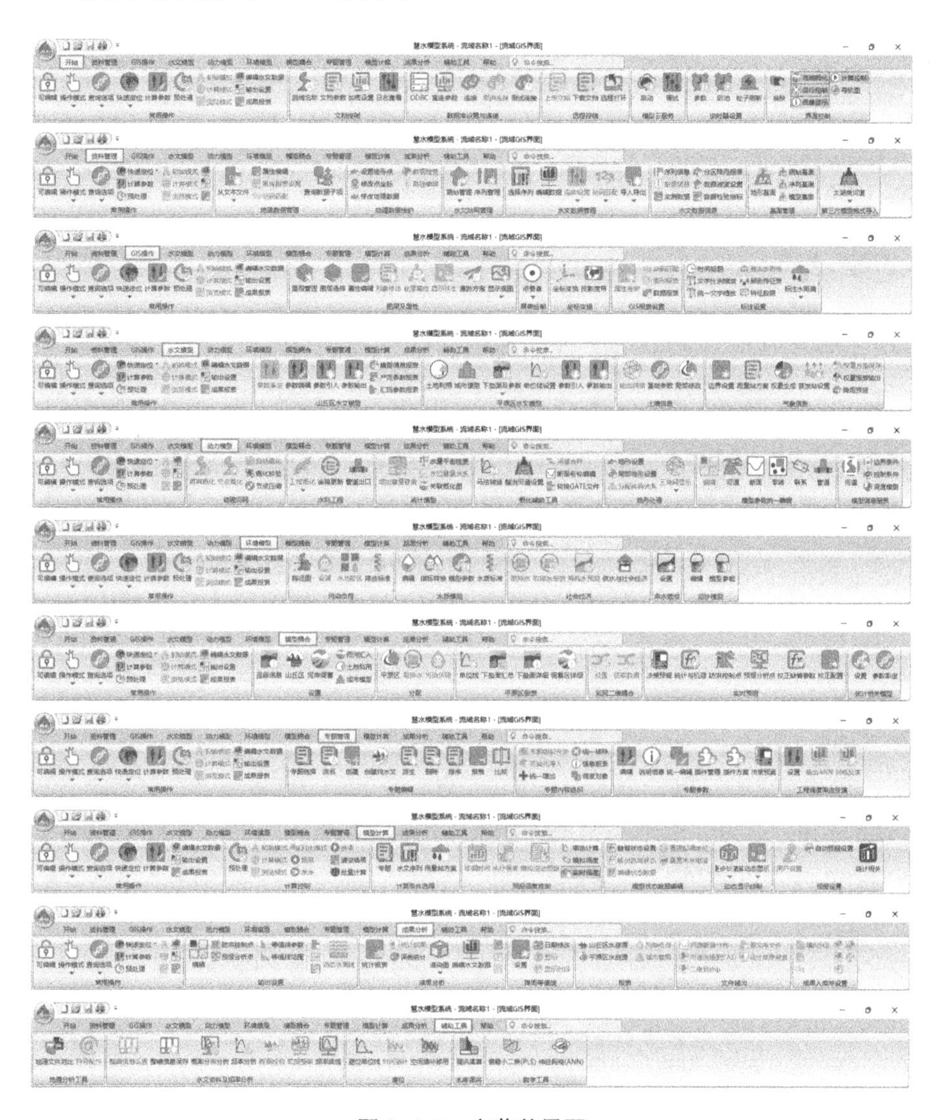

图 2.6-2　主菜单界面

2.6.3 成果图形输出主菜单界面

成果图形输出主菜单界面如图 2.6-3 所示。

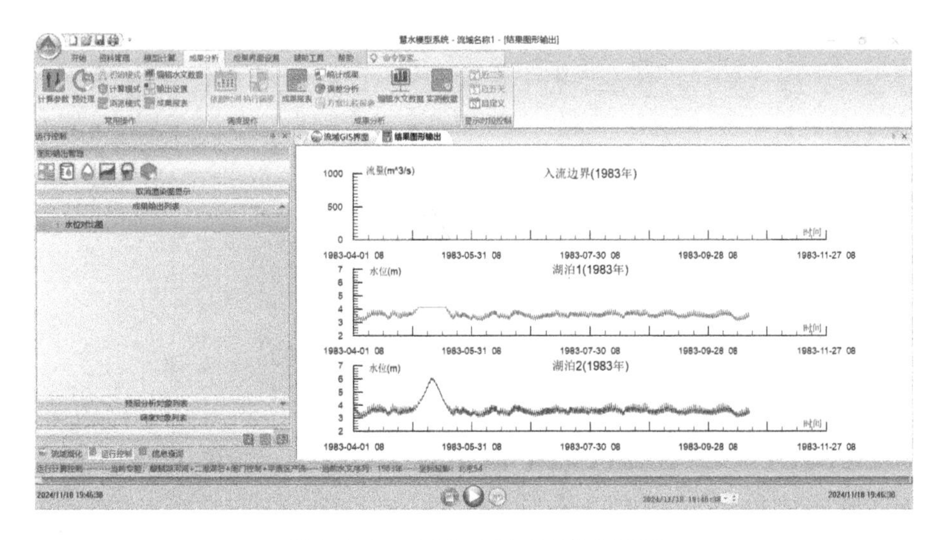

图 2.6-3 成果图形输出主菜单界面

第 3 章

分布式架构水循环框架设计

3.1 分布式架构理念

流域水文模型结构可以分解为两个过程:产流过程与汇流过程。其所描述的要素主要是:降雨、蒸发、水位、流量、土壤含水量、地下水水位等。由于流域下垫面的复杂性,不同的地形、地貌、植被等影响着其中的产汇流规律,在分布式模型结构中必须充分考虑到流域下垫面问题、水循环不同过程(垂向与横向)中的水分运动规律不同的问题。

下面引进一个新的概念:水文特征单元。水文特征单元可以表述为:流域产汇流机理相同的水文地理区域。水文特征单元可以再分为产流型水文特征单元、汇流型水文特征单元以及混合型的水文特征单元。例如,在产流过程中,下垫面植被类型不同,影响蒸散发的规律是不同的,可以将一种种类的下垫面植被区域称为一类水文特征单元。再比如河道中水流汇流规律与在行洪区中水流演进规律是不同的,因此可以分为两类水文特征单元:河道单元与行洪区单元。

在水循环的垂直方向与水平方向上,在流域内水循环过程的不同阶段、不同区域产汇流规律都不尽相同,因此提出了水文特征单元的概念。它与传统划分水文单元的概念是不同的。水文单元是为了反映流域地形、地貌、下垫面和气象因素的空间变异性而将流域进行离散的单元。流域离散化方法主要有3种:网格、山坡和子流域。当然也还有很多其他方法,如水文响应单元(Hydrological Response Unit,HRU)等。水文单元用来反映模型参数的空间变异性,而水文特征单元用来反映产汇流机制的不同,不同的水文特征单元产汇流机理与模拟方法不同,而在同一个水文特征单元里可以继续划分水文单元,来反映参数的空间变化,在进行水文单元划分时要考虑最佳模型离散尺度的影响。

首先分析产流规律空间分布。影响产流的主要因素是下垫面、气象条件,地形高低是通过气温影响蒸发的,进而相应地影响产流在空间上的分布不均匀。但在现有的认知尺度上,地形高低对产流的影响可以认为是不太显著,当然随着研究的深入,可以将其作为分解水文特征单元的重要因素。因此产流影响作用主要是在垂向方面(如图1.2-2所示),也因此在进行产流水文单元的划分时重点考虑下垫面影响因素,而水循环重点考虑垂向循环因素。

其次分析汇流规律分布。汇流规律在地表、壤中与地下水以及它们间是不相同的,地表中的河道、湖泊、水库及行蓄洪区等水流运动规律也是各不相同或者要求不同,在流域的上游山丘区,河道比降陡,流速快,水流常趋于急流,汇流时间短,河系流向单一,呈树状,且有唯一的流域出口断面控制,河道干支流顶托影响可以不予考虑；在流域的中游河网地区，由于地形起伏变化小，河道比降趋于平缓，河道纵横交错，呈网状，流向不定，并且湖泊星罗棋布，人工建筑物众多，干支流顶托影响严重，洪水运动情况复杂；在流域下游感潮河网区，除了存在与流域的中游河网地区相似复杂问题，由于与海洋直接相通，在该区域内还存在着潮汐的影响，水流往复运动，常有盐水上溯，地下水位高，直接影响着平原区的产流问题。在坡面地表产汇流方面，上游山丘区由于人类活动较少，下垫面在年内的变化较小，且子流域可以由一个出口断面控制；而在中下游平原河网区，由于人类活动影响频繁，下垫面在年内变化较大，且平原区的坡面与河道汇流由于人类工程活动及自然的影响，没有一个严格的子流域出口断面控制，可能有多个流域出口断面，因此平原区的产汇流问题的复杂性决定了不能采用与上游山丘区相同的水流循环规律来描述。壤中汇流问题也有多种复杂性，如喀斯特地区多大孔隙流问题等。这均决定了不同地区由不同的水循环规律来描述。图 3.1-1 所示为分布式架构流域水循环结构示意图。

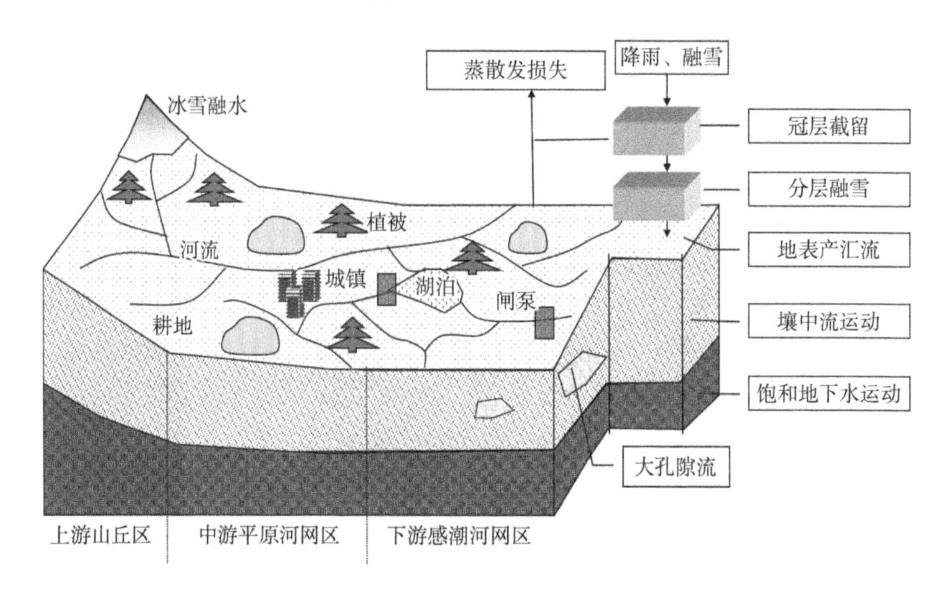

图 3.1-1　分布式架构流域水循环结构示意图

3.2　水文特征单元

根据引进的水文特征单元的概念，结合图 3.1-1 所示的分布式架构，可以构成描述流域水循环模拟的分布式架构水循环模型。将整个流域分解为如下几大类水文特征单元，并且这些水文特征单元可以随着研究的逐步深入进一步增加。

表 3.2-1 为流域主要水文特征单元组成表。

本研究通过引进水文特征单元，将整个流域水循环的各个阶段、各个区域从三维结构上进行了分解，将整个流域概化为各种类型水文特征单元组成的耦合体，并在此基础上针对每一类水文特征单元采用最合适的模拟模型算法进行求解，在对每一水文特征单元的求解中，可以根据具体要求选择合适的模型离散时空尺度，将水文特征单元进一步剖分为水文计算单元进行模型计算。这样就从全流域的角度，解决了由水文特征单元组成的分布式架构流域水循环模型的问题。

在对水文特征单元的求解模型中，可以根据需要采用最合适的模型，所采用的模型可以是局部分布式的，也可以是集总式的；可以是概念性模型，也可以是物理基础的动力学模型，甚至可以是黑箱的统计相关模型。因此本文所介绍的分布式架构流域水循环模型实际上是一个混合型的模型，能够吸收已有模型成果，同时又很好地支持了对某些水文特征单元精确化、理论化的模型研究。在本架构中可以采用任何有效的构模手段构建相关水文特征单元的水文模型。这个分布式架构的水循环模型实际上引进了水文模型库的概念，从这方面讲本书提出的分布式架构流域水循环模型更适合于前述提出的二元结构 GIS 的集成。

在由水文特征单元组成的分布式架构流域水循环模型中，还需重点解决各类水文特征单元对象间的产汇流耦合问题。

从图 1.2-2、图 1.2-3 所示的两个方向水循环路径示意图可见，在垂向水循环中，主要是对流域水文模型中产流环节发生作用，在产流环节中垂向各层通过降雨、蒸发与下渗进行水量交换，可以假定降雨与蒸发、下渗与蒸散发不是同时发生的，即发生蒸发时，不会发生下渗；同理可以认为发生下渗时，不会发生蒸发。在现有的认知水平与中观时间尺度下，这种假定对结果的精度影响不大。因此在垂向分层中冠层截留、地表产汇流、壤中流及饱和地下水中相关水文特征单元间耦合可采用简单的显式连接方式，这种显式连接方式在算法处理上也较为简单。

在同一垂向水循环中，对于单纯的产流类型水文特征单元，横向特征单元间的耦合关系基本不考虑它们间的水量交换；对于汇流型、产汇流混合型的水文特征单元间的耦合关系，由于地表产汇流循环层中所描述的水循环过程在时间过程中强非恒定性，使得水文特征单元间的耦合关系不能采用简单的显式连接方式(如在流域的中下游区干支河道间的顶托影响等)，需要采用隐式方式耦合，且这种隐式方式的耦合在中游平原河网区与下游感潮河网区尤为重要；壤中流循环层及饱和地下水循环层中相关水文特征单元间的水量交换，由于其水循环过程中非恒定性的强度与地表径流相比要弱些，它们间的耦合关系可以采用半显半隐的方式，当然最好能采用与地表产汇流相同的隐式方式耦合。

表 3.2-1　流域主要水文特征单元组成表

序号	水文特征单元名称	类型	产汇流机理考虑因素	模型离散尺度		所属垂向循环层	所属横向循环分区
				时间尺度	空间尺度		
1	冠层截留区特征单元	产流型	树木、灌木等类型	小时为佳，最多到天	按照实际的种类分布即可，不再划分计算单元。	冠层截留	上游山丘区、中游平原河网区、下游感潮河网区
2	融雪区单元	产流型	常年积雪区、多年平均气温	1 天	按照实际的种类分布即可，不再划分计算单元。	分层融雪	上游山丘区
3	山丘区子流域及坡面单元	产流型、汇流型、产汇流型	自然子流域或自然集水区域、下垫面分布、土地利用类型	1 小时，最多到天	按照时间尺度对应的流程长作为空间尺度，并结合下垫面分布进行水文计算单元划分。	地表产汇流、壤中流运动、饱和地下水运动	上游山丘区、中游平原河网区
4	山丘区河道单元	汇流型	在河道中水流流态作为主要考虑因素	1 小时	按照时间尺度对应的在河道中流程长作为空间尺度，按照此尺度进行河道断面划分。	地表产汇流	上游山丘区、中游平原河网区
5	平原区坡面单元	产流型、汇流型、产汇流型	自然子流域或自然集水区域、下垫面分布、土地利用类型	1 小时～1 天	按照时间尺度对应的流程长作为空间尺度，也可以按照下垫面空间分布划分水文计算单元。	地表产汇流、壤中流运动、饱和地下水运动	中游平原河网区、下游感潮河网区
6	平原区河道单元	汇流型	在河道中水流流态作为主要考虑因素	5 分钟～30 分钟	按照时间尺度对应的在河道中流程长作为空间尺度，按照此尺度进行河道断面划分，一般取 500 m～5 km。	地表产汇流	中游平原河网区、下游感潮河网区
7	城市管网单元	汇流型	管网的分布及设计参数，管内沉积物与管网粗糙度等	5 分钟～30 分钟	按照主要管网检查井来取空间尺度，一般取 100～500 m。	地表产汇流	中游平原河网区、下游感潮河网区

续表

序号	水文特征单元名称	类型	产汇流机理考虑因素	模型离散尺度		所属垂向循环层	所属横向循环分区
				时间尺度	空间尺度		
8	湖泊、水库、行蓄洪区、圩区单元	汇流型	根据天然特征	5分钟～30分钟	根据模型计算情况划分，如采用二维算法，其尺度在50 m～1 km间，若采用的是零维，则不需要划分网格。	地表产汇流	上游山丘区、中游平原河网区、下游感潮河网区
9	闸坝工程单元	汇流型	按照工程类型	与相连的水文特征单元的时间尺度相同	与工程的尺度相当。	地表产汇流	上游山丘区、中游平原河网区、下游感潮河网区
10	喀斯特区单元	汇流型	按照喀斯特地区大孔隙流及地下暗河区域	1小时	按照时间尺度对应的在大孔隙区域的流程长作为空间尺度，并据此进行水文计算单元的剖分。	壤中流运动	上游山丘区
11	饱和地下水区单元	汇流型	按地下水埋深进行分类，分为深层地下水单元、浅层地下水单元	1天～1月	空间尺度的划分根据地下岩层的分布进行网格剖分。	饱和地下水运动	上游山丘区、中游平原河网区、下游感潮河网区

对于图 3.1-1 所示的框架及表 3.2-1 所示的特征单元表可以对流域水文模型采用如下思路进行描述。上游山丘区，由于下垫面情况比较简单，一般情况下，水文模拟能够满足精度要求，可以将其作为一个大的水文特征单元。用水文模型如新安江模型等模拟降雨汇流到河道，河道的洪水演进可采用计算水力学的方法或马斯京根法模拟，出口断面的流量过程汇入平原河网区，作为其流量边界。对于中游和下游的平原河网区，由于下垫面复杂，可以分为一系列的水文特征单元，而且在不同的阶段水文特征单元可以不相同。在产流阶段，根据产流的机制不同，将其划分为：水面、植被区、耕作区、旱地、城镇等。每个水文特征单元内部使用合适的产流公式，并可以继续划分水文单元，来反映参数的空间变异性。在汇流阶段，根据水流的汇流特征，可以划分为：平原坡面汇流区、一维河道、二维河道、三维河道、湖泊蓄洪区、湖泊行洪区、过水建筑物、水库、大孔隙流等。每个水文特征单元内部使用合适的汇流算法，并可以继续划分水文单元，来反映参数的空间变异性。根据各个流域的下垫面情况，在不同阶段下，用户可以自己定制适合流域特征的水文特征单元。比如湖泊在产流阶段属于水面这个特征单元，而到了汇流阶段可能属于湖泊蓄洪区或者湖泊行洪区的特征单元。这些水文特征单元在垂直方向上可以有冠层截留模型、分层融雪模型、地表产汇流模型、壤中流运动模型、饱和地下水运动模型等子模型中的一个或者几个子模型来计算产流和汇流。当然每个特征单元即使使用同一模型，使用的算法公式也未必相同，因此要选择最适合特征单元内部的算法公式和模块，如一维河道和湖泊蓄洪区都要用到地表产汇流模型，一维河道汇流内部用到的是求解一维圣维南方程组，而湖泊蓄洪区则是求解简单的调蓄方程。

水文特征单元之间可以根据实际需要采取显式的连接或者隐式的耦合。山丘区和平原区特征单元的连接可以采取简单的连接，而平原区各水文特征单元，为了完整求解水流运动的微分方程，需要联立求解，故采用耦合方式。垂直方向上的模型也可以根据实际需要选择连接或耦合。

因此本研究在上述分布式模型架构的基础上，针对每类水文特征单元的产汇流规律，采用最合适的模型算法，根据对水文特征单元中水循环规律的认识程度以及建模要求，采用相应的模型算法，可以对于某些精度要求不高的区域采用集总式水文模型，对于要求较高的区域采用离散尺度较小的分布式模型。随着今后研究的深入，在统一的分布式架构下，模型所描述的水循环空间分布的精度会越来越高。同一类水文特征单元的水文模型可以有多种模型算法方案备选，在应用上根据实际需要进行优选，而在数字流域系统中采用模型库的方式进行管理。下面从实用的角度来构建适用于实时洪水预报、水资源管理的分布式架构的流域水循环模型，见图 3.2-1。

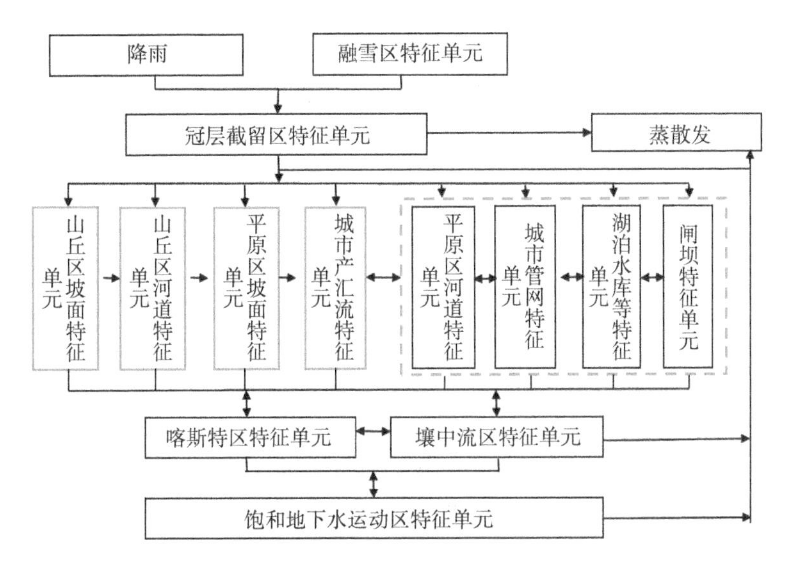

图 3.2-1　分布式架构流域水循环模型结构与信息交换示意图

冠层截留区单元、融雪区单元、喀斯特区单元、饱和地下水区单元等不是笔者研究的主要内容，在此仅作简要介绍。冠层截留区特征单元的植物截留与蒸散发模型可以采用 SHE[9,10]模型的相关计算方法，也可以通过建立 CO_2 循环模式[12,13]研究建立相应的冠层截留区特征单元的植物截留与蒸散发模型，在实际应用中常采用简化的系数法进行处理，尤其是在实时洪水预报模型中；融雪区单元的模型主要有能量平衡法、度—日气温法，更详细的可参见相关文献中的模型介绍；喀斯特区单元主要属于汇流型单元，在该地区的主要特征是存在大量的地下暗河，地下暗河组成一个四通八达的立体暗河河网，地表、壤中及地下水均与此有水量交换，且水流运动有无压流与有压流之分，并且是交替进行的。目前大部分研究还是采用传统的概念性水文模型来模拟。饱和地下水区目前常采用动力学方法数值求解地下水运动的偏微分方程组，在求解算法等方面比较成熟，国外有相应的商业化软件。

本书的第四、五、六、七、八章将详细介绍各水文特征单元的原理，并通过实例进行模型的操作应用。

第 4 章

山丘区水文模型原理与实践

4.1 流域水系生成模型

基于 DEM 的流域水系生成模型是数字流域模型的基础模型，是构造分布式流域水循环模型的前提，基于这点有些文献[80]将其称为数字流域模型。文献[81]认为流域水系生成模型是数字水文模型的研究基础，它促进了数字水文的发展，还有文献[82]认为流域水系生成模型是数字流域模型的研究基础，笔者认为流域水系生成模型是数字流域基于数字化方面的基础模型，不是数字流域模型的核心模型。构建流域水系生成模型，使得通过计算自动生成流域分水线、水系、流域面积区域以及子流域间的拓扑关系成为可能，因此可以说没有流域水系生成模型，就不可能进行数字水文、数字流域的研究。

流域水系生成模型流向算法的设计与计算均以数字高程模型（Digital Elevation Model，DEM）作为数据源。DEM 所采用的数据结构主要包括三种[83]：栅格 DEM、不规则三角网（TIN）和等高线。其中栅格 DEM 由于其邻域结构整齐一致、拓扑关系简单、算法容易实现、计算速度快等特点，在数字地形分析中得到了广泛的应用。流域水系生成模型中流向算法一般采用 O'Callaghan 和 Mark 在 1984 年提出的坡面流模拟思路算法[84]，根据相邻栅格高程信息确定每个栅格的流向信息。自 20 世纪 80 年代以来，出现了众多基于栅格 DEM、通过栅格高程值进行判断的流向算法[84-91]，根据所采用的流向模型是否使得每个像素点至多只有一个流向，流向算法可分为两大类[85]：单流向算法（Single Flow Direction Algorithm，SFD）和多流向算法（Multiple Flow Direction Algorithm，MFD）。单流向算法最典型的是 D8 算法[84]，其设计思想是水全部流向 8 邻域中处于最陡下坡方向上的那个像素，这也是此后出现的多种单流向算法的基本出发点。其后在此基础上发展的有 Rho8 算法[84]、Lea 算法[89]、D8 算法[90]等；多流向算法认为其能较好地模拟水流在坡面等地形上的漫散流动，其水流向周围所有低高程方向分配的思想较 SFD 而言，物理意义比较明确[92]，更符合流向的实际情况。应用研究也表明，当需要准确研究水文学特征（如汇流面积、地形指数等）详细的空间分布模式时，MFD 明显优于 SFD[93,94]。但笔者认为多流向算法在计算流域特征参数（如地形指数）方面具有一定的优势，但在进行分布式水文模型构建方面没有太多的优势可言或者说在概念上存在一定的矛盾。多流向算法的出发点认为一个单元上水流流向不是单向的，可以是多方向流动的，但由于确定了一个具体尺度的单元栅格，故可以认为该尺度单元是处理问题的最小单元；就这样一个最小单元尺度而言，在单元栅格中的各种信息被认为应该保持一定均匀性，相应的流向也应该是单一流向，否则就应该减小单元的尺度。此外，多流向算法无法确定准确的流域分水线及河道线等具体的地理信息，而仅仅有一些准确的流域特征参数是无法提供构建水文模型所需的所有信息的。

流域水系生成模型主要步骤为：

(1) 栅格型 DEM 资料输入与处理。

(2) 栅格单元流向的设定。

(3) 根据面积阈值确定流域区域、流域分水线、子流域、河流水系。

(4) 生成河流水系及子流域拓扑关系。

(5) 计算子区域地貌特征参数等。

流域水系生成模型的关键是栅格单元的流向设定问题，而流向设定过程中的洼地与平地区域的处理则是难点，由于没有比洼地更低的高程，所以无法确定水流方向。一般认为洼地、平地区域是由于下面两种原因造成的：①DEM 资料的精度不够；② 自然界本来就存在洼地。关于洼地有多种处理方法。O'Callaghan 和 Mark[84]通过平滑处理来消除洼地，但这种方法只能处理较浅和小范围的洼地，更深和更大范围的洼地依然存在，并且该方法对原始数据进行了平滑处理，从而改变了原始数据，减少了 DEM 包含的信息内容。Band[95]在水流不返回原洼地的条件下，简单地增加洼地的高程，直到水流可以流向相邻的单元格，该方法只对简单的地形有效。Jenson 和 Domingue[96]、Martz 和 de Jong[97]均提出处理洼地单元格更一般和有效的方法。这两个方法都能处理嵌套洼地和平地区域水流方向赋值，因而得到了广泛的应用。Martz 和 de Jong[97]在填充洼地之前确定了水流路径并计算汇水面积，在填充洼地之后又修改汇水面积。Martz 和 Garbrecht[98]方法的思路是首先标记属于洼地的集水区域单元格，然后从已标记的单元格中找出潜在的出流点；潜在的出流点是被标记的单元格；它至少拥有一个比它高程低的未标记的单元格；找到最低的潜在出流点后，比较它和洼地单元格的高程，如果出流点高程高，那么洼地是一个凹地，否则是一个平地区域。对于凹地，把洼地集水区域内所有低于出流点的单元格高程升高至出流点高程，这样，凹地就成为一个平地区域。对于平地区域，Martz 和 Garbrecht 使用起伏平地的算法进行处理。Garbrecht 和 Martz[99]将洼地分为凹陷型与阻挡型洼地，凹陷型洼地是指一组栅格单元的高程低于其四周的高程，而阻挡型洼地是指垂直于水流路径方向有一条狭长带栅格单元的高程较高。对于凹陷型洼地，采用常规的填充洼地方法；而对于阻挡型洼地，则通过降低阻挡物存在处的高程，使水流能穿过阻挡物。Garbrecht 和 Martz[100]提出了另一种指定平地水流方向的方法，该方法认为在自然地形中，水流通常是远离高的地形而流向低的地形，为了产生这样的水流方向，平地的高程被抬升产生两个坡降：一个远离高地；另一个流向低地。最终平地的高程抬升值是这两个高程抬升值之和。这种方法极大地改善了平行水流问题。Martz 和 Garbrecht[101] 还指出在 DEM 中造成假洼地的原因有过高估计与过低估计，但是填充洼地算法只考虑了过低估计，并提出了"突破算法"，该算法在进行填充洼地之前，通过降低封闭洼地边缘选择的单元格的高程，来模拟突破封闭洼地出口，该算法可以大大减少需要填充的洼地的数目与大小。此外孔凡哲和芮孝芳[102] 根据原始资料，建立 DEM 和提取河网三者间的关系，从原始资料着手，通过内插方法增加 DEM 的有效信息和提高 DEM 质量来消除 DEM 中的闭合洼地和平地区域，引进蓝线实测河网信息对比分析，就可以得到与实测河网吻合较好的模拟河网。

由 Wang 和 Liu[103] 提出并实现的算法以溢出高程概念为基础，通过在最小代价搜索算法中利用优先队列数据结构逐步算出全部 DEM 栅格的溢出高程，完成填洼过程。该算法实际就是从流域潜在出口开始向流域内部逆向搜索完成整个填洼过程。该算法通过引进溢出高程概念，并结合编程技术手段中的最优管理技术，在有效性与求解效率方面达到了最佳平衡，可以说是目前最成功的算法之一。

虞玉诚[104] 于 2005 年提出一个解决洼地问题的方案——"最短流程法"。该方案根据与流域水系生成模型相同的物理概念来解决洼地与平地区域的问题。下面对其进行简述。

流域水系生成模型以坡面流模拟假定为基础，水流在一个单元向另一个单元流动总是以最陡方向单元进行流动，这个以最陡方向的单元流动，其实就是要求水流以最快的速度、最短的时间流出流域出口断面。因此在处理洼地与平地区域的流向分析计算时，同样也可以基于该物理概念，这就是"最短流程法"的物理基础，这样的处理思路与 D8 法是一脉相承的，且更合理地考虑了实际情况，使其与数学物理概念更加符合。

D8 算法将被处理的格网点 K 同其最邻近的 8 个格网点之间的坡降进行比较，被处理格网点中心同其相邻的 8 个格网点中落差最大的一个格网点中心之间连线的方向便被定义为被处理格网点的水流方向，并且规定一个格网点的水流方向用一个特征码表示。有效的水流方向定义为东、东南、南、西南、西、西北、北和东北，并分别用 1、2、4、8、16、32、64 和 128 这 8 个有效特征码表示(见图 4.1-1)。

32	64	128
16	K	1
8	4	2

图 4.1-1　格网点水流方向编码

被处理格网点 K 同相邻 8 个格网点之间落差的计算方法为：

$$MD = DZ/D \tag{4.1.1}$$

式中：MD 为两个格网点之间的落差；DZ 为相邻两个格网点之间的高程差；D 为两个格网点中心之间的距离，当邻域格网点对中心格网点 K 的方向为 1、4、16、64 时 $D=1$；否则 $D=1.414$。

确定水流方向的具体步骤是：

(1) 对所有 DEM 矩阵中无效值的区域(DEM 矩阵格网点值为−9 999)，其水流方向矩阵赋以 0 值。

(2) 对所有 DEM 矩阵边缘的格网点(属于有效区域的格网点)，执行以下步骤：

①如果该格网点与相邻邻域格网点的最大落差小于或等于 0，则该格网点的水流方向赋以指向边缘的方向值；

②如果该格网点的高程与相邻邻域格网点最大落差大于 0，且最大落差只有一个，则该格网点的水流方向赋以指向最大落差的方向；

③如果该格网点的高程与相邻邻域格网点最大落差大于 0，且最大落差有多个，则该格网点的水流方向以查表方式赋以指向最大落差的方向。

(3) 对①、②步没有赋值的水流方向矩阵格网点，计算其与 8 个邻域格网点的落差，然后执行以下步骤：

①如果最大落差小于 0，对该格网点赋以−1，表示方向未定；

②如果最大落差大于或等于 0，且最大值只有一个，此时将对应最大值的方向作为该格网点的水流方向；

③如果最大落差大于 0，且最大值有多个，此时按查表方式确定该格网点的水流方向；

④如果最大落差值等于 0，且最大值有多个，此时对该格网点赋以−1，表示该格网点方向未定。

(4) 以水流方向值为−1 的格网点为洼地区域或平地区域的起点，判断周围 8 个方向格网点方向值是否为−1 或指向洼地区域或平地区域，采用区域增长算法(图 4.1-2)：

①先找出洼地区域或平地区域的边缘格网，然后在边缘格网中找出高程最低的格网点和高程最高的格网点；

②如果两者相等，再在区域增长算法所得结果 M 的基础上，将洼地区域或平地区域 D 向外围扩大一个格网(图 4.1-3)，然后转 A 步骤；

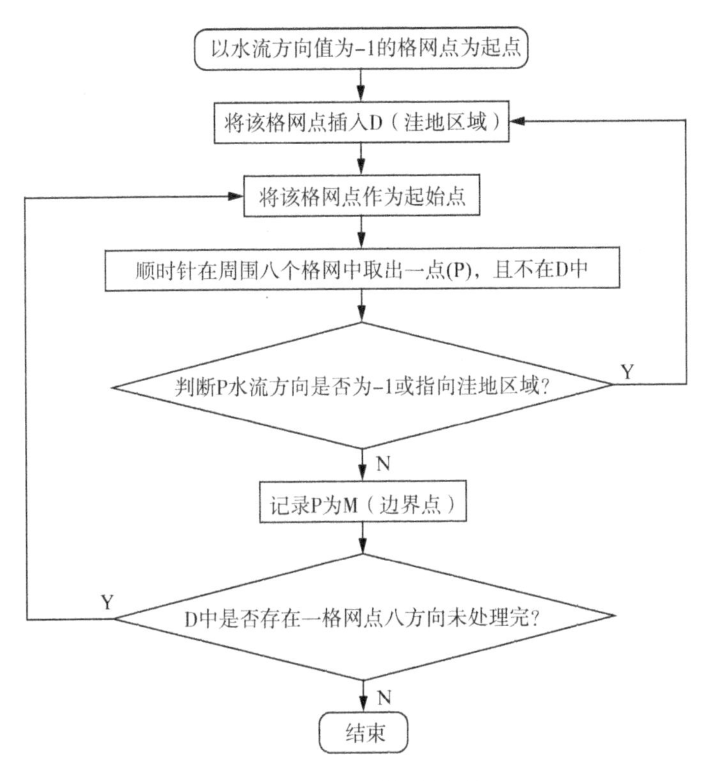

图 4.1-2　区域增长算法

3	3	3	3	3	3	3
3	3	3	3	3	3	3
3	1	1	1	1	1	3
3	1	1	1	1	1	3
3	1	1	1	1	1	3
3	3	3	2	3	3	3
3	3	3	3	3	3	3

图 4.1-3　寻找洼地区域或平地区域出口算法

③如果边缘格网中高程最低的格网点不为洼地区域内的格网点，按最短流程算法将洼地区域内距边缘格网中高程最低格网点最近的格网点作为洼地区域

或平地区域的水流出口点；

④以洼地区域或平地区域的水流出口点为起点，按最短流程算法，修改洼地区域或平地区域内高程低于水流出口格网点的水流方向矩阵。

在确定洼地与平地区域后，下一步重点处理区域内的方向矩阵问题。根据水力学谢才公式，水流流速可以用如下公式计算：

$$V = C\sqrt{RJ} \tag{4.1.2}$$

式中：V 为流速；R 为水力半径，一般可用水深代替；J 为水力坡度或水面比降；C 为谢才系数。

因此由图 4.1-4 可见，由点 S_0 到点 S_2 的流动时间可以用下述公式表达：

$$T_{S_0-S_2} = \frac{D_{S_0-S_2}}{C\sqrt{HJ}} = K\frac{D_{S_0-S_2}}{\sqrt{H_{S_0-S_2}}} \tag{4.1.3}$$

式中：$K = \frac{1}{C\sqrt{J}}$，对于一个洼地区域可以假定水面比降相同，故 K 可以为常数；$H_{S_0-S_2}$ 为两计算栅格单元的平均水深，$H_{S_0-S_2} = Z_{出口} - \frac{Z_{S_0}+Z_{S_2}}{2}$，$Z_{出口}$ 为洼地出口点的栅格高程。

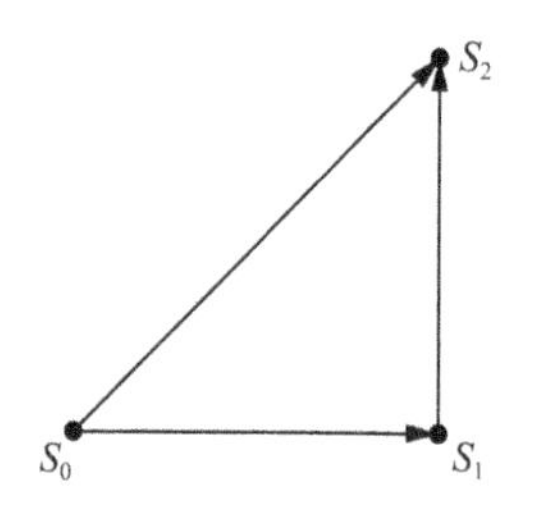

图 4.1-4　最短流程法示意图

为简化起见，记：

$$T_{S_0-S_2} = \frac{D_{S_0-S_2}}{\sqrt{H_{S_0-S_2}}} \tag{4.1.4}$$

如图 4.1-4，假设 S_2 是水流出口，洼地内 S_0 中的水要流出来的话，水流是直接按照对角线从 S_0 流到 S_2，还是先从 S_0 流到 S_1，再从 S_1 到 S_2，或者是先从 S_0 流到 S_3，再从 S_3 到 S_2，就取决于三者之间时间 T 的比较。即比较三者之间的大小：

当 $T_{S_0-S_2} < T_{S_0-S_1} + T_{S_1-S_2}$、$T_{S_0-S_2} < T_{S_0-S_3} + T_{S_3-S_2}$ 时，水流是从 S_0 直接流到 S_2；

当 $T_{S_0-S_1} + T_{S_1-S_2} < T_{S_0-S_2}$、$T_{S_0-S_1} + T_{S_1-S_2} < T_{S_0-S_3} + T_{S_3-S_2}$ 时，水流是先从 S_0 流到 S_1，再从 S_1 到 S_2；

当 $T_{S_0-S_3} + T_{S_3-S_2} < T_{S_0-S_2}$、$T_{S_0-S_3} + T_{S_3-S_2} < T_{S_0-S_1} + T_{S_1-S_2}$ 时，水流先从 S_0 流到 S_3，再从 S_3 到 S_2；

关于最短流程算法的详细实现不是本书重点研究的内容，这里不做进一步介绍,可详见文献[104]。

流域水系生成模型构建完成后还需进行多项功能设计:模型必须能够对任意子流域按照不同面积的阈值进行子流域的二次划分;能够按照控制站点进行上下子流域的划分;能够对划分后的子流域自动生成拓扑关系;能够获得任一河道区间的汇流单元;能够计算任一子流域的地貌参数。

需要指出的是,上述数字流域水系生成模型仅适用山丘区河流水系("树状"河网水系)的生成,对于平原河口区的环状河网则无法进行自动生成,但可以在增加一些相关信息的基础上进行坡面单元流程的生成,用于解决平原区坡面汇流去向的计算分析。关于平原区河网水系的生成方法还需要做进一步研究。

4.2 山丘区水文特征单元

4.2.1 山丘区子流域及坡面单元

该类型的特征单元是目前研究范围最广的,研究也是最深入的,现有的概念性模型、黑箱模型、考虑地形因子的 TOPMODEL 模型及一些分布式模型均能够应用于该类单元,模型方法众多。坡面特征单元还可以将地貌单位线模型应用于解决坡面汇流问题。在该水文特征单元的众多模型中,概念性模型由于应用时间早、范围广,因而目前在生产实践中还是主要的应用模型。处理该类型水文特征单元的分布式模型是近几年来发展起来的,最主要的特点是应用了最新的 3S 技术,特别是数字高程模型的应用,使得水文模型模拟水循环过程的空间分布成为可能。由于该方面的研究刚起步不久,因而分布式水文模型在实用方面进展不大,如:一些所谓的栅格型分布式水文模型,由于工作量的问题,无法应用于实际问题,尤其是实时问题。

在该类水文特征单元中,可以仅研究产流问题,也可以仅研究汇流问题,也可以同时研究产汇流问题,还可以分别研究地表、壤中及地下水产汇流过程,目前常用的是研究整体产汇流问题。本研究结合数字流域水系生成模型与新安江模型提出一个解决子流域及坡面特征单元水循环问题的分布式模型。

首先利用数字流域水系生成模型,生成天然分水线划分子流域,并将各子流域水系间的完整拓扑结构保存下来,便于后面构成整个流域单元耦合的拓扑结构模型(图 4.2-1)。接下来要根据模型离散的时间尺度对子流域进行划分,以对应子流域中河道汇流时间为 1 h 所对应流程长度,对河道进行分段,每个子河段所对应的集水坡面区域为该类型特征单元所对应的水文计算单元——最小产汇流单元[55]。如图 4.2-2 所示，沿渡河子流域根据模型计算时间步长 1 h，相应地划分为 4 个最小产汇流单元，通过最小产汇流单元将整个水文特征单元在平面上进行了剖分，这种剖分可以认为是与时间离散尺度最相配的空间离散尺度。

在对水文特征单元剖分的基础上，对最小产汇流单元分别计算产流过程与汇流过程。

产流过程的计算。输入根据上层植物截留特征单元计算得到的净雨深，利用相应的概念性模型（如三水源新安江产流模型）计算得到最小产汇流单元的产流过程。关于其相应的产流模型公式可参见相关的文献[1]。

汇流过程的计算。该汇流过程的计算主要是在最小产汇流单元的内部，即计算坡面汇流，该汇流过程可以采用多种方法计算，如：与新安江模型对应的线性水库法、地貌单位线法等。笔者认为在最小产汇流单元的汇流过程计算方面，地貌单位线法找到了用武之地。关于其相应的汇流模型公式可参见相关文献[105]。

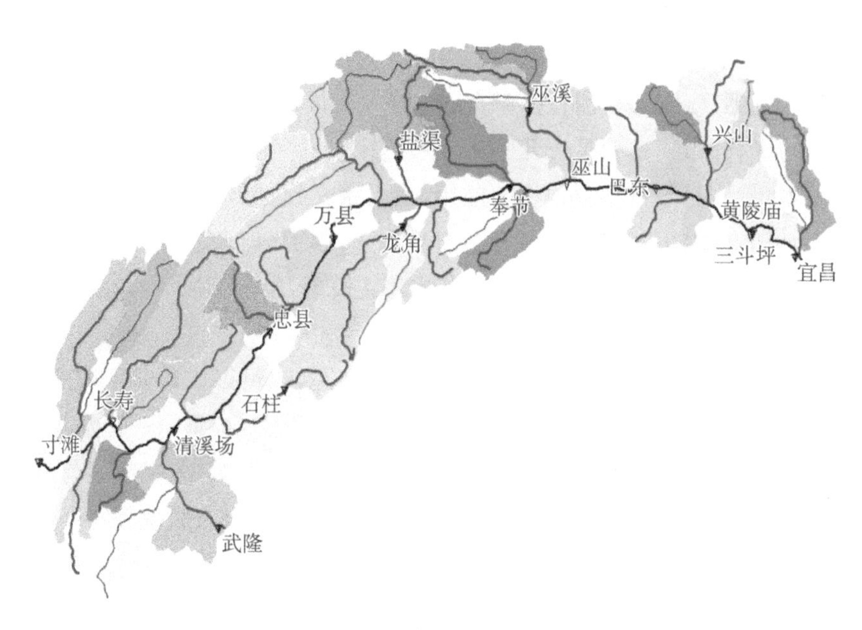

图 4.2-1　三峡间子流域分布图

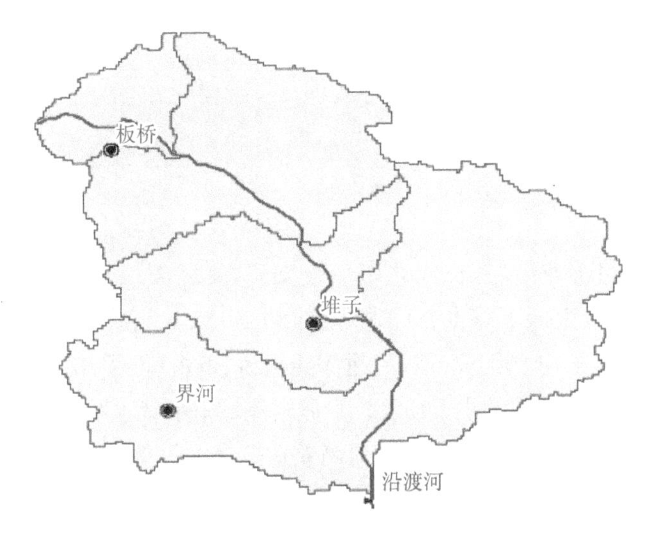

图 4.2-2　三峡沿渡河子流域水文计算单元划分

通过上述两步的计算，可以得到最小产汇流单元上的流量过程，该流量过程流入其相应的河段中，即作为山丘区河道汇流特征单元的输入项。

在今后应用研究中还可以用动力学方法分别构建地表、壤中与地下水产汇流模型及其上下层间的耦合模型。

4.2.2　山丘区河道单元

该特征单元是汇流型特征单元。该特征单元中水流流态与中下游感潮河网区的河道流态有着显著的区别，山丘区型河道汇流过程关心的是河道断面流量过程，因此其水流运动规律由一维圣维南方程组描述，由于山丘型河道比降陡、流速快，水流运动由重力与摩阻力主导，惯性力比重很小，因此可以采用简化的动力学方法——马斯京根法、特征河长法等进行模拟。

山丘型河道特征单元，其汇流演算计算顺序从上游到下游逐步递推演进，在演算过程中要注意河道间上下游顺序，从演进过程中可以看出，没有考虑山丘型河网中下游河道对上游的顶托影响。河道演算中采用的是“先合后演”的计算思路，这样便于考虑参数的非线性影响。通过上述“先合后演”的计算思路，将坡面的产汇流过程按照自然状态逐步加入相应的河道中，构成了改进型的分布式新安江模型，并且可以从数字流域水系生成模型直接获得产汇流参数，如地貌单位线、新安江模型的蓄水容量曲线系数等。

4.3 山丘区模型构建案例与操作

4.3.1 研究区介绍

沿渡河，又名神龙溪，是长江北岸一级支流，流域面积 636 km^2。沿渡河发源于神农架山林区南麓下谷乡石门洞，海拔约 1 720 m，在巴东县官渡口流入长江，全长 60.6 km，平均坡度 9.5‰，沿途流经板桥、下古、堆子、沿渡河、罗坪、叶子坝、龙船河，为沿渡河流域的主干河流。沿渡河流域呈羽状水系，两岸支流对称，沟壑纵横，流域高程在 130～3 031 m，相对高差达 2 000 m，为典型的山溪性河流，如图 4.3-1 所示。流域内气象特点变化明显，上游地处神农架林区，小气候影响显著，属温凉湿润型气候，冬季最低气温一般不低于 0℃，夏季最高气温一般不超过 37℃。最大风速 16 m/s，平均风速 2.2 m/s，多年平均日照 16 309 h。流域 70%的面积被植被覆盖，气候湿润，年平均降水在 1 300～1 700 mm，上游多年平均降水量 1 394.6 mm(以板桥为代表)，中游约 1 222.2 mm(以沿渡河站为代表)，下游约 1 118 mm(以巴东站为代表)，降雨量从北向南递减，降雨多集中于 5～9 月，约占全年降水量的 68%。沿渡河属山区性河流，径流主要来自降雨，径流年内分配与降水年内分配关系密切，由于降水年内分配不均，因而径流年内变化也较大，发生洪水时间与暴雨相对应。每年 4～10 月为汛期，年最大洪峰流量多出现在 5～7 月，且频率较高。流域内山高坡陡，谷深河窄，水汇流迅速，洪水陡涨陡落，具有山区河流洪水特征。洪峰形态以单峰为主，也有复峰出现。根据沿渡河水文站多年实测资料分析，流域多年平均降水量 1 337 mm，多年平均年径流深 1 093 mm，多年平均年径流总量 11.27 亿 m^3，产水系数 0.81。流域内有堆子、下古、板桥、送子园和沿渡河站点的 1980—1987 年共八年的降雨摘录资料(图 4.3-1)，同时在

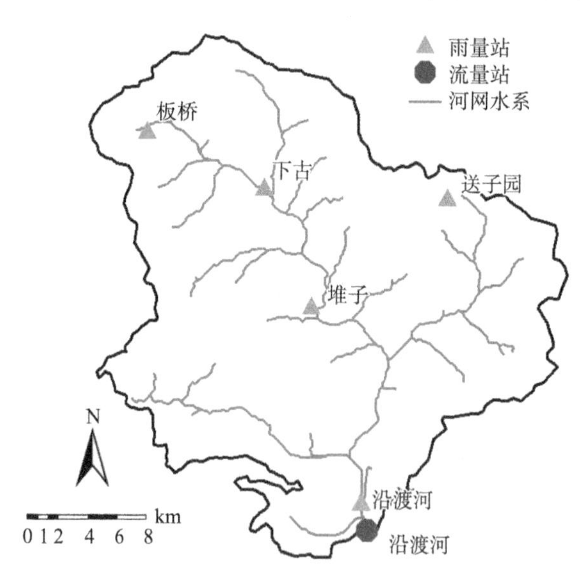

图 4.3-1 沿渡河流域示意图

流域出口的沿渡河站有小时的流量观测资料，蒸发观测采用邻近兴山站的观测数据。流域原始 DEM 精度为 56 m。土壤数据来自联合国粮农组织等构建的 HWSD(Harmonized World Soil Database)数据库，其中中国区域的土壤数据精度为 30″(约 1 000 m)。

4.3.2　DEM 水系生成，水文站、蒸发站、雨量站生成

(1) DEM 水系生成(图 4.3-2～图 4.3-7)

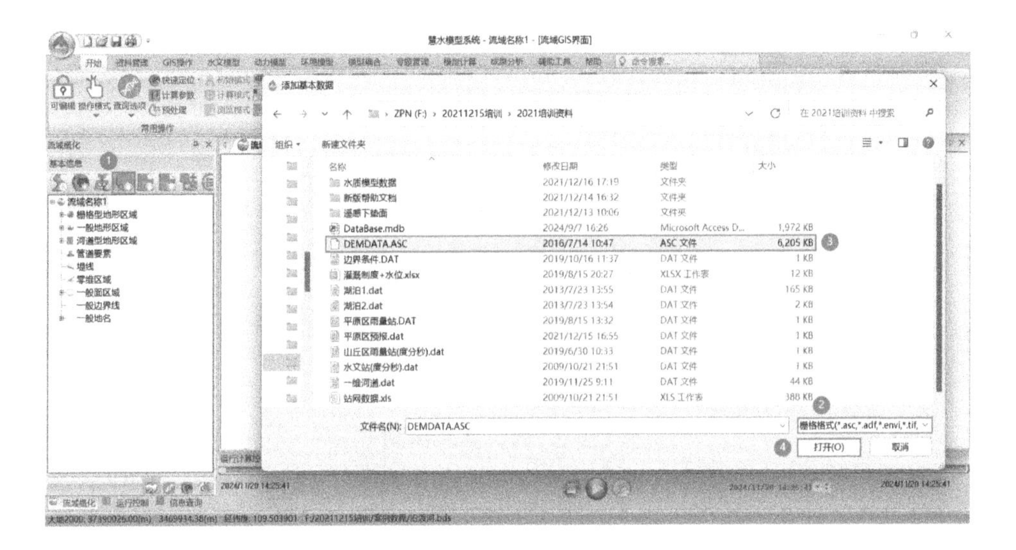

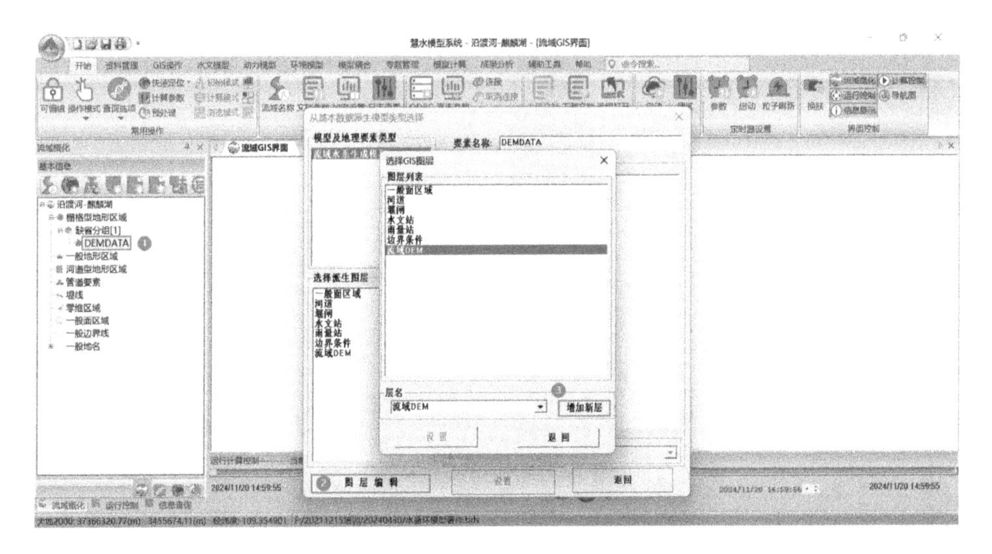

图 4.3-2　导入流域 DEM

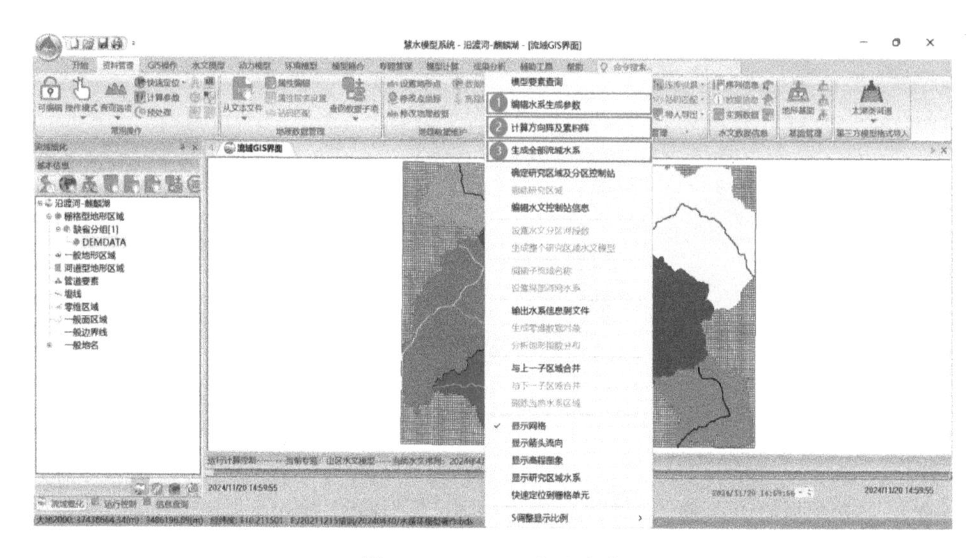

图 4.3-3　DEM 水系生成

引入流域出口点，右击“从文本文件引入数据”，选择“经纬度分秒文件”。

图 4.3-4　引入数据

点击“水文站(度分秒)”，点击“一般地名”，选择“派生模型要素”，将其派生为“水文站”，放到“水文站”图层中。

图 4.3-5　从基本数据派生模型类型选择

右击栅格，点击“确定研究区域及分区控制站”，选择刚刚引入的水文站点，点击“从当前信息中加入”，点击设置。

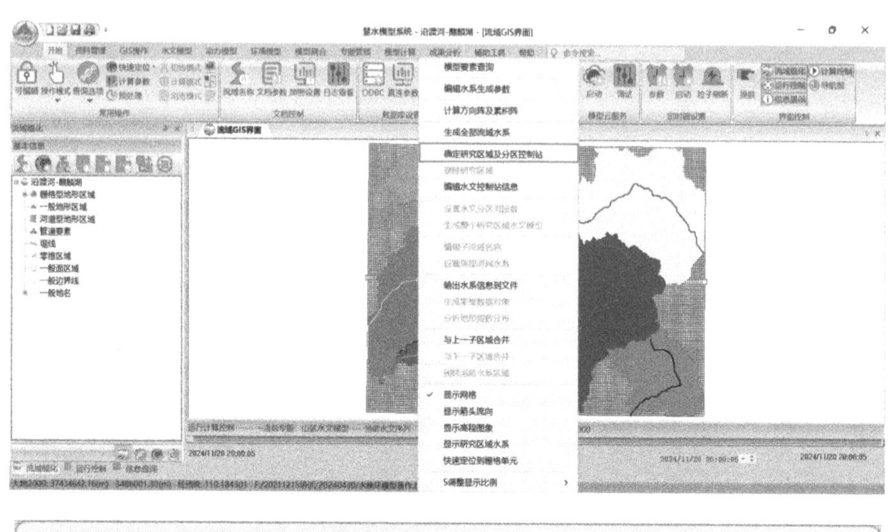

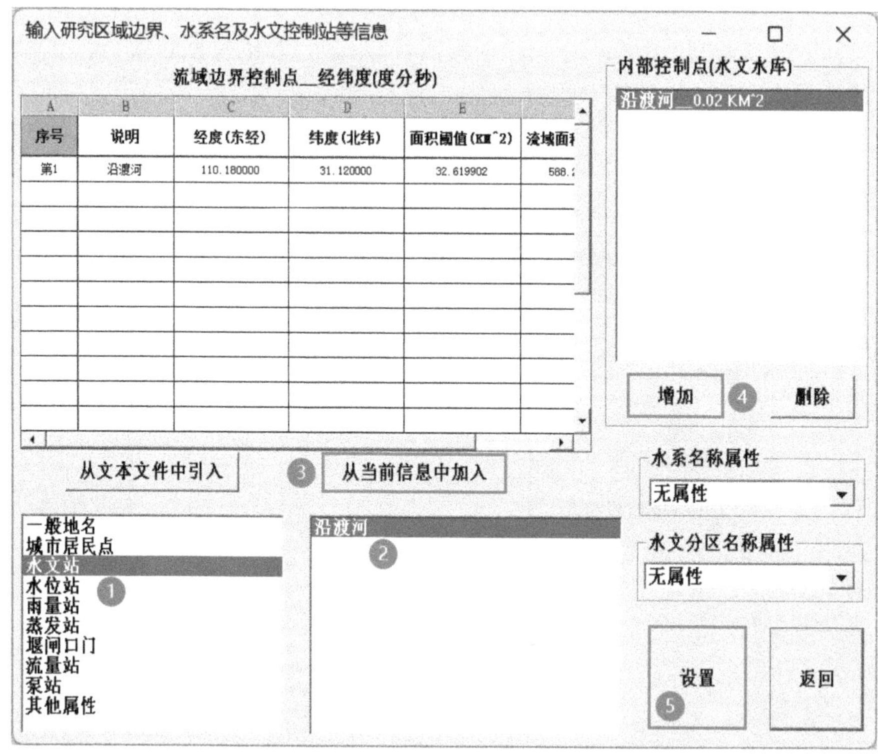

图 4.3-6 引入水文站点

模型自动通过 DEM 运算，形成流域分区。右击“生成整个研究区域水文模型”，选择“新安江模型”，新增“山区水文模型”图层并选择设置，系统自动生成新安江水文模型及流域边界。

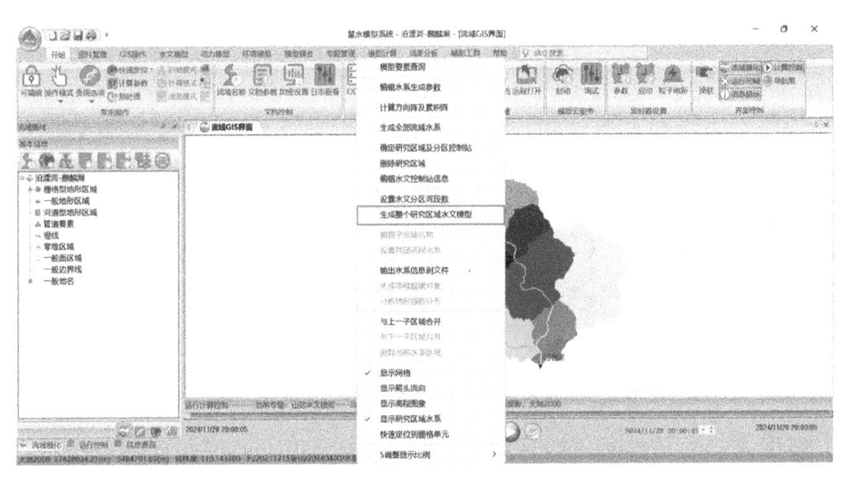

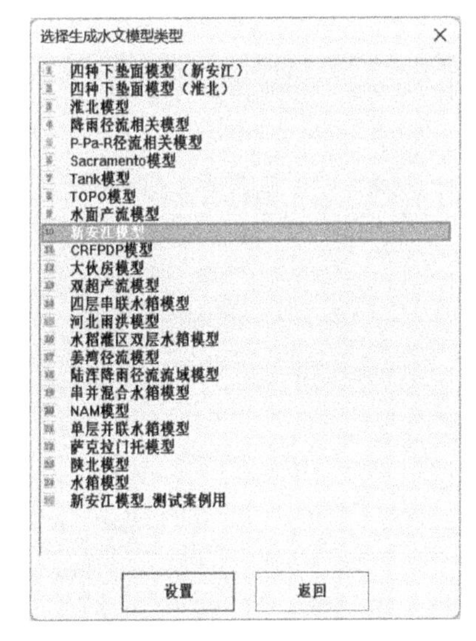

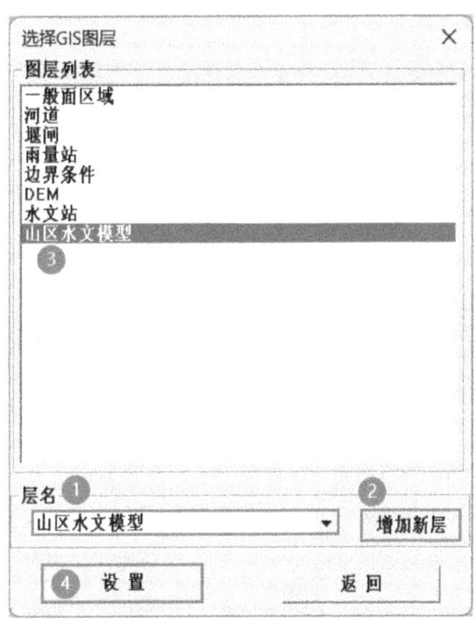

图 4.3-7　生成并设置水文模型

(2) 生成水文站、蒸发站、雨量站(图 4.3-8～图 4.3-19)

模型构建完毕要进行水文数据的引入，主要包括雨量站、水文站、蒸发站等站点，引入雨量站，选择“经纬度分秒文件”的格式。

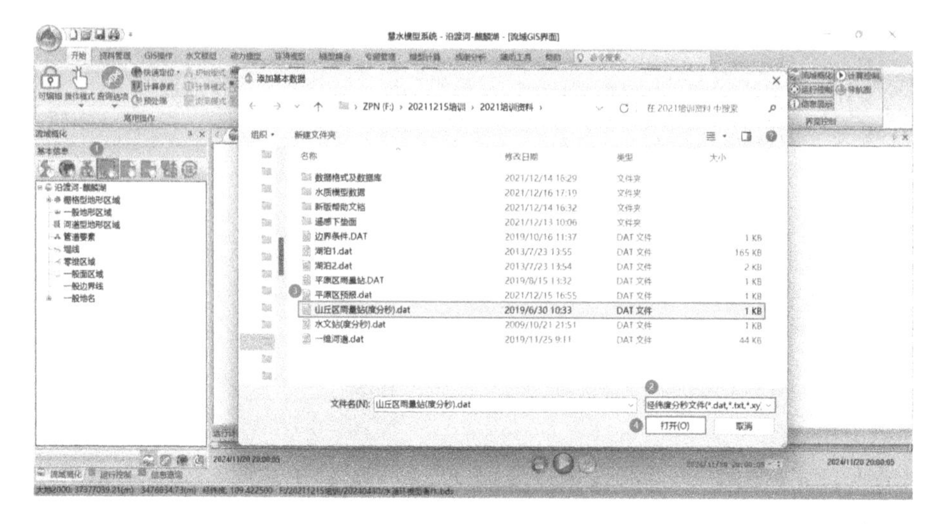

图 4.3-8　引入数据文件

右击引入的雨量站基础数,进行模型要素的派生,选择“雨量站”要素放置到“雨量站”图层中。

图 4.3-9　派生模型要素

对于蒸发站的处理，直接在模型概化中进行蒸发站的概化，右击水文站网选择“编辑水文站网信息”，选择“蒸发站”。

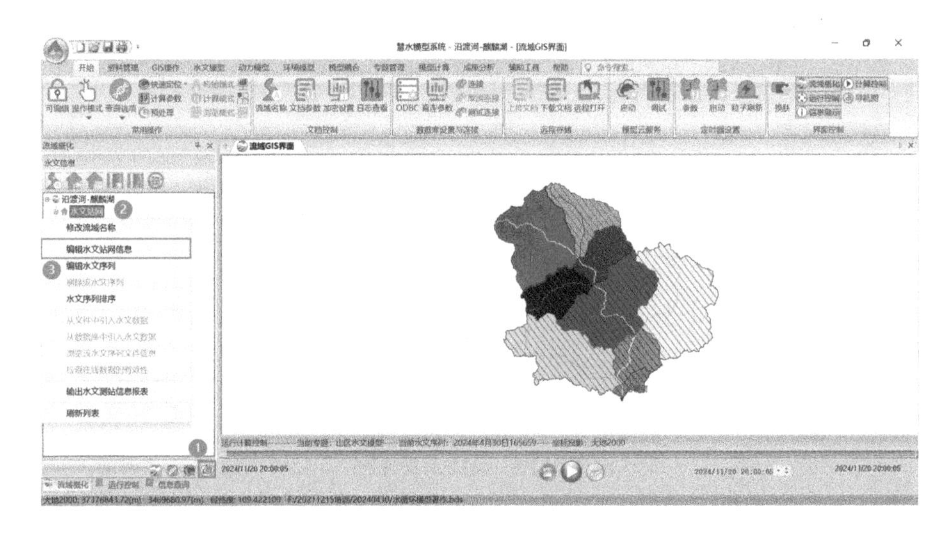

图 4.3-10　概化蒸发站

设置蒸发站名为“流域蒸发”。

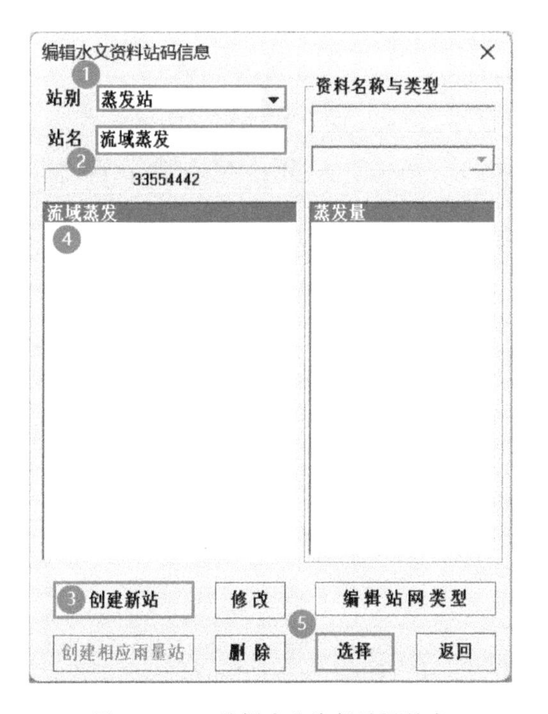

图 4.3-11　编辑水文资料站网信息

进行水文序列的编辑，点击“编辑水文序列”，新增水文序列。

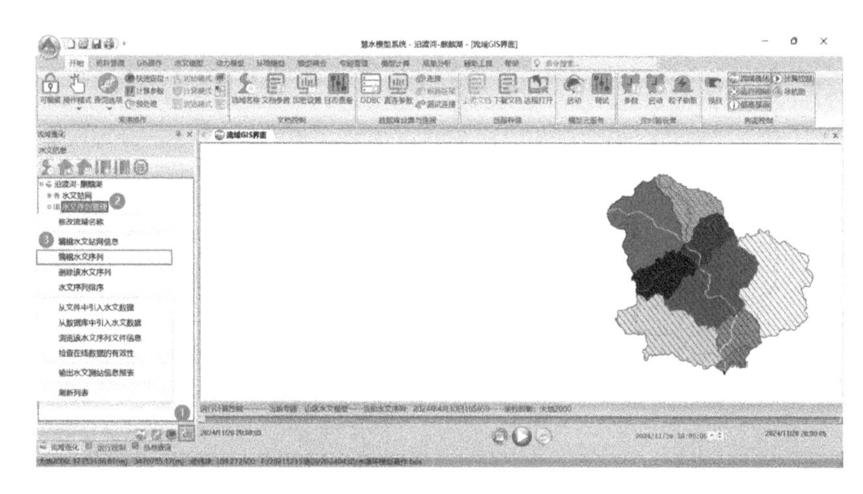

图 4.3-12　编辑水文序列

设置新增序列的属性、开始时间、结束时间等。

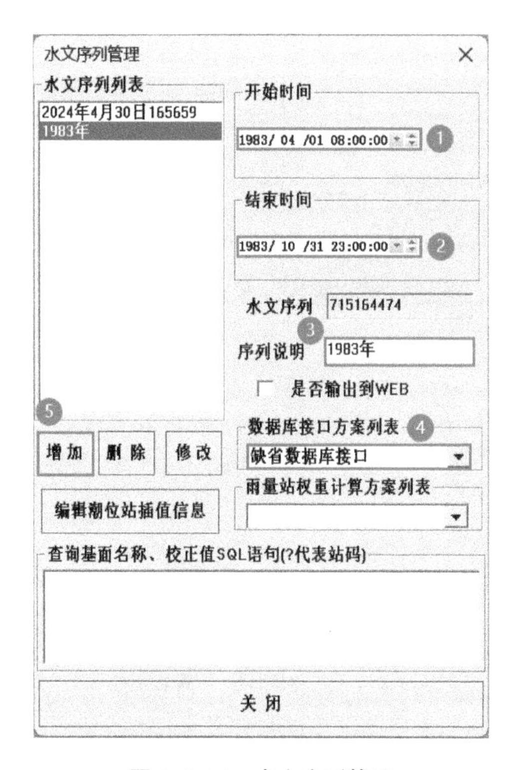

图 4.3-13　水文序列管理

修改项目名称，点击“运行控制”，右击“模型仓库”，点击“派生新专题”。

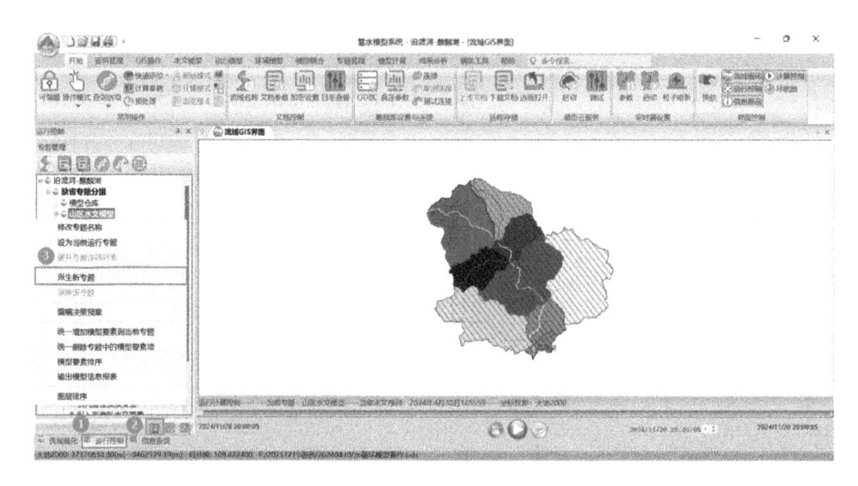

图 4.3-14　派生新专题

将专题名称设置为“沿渡河水文模型”。

图 4.3-15　修改项目名称

右击“沿渡河水文模型”，选择“设为当前运行专题”。

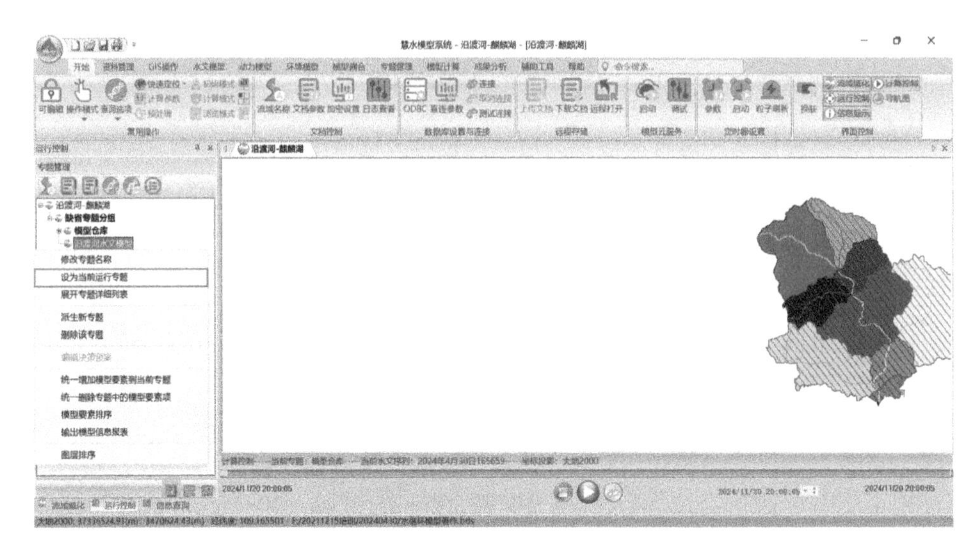

图 4.3-16　设置为当前运行专题

点击保存，设置文件名称。

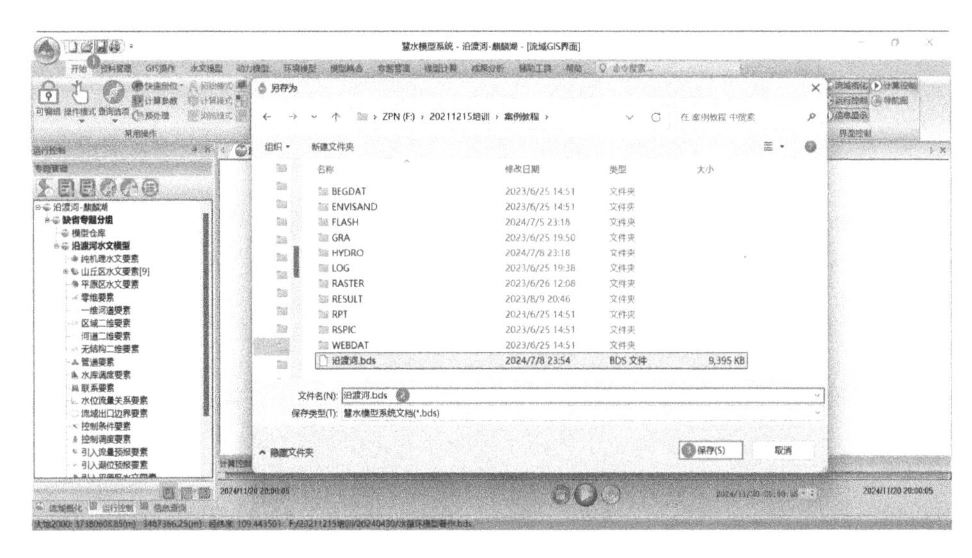

图 4.3-17　设置文件名称

设置模型雨量站，选择“水文模型”，点击“边界设置”，点击“流域区域边界线”，点击设置。

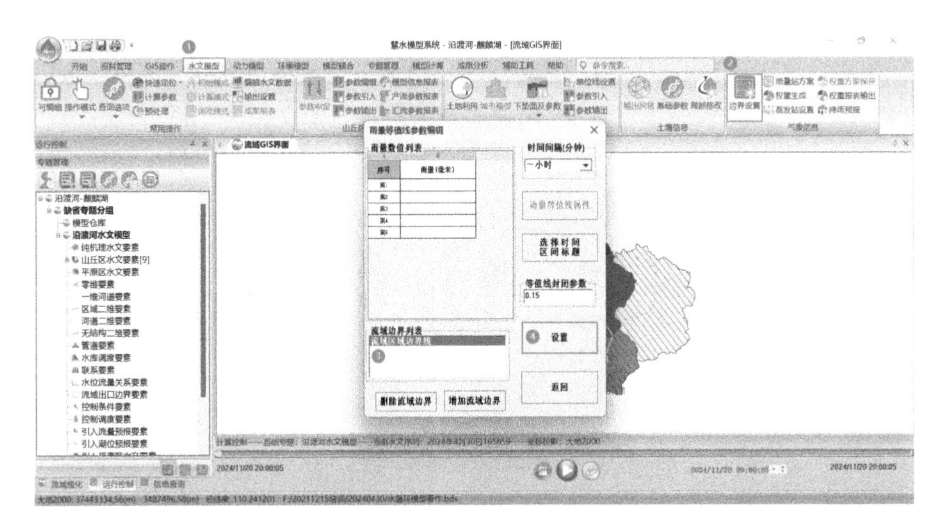

图 4.3-18　设置模型雨量站

对于雨量站权重的生成，点击“权重生成”，选中全部水文模型，点击“设置”，生成完毕后查看权重生成报表。

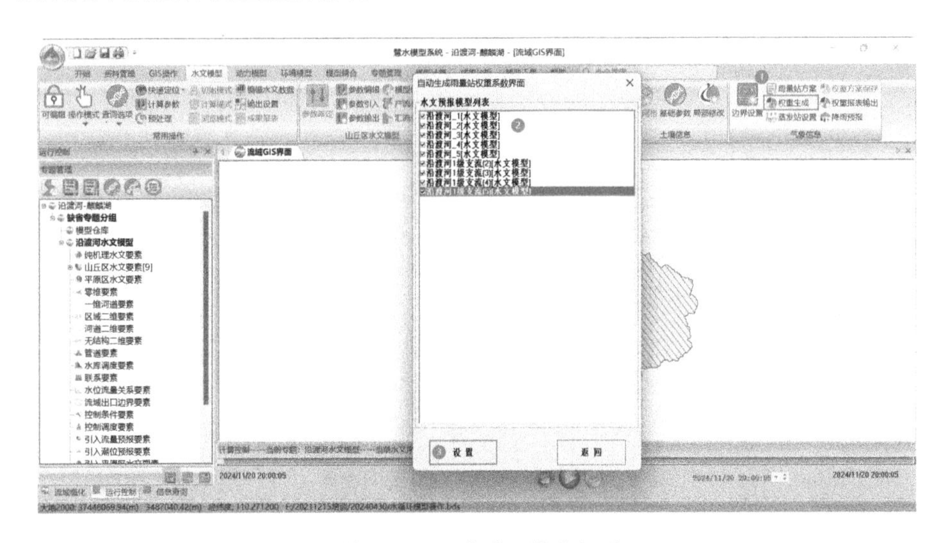

图 4.3-19　生成雨量站权重

4.3.3 数据库连接、站码匹配、雨量站泰森多边形

详见图 4.3-20～图 4.3-23。

数据库连接设置，选择“直连参数”，选择“access 数据库连接”，数据库选择基础数据文件夹的 access 数据库，用户名和密码可自定义设置，进行连接。

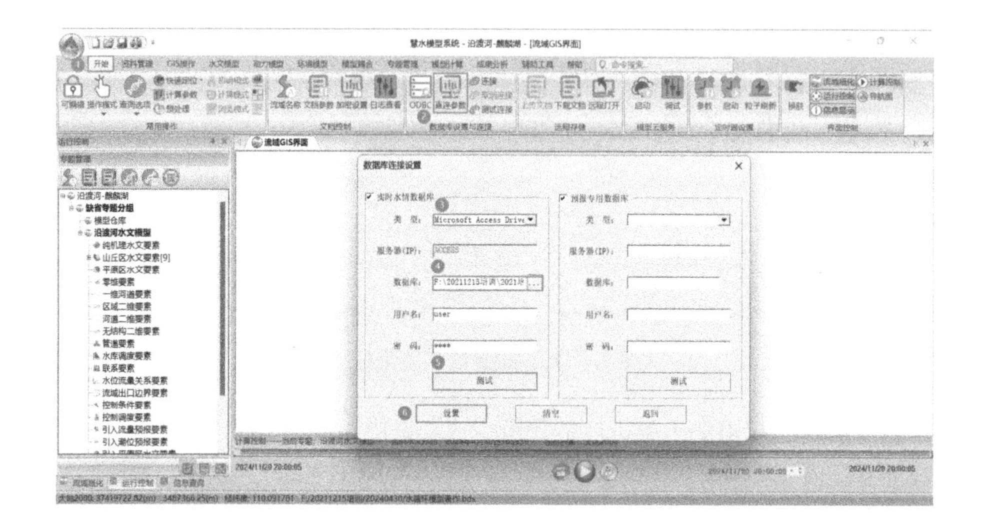

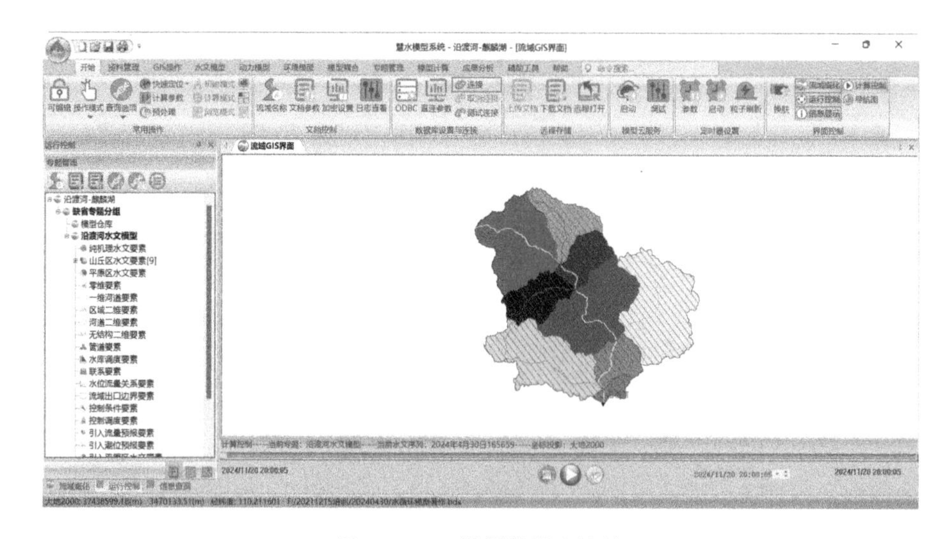

图 4.3-20 设置数据库连接

进行数据库配置信息的设置，选择水文站类别，填入站名、站码。

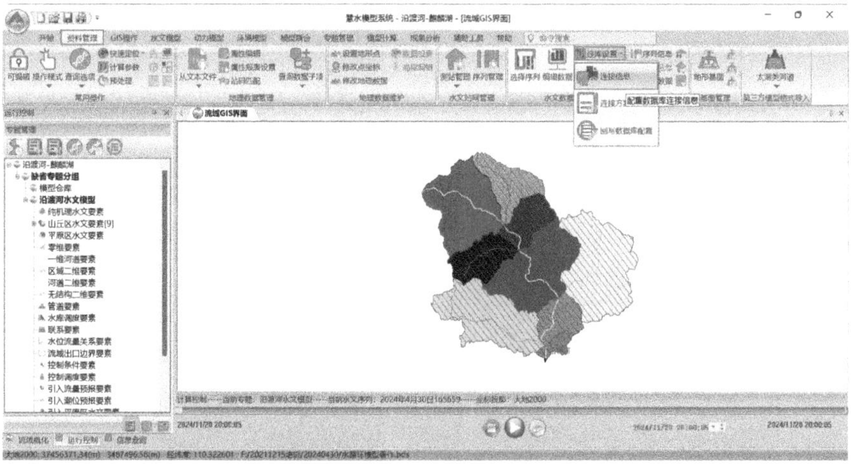

图 4.3-21　设置数据库匹配信息

查询 SQL 语句，填写右侧配置信息。雨量站的设置和水文站的设置一致，雨量站的数据存储在 ST_PPTM_R 表中，右侧填入相应的参数，包括表名、站码、时间、终止时间、历时、降雨量，数据库时间间隔为一小时，降雨历时字段×3 600 进行单位转换。

设置数据库连接信息

数据库设置输入输出

站码类别：雨量站

站名与站码表查询(完全SQL)语句

select stnm,stcd from st_stbprp_b where sttp ='PP'

数据查询的条件语句(不包括WHERE)

预报调度方案字段集

数据查询信息

表名：ST_PPTN_R

站码列名：stcd

时间：TM

查询列集合：终止时间,历时,降雨量

TM,INTV*3600,DRP

数据库中表格集合

Name	Type	Schema
ST_DAYEV...	TABLE	
ST_DAYEV...	VIEW	
ST_PPTN_R	TABLE	
ST_PPTN_...	VIEW	
ST_QUALITY	TABLE	
ST_RIVER_R	TABLE	
ST_RIVER_...	VIEW	
ST_STBPR...	TABLE	
ST_STBPR...	VIEW	

表格中列名集合

Name	Type	Length	Precisi...	Sc.
stcd	字符串类...	0	255	255
TM	时间类型	0	19	0
Z	数值类型	0	15	255
Q	数值类型	0	15	255

设置数据库连接信息

数据库设置输入输出

站码类别：蒸发站

站名与站码表查询(完全SQL)语句

select stnm,stcd from st_stbprp_b where sttp ='BB'

数据查询的条件语句(不包括WHERE)

预报调度方案字段集

数据查询信息

表名：ST_DAYEV_R

站码列名：stcd

时间：TM

查询列集合：终止时间,历时,蒸发量

TM,86400,DYE

数据库中表格集合

Name	Type	Schema
ST_DAYEV_R	TABLE	
ST_DAYEV_R...	VIEW	
ST_PPTN_R	TABLE	
ST_PPTN_R 查询	VIEW	
ST_QUALITY	TABLE	
ST_RIVER_R	TABLE	
ST_RIVER_R 查...	VIEW	
ST_STBPRP_B	TABLE	
ST_STBPRP_B...	VIEW	

表格中列名集合

Name	Type	Length	Precisi...	Sc.
stcd	字符串类...	0	255	255
TM	时间类型	0	19	0
Z	数值类型	0	15	255
Q	数值类型	0	15	255

图 4.3-22 设置数据库连接信息

蒸发站按照同样方法设置，并进行连接设置信息保存。选择“匹配站码”，选择对应的测站，进行模型站码和数据库站码的匹配。点击“运行控制”，在当前水文序列中选中“1983 年”水文序列。点击“编辑水文数据”，从在线数据库中引入实测数据。在水文模型中，点击“蒸发站设置”，设置为“流域蒸发”并保存。

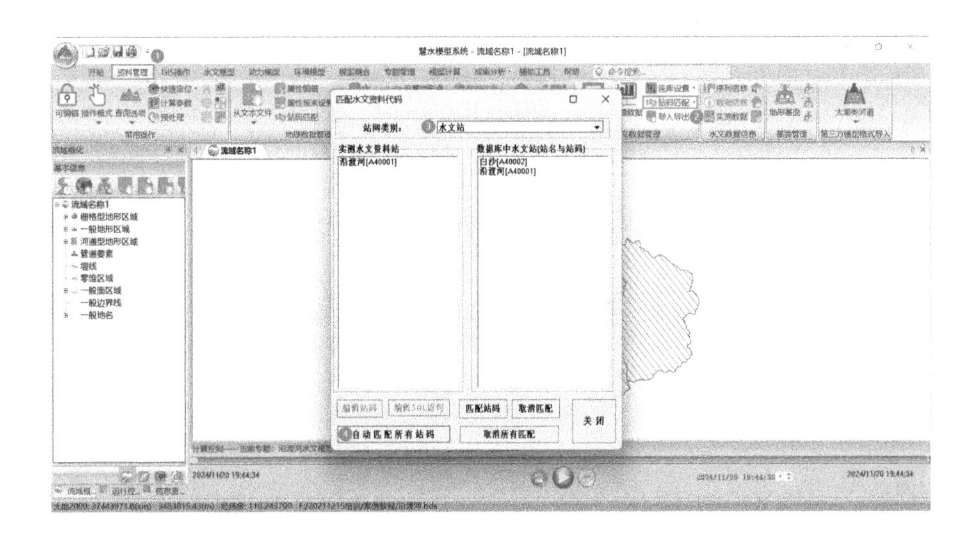

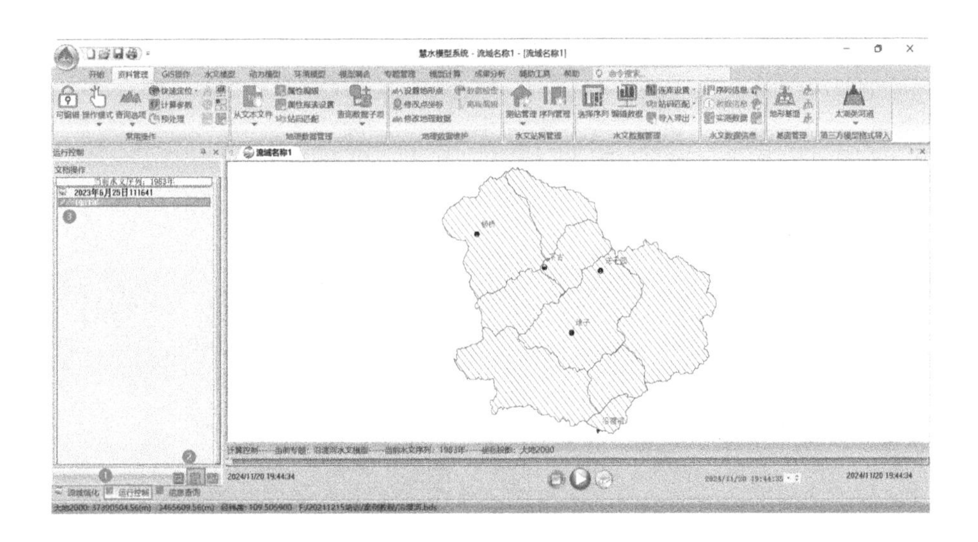

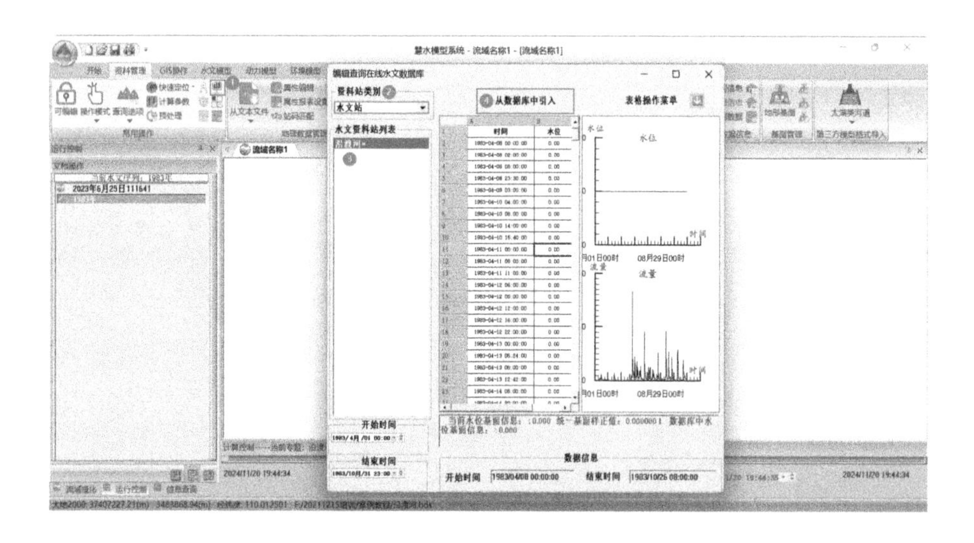
慧水模型系统 - 流域名称1 - [流域名称1]
编辑查询在线水文数据库
资料站类别
水文站
水文资料站列表
从数据库中引入
表格操作菜单
时间
水位
流量
开始时间
结束时间
数据信息

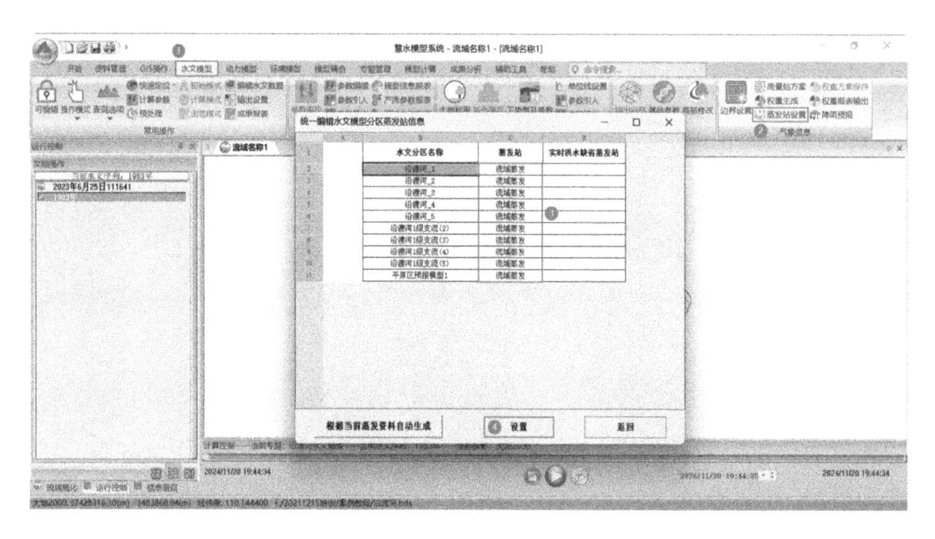
慧水模型系统 - 流域名称1 - [流域名称1]
统一编辑水文模型分区蒸发站信息
水文分区名称
蒸发站
实时洪水缺省蒸发站
根据当前蒸发资料自动生成
设置
返回
蒸发站设置

图 4.3-23　蒸发站设置

4.3.4　模型计算及输出

计算及输出过程见图 4.3-24～图 4.3-30。

进行模型的计算，点击“预处理”，点击“初始模式设置”，完成初始条件设置后，进行模型计算。

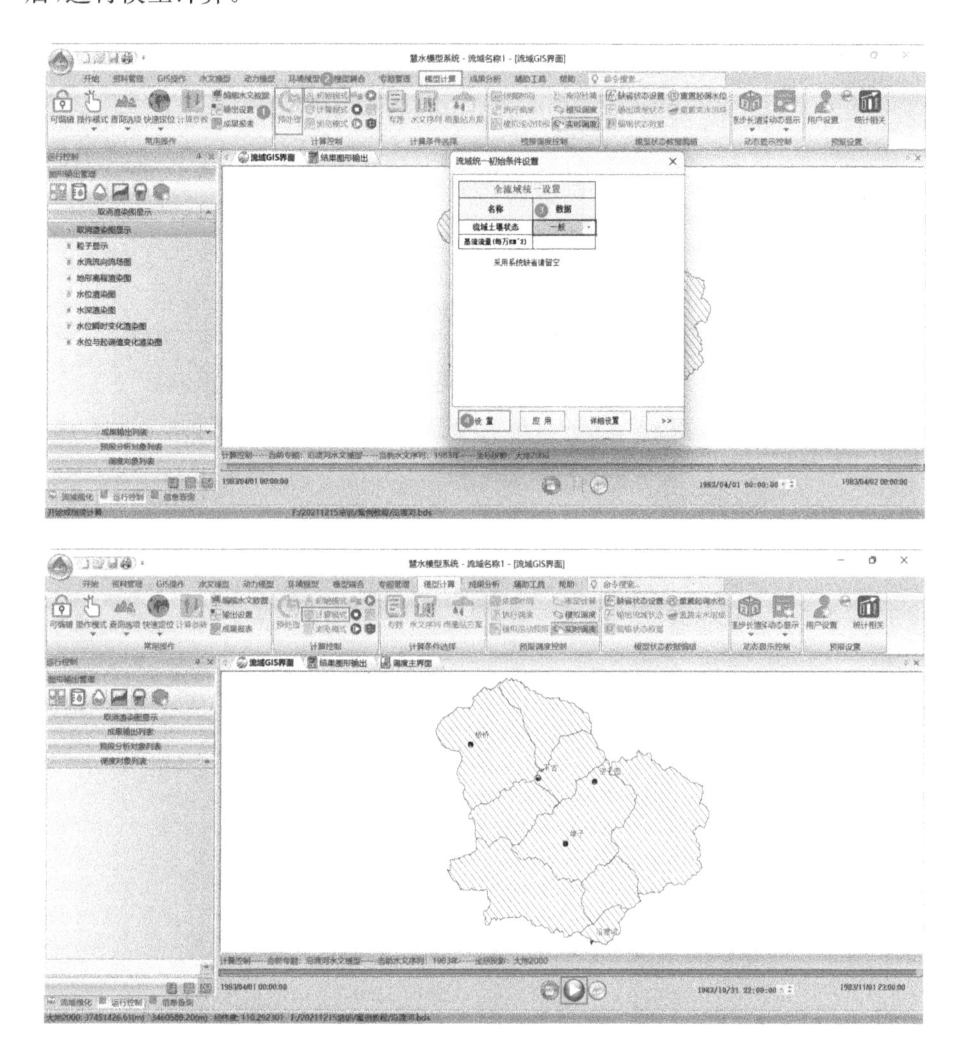

图 4.3-24　设置初始条件，模型计算

模型计算过程中可以选择“逐日渲染”，加快模型计算速度。

下面进行模型输出设置。首先设置模型主图形输出，点击要素编辑，新增主图形要素“沿渡河”，在主图形下增加子图形——流域降雨和流量。

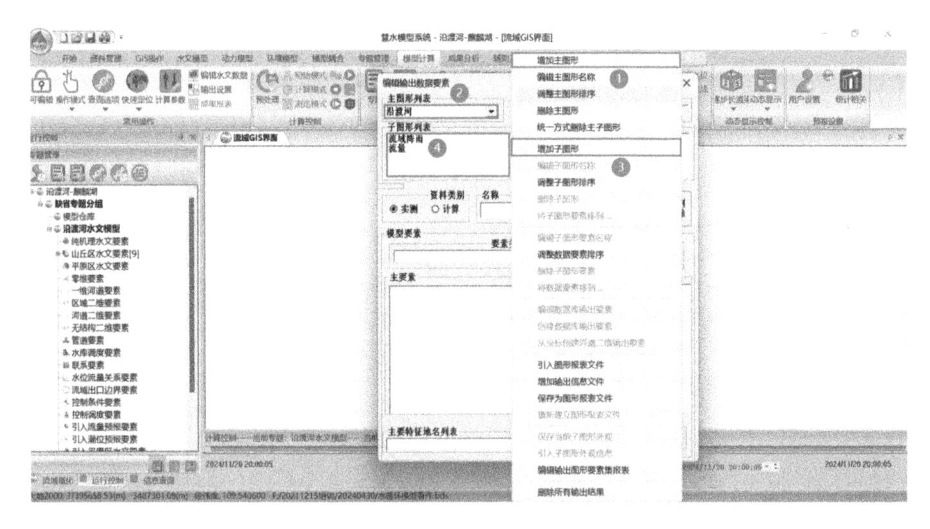

图 4.3-25　设置模型主图形输出

流域降雨的要素类别选择“山丘区水文要素”，主要素选择“沿渡河_5”，数据类型选择“区域平均降雨量”，修改名称为“流域降雨量”，点击“增加”。

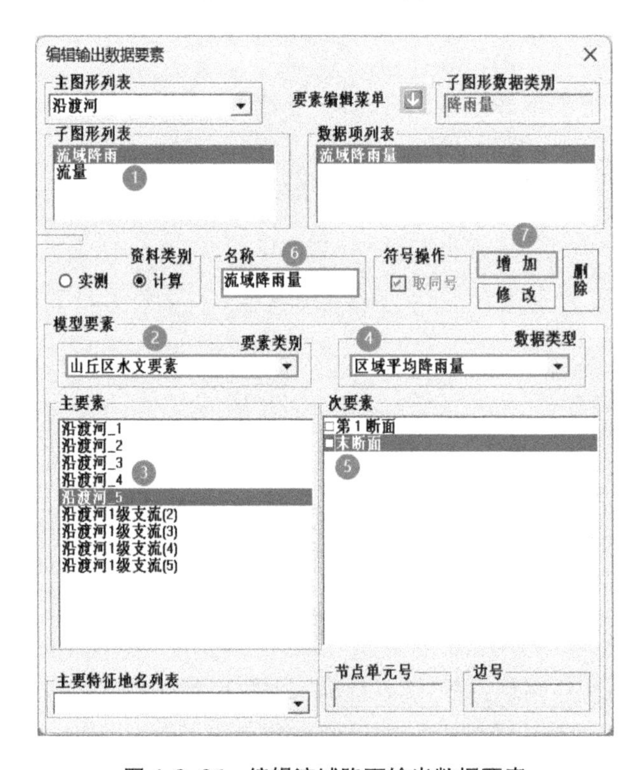

图 4.3-26　编辑流域降雨输出数据要素

计算流量同样选择“沿渡河_5”的“末断面”流量，添加实测流量进行对比，要素类别选择“水文站”，主要素选择“沿渡河”，数据类型选择“流量”，修改名称为“沿渡河实测流量”。

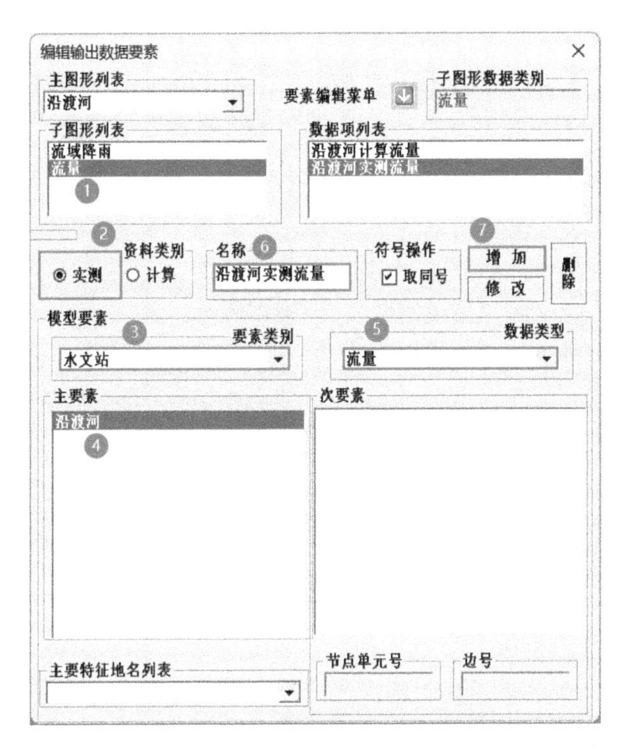

图 4.3-27　编辑流量输出数据要素

点击“结果图形输出”，右击选择“P 图形显示属性”，选择“自动按行与列排放”。

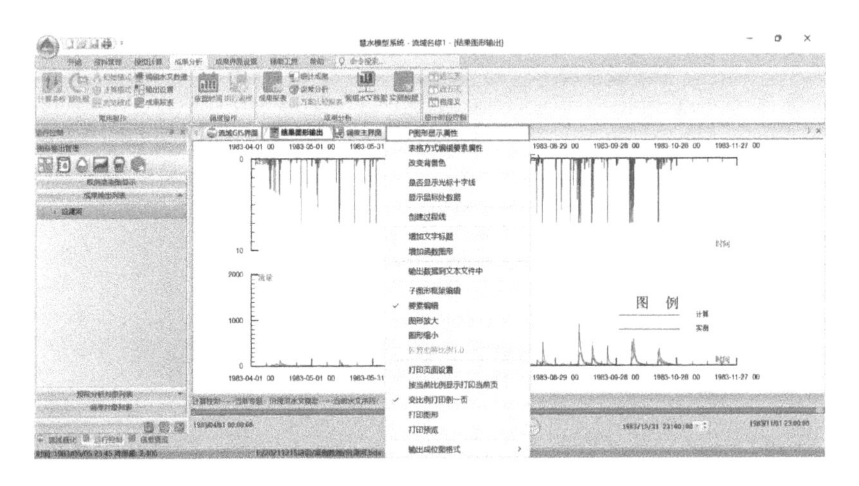

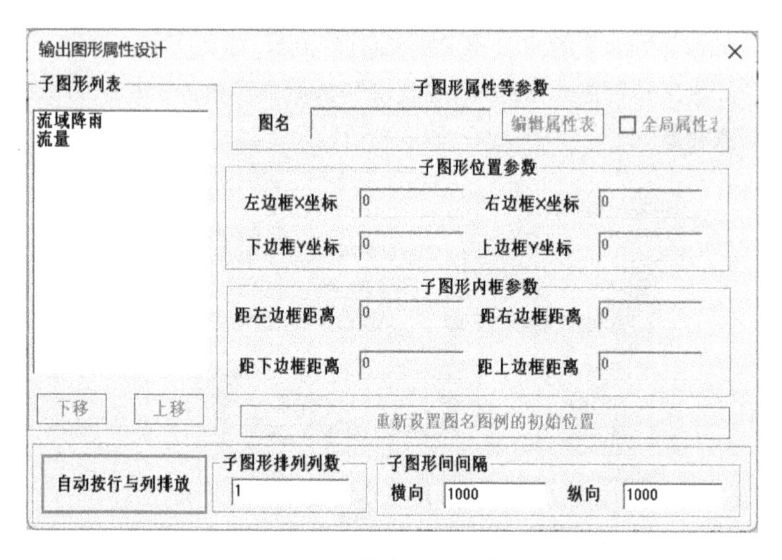

图 4.3-28　输出图形属性设计

点击降雨横坐标，选择“要素属性”进行降雨图形的设置。选择相应的数据对计算值和实测值分别进行设置，可以更改计算值和实测值的线形和颜色以进行区分，右上角点击选择“P 要素属性”，添加图例要素。

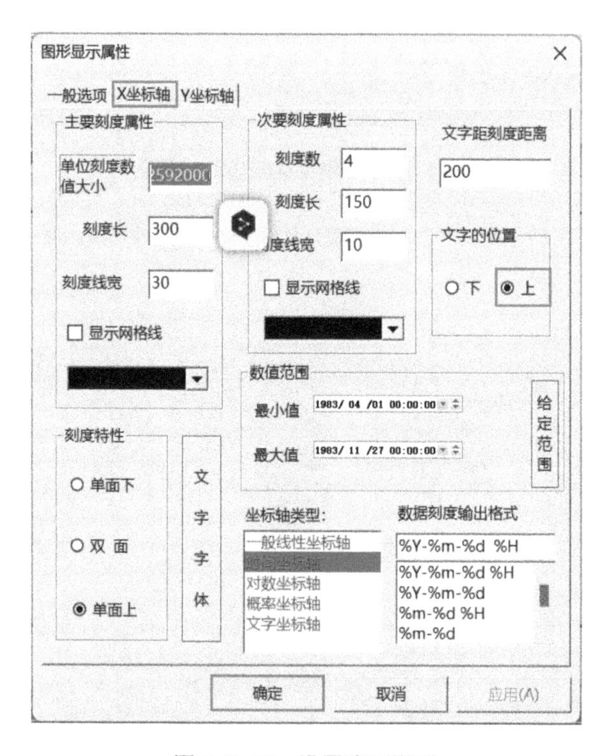

图 4.3-29　设置降雨图形

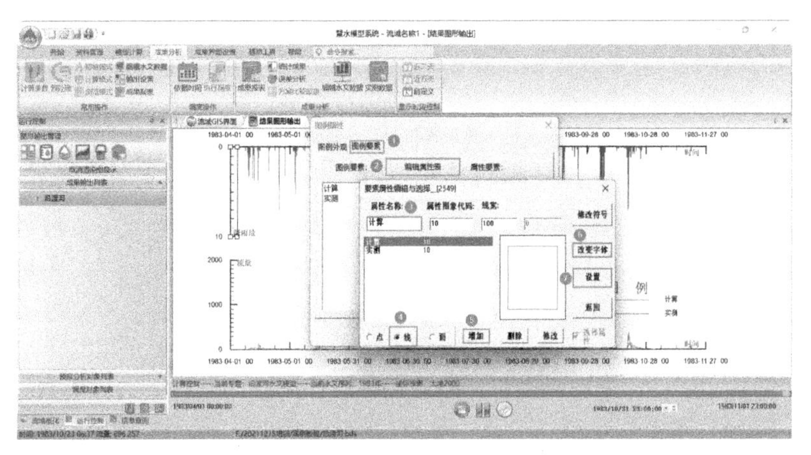

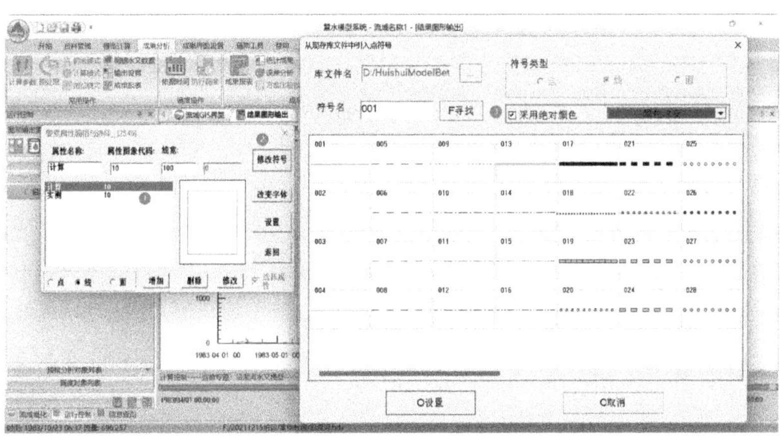

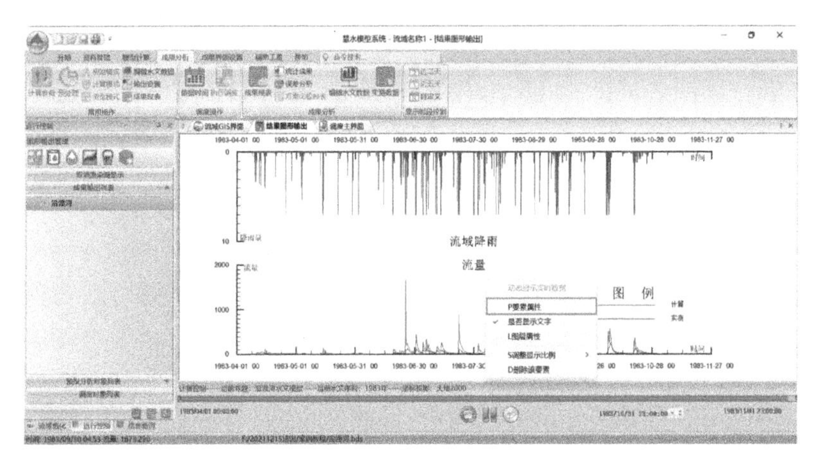

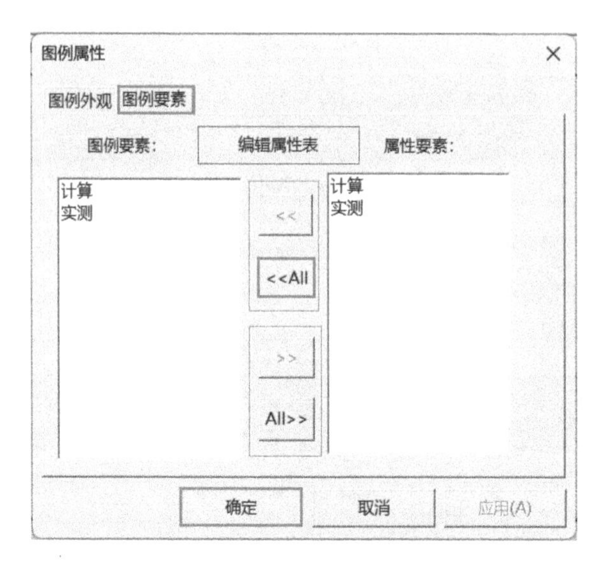

图 4.3-30　添加图例要素

4.3.5　结果分析

模型运行结果如图 4.3-31 所示，所得计算流量过程线与实测流量过程线相比峰现时间与峰形基本吻合，但峰值实测值大于计算值。并且存在大洪水之后计算流量过程线中未出现后续小洪水的情况。

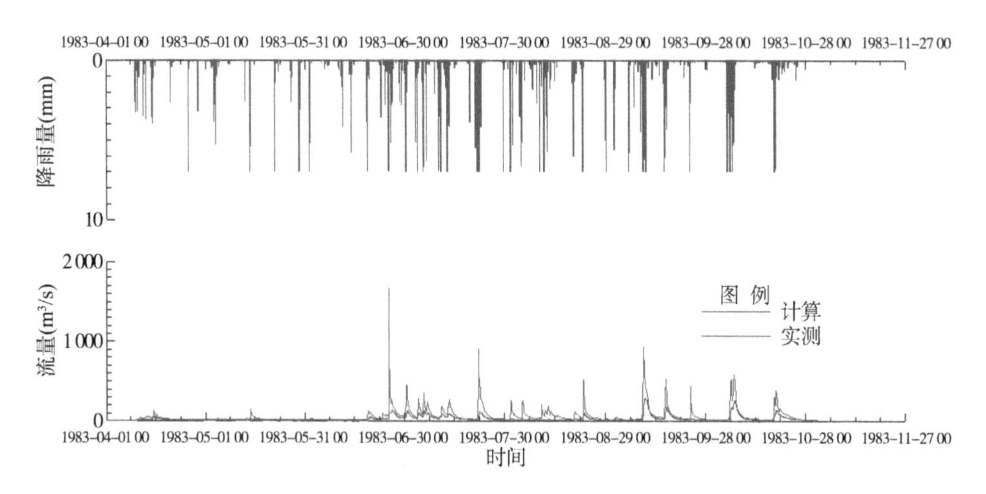

图 4.3-31　模型运行结果

第 5 章

平原河网水动力模型原理与实践

5.1 一维河网原理

描述河道一维水流运动的圣维南方程组为：

$$\begin{cases} B\dfrac{\partial Z}{\partial t}+\dfrac{\partial Q}{\partial x}=q \\ \dfrac{\partial Q}{\partial t}+\dfrac{\partial}{\partial x}\left(\dfrac{\alpha Q^2}{A}\right)+gA\dfrac{\partial Z}{\partial x}+gA\dfrac{|Q|Q}{K^2}=qV_x \end{cases} \tag{5.1.1}$$

式中：q 为旁侧入流；Q、A、B、Z 分别为河道断面流量、过水面积、河宽和水位；g 为重力加速度，m/s^2；V_x 为旁侧入流流速在水流方向上的分量，一般可以近似为零；K 为流量模数，反映河道的实际过流能力；α 为动量校正系数，反映河道断面流速分布均匀性，当河道只有一个主槽时，$\alpha=1.0$，当河道有若干个主槽和滩地时，在主槽和滩地摩阻比降相等的假定下，可得 $\alpha=\dfrac{A}{K^2}\sum_{i=1}^{n}\left(\dfrac{K_i^2}{A_i}\right)$，$n$ 为主槽和滩地的分块个数，A_i、K_i 分别为第 i 分块的过水面积与流量模数，A、K 分别为断面总的过水面积与流量模数，所以 α 是断面位置及水位的函数，α 值也像河道断面资料（河宽、过水面积）一样，可以整理成 $\alpha=\alpha(x,z)$ 作为基本原始资料。

对任一由断面 i 与断面 $i+1$ 组成的河段（如图5.1-1所示），方程组（5.1.1）采用四点线性隐式差分格式进行数值离散，得任一河段的差分方程为：

$$\begin{cases} -Q_i^{j+1}+Q_{i+1}^{j+1}+C_iZ_i^{j+1}+C_iZ_{i+1}^{j+1}=D_i \\ E_iQ_i^{j+1}+G_iQ_{i+1}^{j+1}-F_iZ_i^{j+1}+F_iZ_{i+1}^{j+1}=\Phi_i \end{cases} \tag{5.1.2}$$

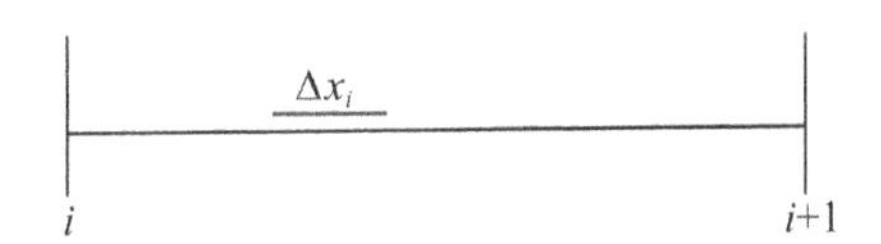

图5.1-1 差分网格图

对如图5.1-2所示的河道，以首节点水位和末节点水位为自由变量，采用三系数追赶法消去中间断面的水位和流量，最后得到首、末断面的流量与首、末节点水位关系的两个方程，即首、末断面流量表示成与首、末节点水位的线性关系。

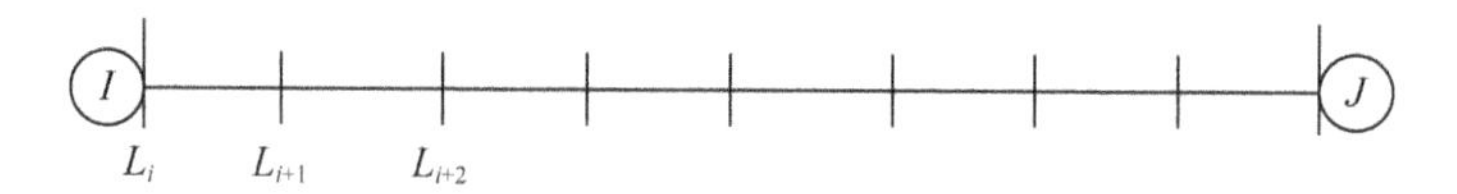

图 5.1-2 计算河段示意图

这两个方程形式如下：

$$\begin{cases} Q_{L1} = \alpha + \beta Z_{(I)} + \xi Z_{(J)} \\ Q_{L2} = \theta + \eta Z_{(J)} + \gamma Z_{(I)} \end{cases} \tag{5.1.3}$$

式中：$Z_{(I)}$ 为首节点水位，$Z_{(J)}$ 为末节点水位，即首、末断面流量表达为首、末节点水位的线性组合。

依次由后向前把本断面流量表达成本断面水位和末节点水位的线性函数，递推公式如下：

$$\begin{gathered} Q_i = \alpha_i + \beta_i Z_i + \xi_i Z_{(J)} \\ i = L_2 - 2, L_2 - 3, \cdots, L_1 \end{gathered} \tag{5.1.4}$$

同理从第一河段开始，设法把断面流量表达成本断面水位和首节点水位的线性函数：

$$\begin{gathered} Q_i = \theta_i + \eta_i Z_i + \gamma_i Z_{(I)} \\ i = L_1 + 2, L_1 + 3, \cdots, L_2 \end{gathered} \tag{5.1.5}$$

因此，由上述递推公式可以得到式(5.1.3)。在计算递推式时需要保存六个追赶系数 α、β、ξ、θ、η 和 γ。一旦首、末节点水位求得后，利用式(5.1.4)、式(5.1.5)计算同一断面的流量：

$$\begin{cases} Q_i = \alpha_i + \beta_i Z_i + \xi_i Z_{(J)} \\ Q_i = \theta_i + \eta_i Z_i + \gamma_i Z_{(I)} \end{cases} \tag{5.1.6}$$

联立求解得：

$$Z_i = -\frac{\theta_i - \alpha_i + \gamma_i Z_{(I)} - \xi_i Z_{(J)}}{\eta_i - \beta_i} \tag{5.1.7}$$

求得 Z_i 后，代入式(5.1.6)中即可得 Q_i。

在河网一维水流模拟计算中河道的交汇点称为节点，对于河网节点，按节点处的蓄水面积可分为两类：一是节点处有较大的蓄水面积，节点的水位变化产生的蓄水量变化不可忽略，这一类节点称为有调蓄节点；另一类是节点处的水量调蓄面积较小，水位变化产生的节点蓄水量变化可以忽略不计，这一类节点称为无调蓄节点。在河网一维水流计算中，对于节点实际上有一个基本假定：与河网节点相通的河道断面水位是相等的。即节点水面是平的，不考虑其中的水头差。

河道节点水量平衡式为：

$$\sum Q = A(z)\frac{\partial Z}{\partial t} \tag{5.1.8}$$

式中：$A(z)$为节点调蓄面积，$\sum Q$ 为包括降雨产汇流、河道出入流在内的所有出入节点的流量。

从上述推导可见，在河网一维模拟计算中，节点水位的求解是整个河网水流模型计算的关键，节点水位获得后可以计算得到河道任一断面的水位流量。节点水位也是下文介绍全流域耦合的关键。对于每一个节点，根据节点类型分别建立相应的水量平衡方程，结合边界节点的边界条件，可构建关于节点水位的完备线性方程组，关于节点水位方程组的构建可参见相关文献[53,54,56,57]。

5.2　二维河网水流原理

在不同的应用中，对河道水流模拟所要求的成果精度与模型计算尺度是不相同的，因而往往二维或三维模型才能满足研究和实际工程的需要。下面介绍河网二维水流计算模型，关于河网三维模型计算本书不做详细的介绍。

如图 5.2-1 所示，将流域需求解的河网二维区域概化为若干个河网二维计算单元的组合形式，河网的形状分解为一维河道单元、“树状”河道单元、“环状”河道单元及“十字形”河道单元等类型的河网二维计算单元，河网二维计算单元随着今后研究的深入可以不断增加。图中①、②、③等表示水位节点的编号，1、2、3 等表示一个单元的边界断面编号。

(1) “树状”河道计算单元求解思路

如图 5.2-1 中的“树状”河道单元，有三个水位节点(①、②、③)作为其边界，如果这三个水位节点的水位是已知的，则从理论上就可解出整个“树状”河道单元内的水位流速，但在实际计算过程中这三个水位节点的水位一般不能直接获取，需要通过其他方法才能解出。如果能够解出“树状”河道单元内的所有计算变量与这三个节点水位间的线性关系，再得到断面 1、2、3 流量与这三个节点水位间的线性关系，就可以通过水位节点的水量平衡构造出全流域内的节点水位方程。

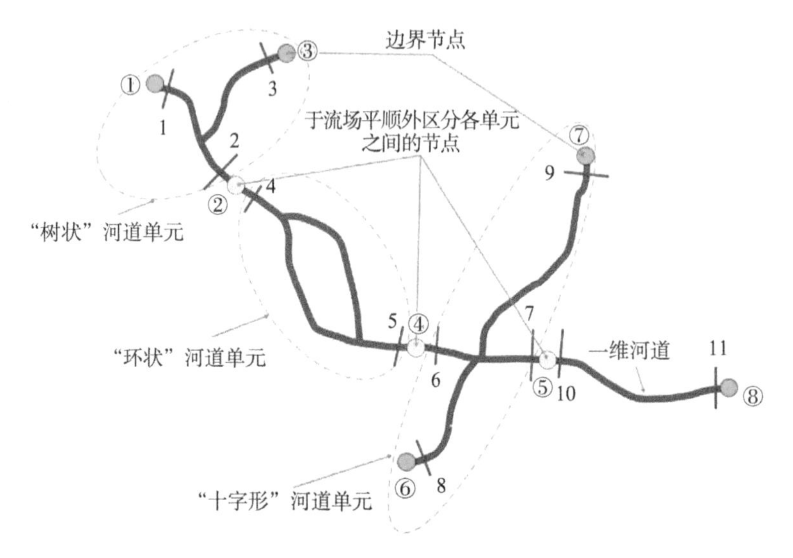

图 5.2-1 天然河网模型单元分解示意图

(2) “环状”河道计算单元求解思路

与“树状”河道计算单元类似，需要得到“环状”河道计算单元内所有计算变量与这两个节点(②、④)水位间的线性关系，以及首断面 4、末断面 5 流量与首末节点水位间的线性关系。

(3) “十字形”河道计算单元求解思路

“十字形”河道计算单元有四个水位节点(④、⑤、⑥、⑦)，采用类似的思路，得到“十字形”河道计算单元内所有计算变量与这四个节点水位间的线性关系，以及边界 6、7、8、9 断面流量与这四个节点水位间的关系。

(4) 流域节点水位方程构建

一维河道的首末断面 10、11 的流量与首末节点⑤、⑧水位线性关系的详细内容可参见式(5.1.3)。

通过上述分析可见，如果能够求解出节点水位，就可以实现整个流域内一、二维的耦合解。河网二维计算中的节点与河网一维计算中的节点概念略有不同，河网一维计算中的节点一般取在河道交汇点，而河网二维计算的节点一般取在河道的中央水流顺直处。对于河网二维各个单元的求解，限于篇幅，这里主要介绍单一河道及“树状”河网二维单元的求解思路，其他类型的河网二维单元求解这里不做介绍。

(1) 河道二维方程及定解条件[107, 108]

描述平面二维浅水流运动的基本方程组为：

$$
\begin{cases}
\dfrac{\partial Z}{\partial t}+\dfrac{\partial uh}{\partial x}+\dfrac{\partial vh}{\partial y}=q \\
\dfrac{\partial u}{\partial t}+u\dfrac{\partial u}{\partial x}+v\dfrac{\partial u}{\partial y}+g\dfrac{\partial Z}{\partial x}+g\dfrac{n^2\sqrt{u^2+v^2}}{h\dfrac{4}{3}}u-fv=\dfrac{\partial}{\partial x}(E_x\dfrac{\partial u}{\partial x})+\dfrac{\partial}{\partial y}(E_y\dfrac{\partial u}{\partial y}) \\
\dfrac{\partial v}{\partial t}+u\dfrac{\partial v}{\partial x}+v\dfrac{\partial v}{\partial y}+g\dfrac{\partial Z}{\partial x}+g\dfrac{n^2\sqrt{u^2+v^2}}{h\dfrac{4}{3}}v+fu=\dfrac{\partial}{\partial x}(E_x\dfrac{\partial v}{\partial x})+\dfrac{\partial}{\partial y}(E_y\dfrac{\partial v}{\partial y})
\end{cases}
\tag{5.2.1}
$$

式中：t、x、y 分别为自变量时间及平面坐标；$h=Z-Z_D$ 为水深，Z 为水位，Z_D 为河床高程；u、v 为沿 x 和 y 方向的流速；n 为糙率系数，f 为柯氏系数；E_x、E_y 分别为 X 和 Y 方向上的离散系数；q 为包括取排水、水文降雨产流在内的源项。

由于计算区域的边界弯曲，且长、宽尺度相差悬殊，因而在直角坐标系下对上述定解问题进行求解存在着复杂边界不易拟合、网格多等困难。为此采用正交边界拟合坐标变换，将复杂的计算区域变换成规则的求解区域进行求解（图5.2-2），在变换过程中可以根据需要布置网格的疏密。设新坐标与原坐标系统之间满足如下泊松方程：

$$
\begin{cases}
\dfrac{\partial^2 \xi}{\partial x^2}+\dfrac{\partial^2 \xi}{\partial y^2}=P(\xi,\eta,x,y) \\
\dfrac{\partial^2 \eta}{\partial x^2}+\dfrac{\partial^2 \eta}{\partial y^2}=Q(\xi,\eta,x,y)
\end{cases}
\tag{5.2.2}
$$

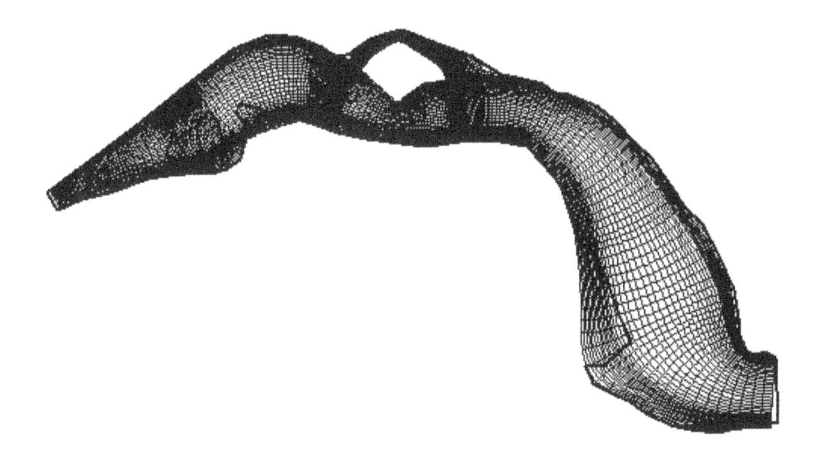

图5.2-2 正交曲线坐标变换示意图

通过方程式(5.2.2)的变换，可以把 x-y 坐标平面上复杂的计算域转换成 ξ-η 平面上的矩形域。改用新坐标系统的自变量 t、ξ、η 后，基本方程式(5.2.1)变成[109]：

$$
\begin{cases}
\dfrac{\partial Z}{\partial t}+\dfrac{1}{J}\left[\dfrac{\partial}{\partial \xi}(g_{\eta}u_{*}h)+\dfrac{\partial}{\partial \eta}(g_{\xi}v_{*}h)\right]=0 \\
\dfrac{\partial u_{*}}{\partial t}+\dfrac{u_{*}}{g_{\xi}}\dfrac{\partial u_{*}}{\partial \xi}+\dfrac{v_{*}}{g_{\eta}}\dfrac{\partial u_{*}}{\partial \eta}+\dfrac{u_{*}v_{*}}{J}\dfrac{\partial g_{\xi}}{\partial \eta}-\dfrac{v2_{*}}{J}\dfrac{\partial g_{\eta}}{\partial \xi}+\dfrac{gn^{2}u_{*}\sqrt{u_{*}^{2}+v_{*}^{2}}}{h\dfrac{4}{3}}- \\
fv_{*}+\dfrac{g}{g_{\xi}}\dfrac{\partial Z}{\partial \xi}=\dfrac{1}{g_{\xi}}\dfrac{\partial}{\partial \xi}(E_{\xi}A)-\dfrac{1}{g_{\eta}}\dfrac{\partial}{\partial \eta}(E_{\eta}B) \\
\dfrac{\partial v_{*}}{\partial t}+\dfrac{u_{*}}{g_{\xi}}\dfrac{\partial v_{*}}{\partial \xi}+\dfrac{v_{*}}{g_{\eta}}\dfrac{\partial v_{*}}{\partial \eta}+\dfrac{u_{*}v_{*}}{J}\dfrac{\partial g_{\eta}}{\partial \xi}-\dfrac{u_{*}^{2}}{J}\dfrac{\partial g_{\xi}}{\partial \eta}+\dfrac{gn^{2}v_{*}\sqrt{u_{*}^{2}+v_{*}^{2}}}{h\dfrac{4}{3}}+ \\
fu_{*}+\dfrac{g}{g_{\eta}}\dfrac{\partial Z}{\partial \eta}=\dfrac{1}{g_{\eta}}\dfrac{\partial}{\partial \eta}(E_{\xi}A)+\dfrac{1}{g_{\xi}}\dfrac{\partial}{\partial \xi}(E_{\eta}B)
\end{cases}
$$

$$
\begin{cases}
A=\dfrac{1}{J}\left[\dfrac{\partial}{\partial \xi}(u_{*}g_{\eta})+\dfrac{\partial}{\partial \eta}(v_{*}g_{\xi})\right] \\
B=\dfrac{1}{J}\left[\dfrac{\partial}{\partial \xi}(v_{*}g_{\eta})-\dfrac{\partial}{\partial \eta}(u_{*}g_{\xi})\right]
\end{cases}
\tag{5.2.3}
$$

式中：u、v 分别为沿 ξ 和 η 方向的流速；g_{ξ}、g_{η} 分别为曲线网格的长度和宽度，$g_{\xi}=\sqrt{x_{\xi}^{2}+y_{\xi}^{2}}$，$g_{\eta}=\sqrt{x_{\eta}^{2}+y_{\eta}^{2}}$；$J=g_{\xi}\cdot g_{\eta}$ 为曲线网格的面积。u_{*}、v_{*} 与 u、v 之间的变换关系为：

$$
\begin{cases}
u_{*}=\dfrac{1}{g_{\xi}}\left(u\dfrac{\partial x}{\partial \xi}+v\dfrac{\partial y}{\partial \xi}\right) \\
v_{*}=\dfrac{1}{g_{\eta}}\left(u\dfrac{\partial x}{\partial \eta}+v\dfrac{\partial y}{\partial \eta}\right)
\end{cases}
\tag{5.2.4}
$$

通过正交变换，把原来在 x-y 坐标系统中利用方程(5.2.1)求解变量 Z、u、v 变为在 ξ-η 坐标系统中利用式(5.2.3)求解 Z、u_{*}、v_{*}。下面为了书写方便，略去下标 *。

①固壁边界

对于固壁边界，严格讲，应满足无滑动边界条件，即流速、紊动动能为零，紊动耗散率为有限值。但在实际应用过程中该条件往往无法实现，这是因为固壁附近黏性层中，速度梯度极为陡峻，为了模拟好，必须布置极为细密的网格，这样的计算费用非常昂贵。因此实际上常采用不穿透条件。具体如下：

$$\boldsymbol{V} \cdot \boldsymbol{n} = 0 \tag{5.2.5}$$

式中，$\boldsymbol{V}$ 为固体边界的流速向量；$\boldsymbol{n}$ 为固体边界的法向矢量。

②自由边界

自由边界一般为上、下边界，有如下一些类型的边界条件。

上边界：Z 上为已知；

或 u 为已知；

或 Q 为已知及假定水位无横比降。

下边界：Z 下为已知；

或 u 为已知；

或 Q 为已知及假定水位无横比降。

③动边界的处理

工程河段为非恒定流，水位随时间的变化明显，两岸边界线随水位的变化也发生明显的变化，水位上涨，滩地被逐渐淹没，水位下降，滩地逐渐出露。本模型采用露滩“冻结”方法，解决两岸边界线随水位变化的问题[110]。

(2) 单一河道二维方程离散与求解[53、54、55]

①节点布置

为了便于边界条件的处理，变量采用交错布置，即在网格中心布置水位变量，在网格四边布置相应的流速变量。图 5.2-3 为 ξ-η 坐标系下的交错节点布置示意图。从图 5.2-3 可见，流速 u 节点有 $N \cdot M$ 个，流速 v 节点有 $(N+1) \cdot (M+1)$ 个，水位 z 节点有 $(N+1) \cdot M$ 个。

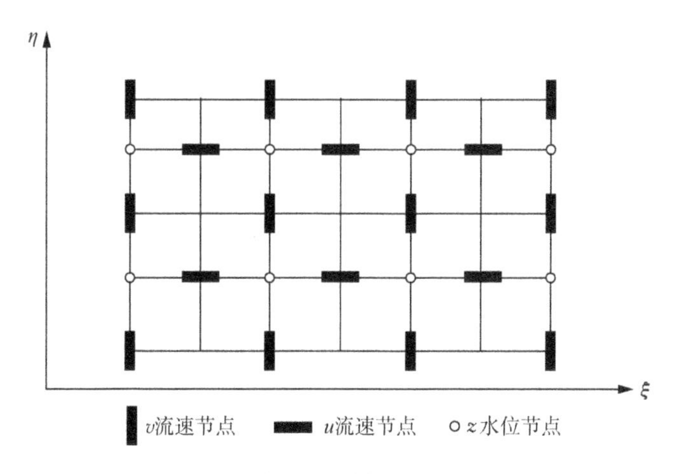

图 5.2-3　交错网格布置

为推导方便，记：

$$\boldsymbol{Z}_{2k+1}=[z_{2k+1,2},z_{2k+1,4},\cdots,z_{2k+1,2M_1}]^{\mathrm{T}}(k=0,1,2,\cdots,N)$$
$$\boldsymbol{U}_{2k+1}=[u_{2k,2},u_{2k,4},\cdots,u_{2k,2M_1}]^{\mathrm{T}}(k=0,1,2,\cdots,N)$$
$$\boldsymbol{V}_{2k+1}=[v_{2k+1,3},v_{2k+1,5},\cdots,v_{2k+1,2M_1-1}]^{\mathrm{T}}(k=0,1,2,\cdots,N)$$

②方程离散

连续方程的离散矩阵形式：

$$\begin{aligned}&\boldsymbol{A}1_k\boldsymbol{Z}_{2k-1}+\boldsymbol{B}1_k\boldsymbol{Z}_{2k+1}+\boldsymbol{C}1_k\boldsymbol{Z}_{2k+3}+\boldsymbol{D}1_k\boldsymbol{V}_{2k+1}+\\&\boldsymbol{E}1_k\boldsymbol{U}_{2k}+\boldsymbol{F}1_k\boldsymbol{U}_{2k+2}=\boldsymbol{H}1_k\quad(k=1,2,\cdots,N-1)\end{aligned}\tag{5.2.6}$$

其中，$\boldsymbol{A}1_k$、$\boldsymbol{B}1_k$、$\boldsymbol{C}1_k$、$\boldsymbol{E}1_k$、$\boldsymbol{F}1_k$ 为 $M_1\times M_1$ 阶矩阵，$\boldsymbol{D}1_k$ 为 $M_1\times(M_1-1)$ 阶矩阵，$\boldsymbol{H}1_k$ 为 M_1 维矢量。

动量差分方程的矩阵形式：

$$\begin{cases}\boldsymbol{A}2_k\boldsymbol{Z}_{2k-1}+\boldsymbol{B}2_k\boldsymbol{Z}_{zk+1}+\boldsymbol{C}2_k\boldsymbol{U}_{2k-2}+\boldsymbol{D}2_k\boldsymbol{U}_{2k}+\boldsymbol{E}2_k\boldsymbol{U}_{2k+2}+\boldsymbol{F}2_k\boldsymbol{V}_{2k-1}+\\\boldsymbol{G}2_k\boldsymbol{V}_{2k+1}=\boldsymbol{H}2_k\quad(k=1,2,\cdots,N)\\\boldsymbol{A}3_k\boldsymbol{Z}_{2k+1}+\boldsymbol{B}3_k\boldsymbol{U}_{zk}+\boldsymbol{C}3_k\boldsymbol{U}_{2k+2}+\boldsymbol{D}3_k\boldsymbol{V}_{2k-1}+\boldsymbol{E}3_k\boldsymbol{V}_{2k+1}+\boldsymbol{F}3_k\boldsymbol{V}_{2k+3}=\boldsymbol{H}3_k\\(k=1,2,\cdots,N-1)\end{cases}\tag{5.2.7}$$

其中，$\boldsymbol{A}2_k$、$\boldsymbol{B}2_k$、$\boldsymbol{C}2_k$、$\boldsymbol{D}2_k$、$\boldsymbol{E}2_k$ 为 $M_1\times M_1$ 阶矩阵，$\boldsymbol{F}2_k$、$\boldsymbol{G}2_k$ 为 $M_1\times(M_1-1)$ 阶矩阵，$\boldsymbol{A}3_k$、$\boldsymbol{B}3_k$、$\boldsymbol{C}3_k$ 为 $(M_1-1)\times M_1$ 阶矩阵，$\boldsymbol{D}3_k$、$\boldsymbol{E}3_k$、$\boldsymbol{F}3_k$ 为 $(M_1-1)\times(M_1-1)$ 阶矩阵，$\boldsymbol{H}2_k$ 为 M_1 维矢量，$\boldsymbol{H}3_k$ 为 M_1-1 维矢量。具体的离散过程见文献[108, 109]。

③方程矩阵追赶与回代求解[108, 109]

可以从式(5.2.6)～式(5.2.7)利用矩阵追赶求解得下式：

$$\boldsymbol{Z}_{2k-1}=\boldsymbol{ZS}_{2k-1}\boldsymbol{Z}_0+\boldsymbol{ZE}_{2k-1}\boldsymbol{Z}_{2N}+\boldsymbol{ZO}_{2k-1}\tag{5.2.8}$$

$$\boldsymbol{U}_{2k-1}=\boldsymbol{US}_{2k-1}\boldsymbol{Z}_0+\boldsymbol{UE}_{2k-1}\boldsymbol{Z}_{2N}+\boldsymbol{UO}_{2k-1}\tag{5.2.9}$$

$$\boldsymbol{V}_{2k-1}=\boldsymbol{VS}_{2k-1}\boldsymbol{Z}_0+\boldsymbol{VE}_{2k-1}\boldsymbol{Z}_{2N}+\boldsymbol{VO}_{2k-1}\tag{5.2.10}$$

由于计算边界条件假定上下边界水面比降为零，因此上述三式实际上是得到了二维河道单元内水位、流速与首末断面水位间的线性关系。

通过断面积分可以得到首末断面流量与首末断面水位间的线性关系式如下：

$$Q_1 = \alpha_1 \boldsymbol{Z}_0 + \beta_1 \boldsymbol{Z}_{2N} + \gamma_1 \tag{5.2.11}$$

$$Q_{2N-1} = \alpha_2 \boldsymbol{Z}_0 + \beta_2 \boldsymbol{Z}_{2N} + \gamma_2 \tag{5.2.12}$$

(3)“树状”河网求解[107]

如图5.2-4所示，主河道上共有 N_1+1 排 Z 水位、V 流速断面，N_1 排 U 流速断面，支流河道上共有 N_2+1 排 Z 水位、V 流速断面，$N2$ 排 U 流速断面，支流中的第一排 Z、U、V 与干流的相应节点重合。干流中 $1 \to 2(LI-1)-1$ 断面可以采用式(5.2.6)～式(5.2.7)式离散，在干流上 $2(LI-1) \to 2(LI-1)+2M_2$ 部分，边界($J=2M_1$，$J=2M_1+1$)节点上的离散就要考虑到支流首断面的相应节点的影响。

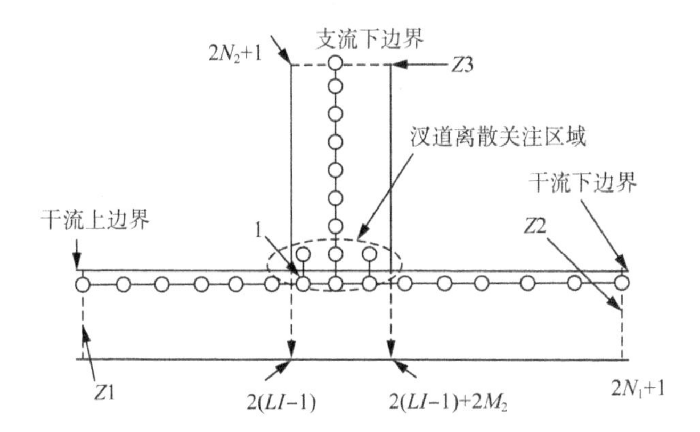

图5.2-4　分汊河道关联示意图

在汊道处的离散方程为：

$$\begin{cases} \boldsymbol{A}1_k \boldsymbol{Z}_{2k-1} + \boldsymbol{B}1_k \boldsymbol{Z}_{2k+1} + \boldsymbol{C}1_k \boldsymbol{Z}_{2k+3} + \boldsymbol{D}1_k \boldsymbol{V}_{2k+1} + \boldsymbol{E}1_k \boldsymbol{U}_{2k} + \boldsymbol{F}1_k \boldsymbol{U}_{2k+2} + \boldsymbol{P}1_k \boldsymbol{U}^2{}_1 \\ + \boldsymbol{Q}1_k \boldsymbol{Z}^2{}_2 + \boldsymbol{R}1_k \boldsymbol{V}^2{}_2 = \boldsymbol{H}1_k \quad (k = LI-2, LI-1, \cdots, LI+M_2-2) \\ \boldsymbol{A}2_k \boldsymbol{Z}_{2k-1} + \boldsymbol{B}2_k \boldsymbol{Z}_{zk-1} + \boldsymbol{C}2_k \boldsymbol{U}_{2k-2} + \boldsymbol{D}2_k \boldsymbol{U}_{2k} + \boldsymbol{E}2_k \boldsymbol{U}_{2k+2} + \boldsymbol{F}2_k \boldsymbol{V}_{2k-1} + \boldsymbol{G}2_k V_{2k+1} \\ + \boldsymbol{P}2_k \boldsymbol{U}^2{}_1 + \boldsymbol{Q}2_k \boldsymbol{Z}^2{}_2 + \boldsymbol{R}2_k \boldsymbol{V}^2{}_2 = \boldsymbol{H}2_k \quad (k = LI-1, LI-1, \cdots, LI+M_2-2) \\ \boldsymbol{A}3_k \boldsymbol{Z}_{2k+1} + \boldsymbol{B}3_k \boldsymbol{U}_{zk} + \boldsymbol{C}3_k \boldsymbol{U}_{2k+2} + \boldsymbol{D}3_k \boldsymbol{V}_{2k-1} + \boldsymbol{E}3_k \boldsymbol{V}_{2k+1} + \boldsymbol{F}3_k \boldsymbol{V}_{2k+3} + \boldsymbol{P}3_k \boldsymbol{U}^2{}_1 \\ + \boldsymbol{Q}3_k \boldsymbol{Z}^2{}_2 + \boldsymbol{R}3_k \boldsymbol{V}^2{}_2 = \boldsymbol{H}3_k \quad (k = LI-2, LI-1, \cdots, LI+M_2-2) \end{cases} \tag{5.2.13}$$

其中，$\boldsymbol{P}1_k$、$\boldsymbol{Q}1_k$、$\boldsymbol{P}2_k$、$\boldsymbol{Q}2_k$ 为 $M_1 \times M_2$ 阶矩阵，$\boldsymbol{R}1_k$、$\boldsymbol{R}2_k$ 为 $M_1 \times (M_2-1)$ 阶矩阵，$\boldsymbol{P}3_k$、$\boldsymbol{Q}3_k$ 为 $(M_1-1) \times M_2$ 阶矩阵，$\boldsymbol{R}3_k$ 为 $(M_1-1) \times (M_2-1)$ 阶矩阵。

对主河道 $1 \to 2(LI-1)-1$ 断面建立追赶公式：

$$\begin{cases} \boldsymbol{Z}_{2k+1} = \boldsymbol{BA}1_k \boldsymbol{Z}_{2k+3} + \boldsymbol{BB}1_k \boldsymbol{U}_{2k+2} + \boldsymbol{BC}1_k \boldsymbol{V}_{2k+3} + \boldsymbol{BD}1_k \boldsymbol{Z}_{①} + \boldsymbol{BF}1_k \\ \boldsymbol{U}_{2k+2} = \boldsymbol{BA}2_k \boldsymbol{Z}_{2k+3} + \boldsymbol{BB}2_k \boldsymbol{U}_{2k+4} + \boldsymbol{BC}2_k \boldsymbol{V}_{2k+3} + \boldsymbol{BD}2_k \boldsymbol{Z}_{①} + \boldsymbol{BF}2_k \\ \boldsymbol{V}_{2k+1} = \boldsymbol{BA}3_k \boldsymbol{Z}_{2k+1} + \boldsymbol{BB}3_k \boldsymbol{U}_{2k+2} + \boldsymbol{BC}3_k \boldsymbol{V}_{2k+3} + \boldsymbol{BD}3_k \boldsymbol{Z}_{①} + \boldsymbol{BF}3_k \\ (k = 1, 2, \cdots, N-1) \end{cases} \tag{5.2.14}$$

其中，$\boldsymbol{BA}1_k$、$\boldsymbol{BA}2_k$、$\boldsymbol{BB}1_k$、$\boldsymbol{BB}2_k$ 为 $M_1 \times M_1$ 阶矩阵，$\boldsymbol{BA}3_k$、$\boldsymbol{BB}3_k$ 为 $(M_1-1)\times M_1$ 阶矩阵，$\boldsymbol{BC}1_k$、$\boldsymbol{BC}2_k$ 为 $M_1 \times (M_1-1)$ 阶矩阵，$\boldsymbol{BC}3_k$ 为 $(M_1-1)\times(M_1-1)$ 阶矩阵，$\boldsymbol{BD}1_k$、$\boldsymbol{BD}2_k$、$\boldsymbol{BF}1_k$、$\boldsymbol{BF}2_k$ 为 M_1 维向量，$\boldsymbol{BD}3_k$、$\boldsymbol{BF}3_k$ 为 M_1-1 维向量，$\boldsymbol{Z}_{①}$ 为主河道首断面水位向量。

①追赶与回代

对主河道 $2(LI-1)\rightarrow 2(N_1-1)$ 断面建立追赶公式：

$$\begin{cases} \boldsymbol{Z}_{2k+1} = \boldsymbol{BA}1_k \boldsymbol{Z}_{2k+3} + \boldsymbol{BB}1_k \boldsymbol{U}_{2k+2} + \boldsymbol{BC}1_k \boldsymbol{V}_{2k+3} + \boldsymbol{BD}1_k \boldsymbol{Z}_{①} + \boldsymbol{BP}1_k \boldsymbol{Z}_2^2 \\ + \boldsymbol{BQ}1_k \boldsymbol{U}_1^2 + \boldsymbol{BR}1_k \boldsymbol{V}_2^2 + \boldsymbol{BF}1_k \quad (k = LI-2, LI-1, \cdots, N) \\ \boldsymbol{U}_{2k+2} = \boldsymbol{BA}2_k \boldsymbol{Z}_{2k+3} + \boldsymbol{BB}2_k \boldsymbol{U}_{2k+4} + \boldsymbol{BC}2_k \boldsymbol{V}_{2k+3} + \boldsymbol{BD}2_k \boldsymbol{Z}_{①} + \boldsymbol{BP}2_k \boldsymbol{Z}_2^2 \\ + \boldsymbol{BQ}2_k \boldsymbol{U}_1^2 + \boldsymbol{BR}2_k \boldsymbol{V}_2^2 + \boldsymbol{BF}2_k \quad (k = LI- 1., LI-1, \cdots, N-1) \\ \boldsymbol{V}_{2k+1} = \boldsymbol{BA}3_k \boldsymbol{Z}_{2k+1} + \boldsymbol{BB}3_k \boldsymbol{U}_{2k+2} + \boldsymbol{BC}3_k \boldsymbol{V}_{2k+3} + \boldsymbol{BD}3_k \boldsymbol{Z}_{①} + \boldsymbol{BP}3_k \boldsymbol{Z}_2^2 \\ + \boldsymbol{BQ}3_k \boldsymbol{U}_1^2 + \boldsymbol{BR}3_k \boldsymbol{V}_2^2 + \boldsymbol{BF}3_k \quad (k = LI-2, LI-1, \cdots, N-1) \end{cases} \tag{5.2.15}$$

其中，$\boldsymbol{BP}1_k$，$\boldsymbol{BQ}1_k$，$\boldsymbol{BP}2_k$，$\boldsymbol{BQ}2_k$ 为 $M_1 \times M_2$ 阶矩阵，$\boldsymbol{BR}1_k$，$\boldsymbol{BR}2_k$ 为 $M_1 \times (M_2-1)$ 阶矩阵，$\boldsymbol{BR}3_k$ 为 $(M_1-1)\times(M_2-1)$ 阶矩阵。

通过上述关系式，进行从首断面到末断面的矩阵追赶，直到 $k=N_1-1$ 时可以得到：

$$\boldsymbol{U}_{2N_1} = \boldsymbol{BA}2_{N_1-1} \boldsymbol{Z}_{②} + \boldsymbol{BB}2_{N_1-1} \boldsymbol{U}_{2N_1+2} + \boldsymbol{BC}2_{N_1-1} \boldsymbol{V}_{2N_1+1} + \boldsymbol{BD}2_{N_1-1} \boldsymbol{Z}_{①} \\ + \boldsymbol{BP}2_{N_1-1} \boldsymbol{Z}_2^2 + \boldsymbol{BQ}2_{N_1-1} \boldsymbol{U}_1^2 + \boldsymbol{BR}2_{N_1-1} \boldsymbol{V}_2^2 + \boldsymbol{BF}2_{N_1-1} \tag{5.2.16}$$

将文献[109]中的边界条件假定以及对称假定 $\boldsymbol{U}_{2N_1} = \boldsymbol{U}_{2N_1+2}$ 代入式(5.2.16)求得 $\boldsymbol{U}_{2N_1}$ 后逐步回代，回代至 $2(LI-1)$ 断面时，主河道 $2(LI-1)\rightarrow 2(N_1-1)$ 断面变量的表现形式只与主河道首末断面、支流在汊道处的变量以及常数项相关，可表达为以下关系式：

$$\begin{cases} \boldsymbol{Z}_{2k+1}=\boldsymbol{CD}1_k\boldsymbol{Z}_{①}+\boldsymbol{CE}1_k\boldsymbol{Z}_{②}+\boldsymbol{CP}1_k\boldsymbol{Z}_2^2+\boldsymbol{CQ}1_k\boldsymbol{U}_1^2+\boldsymbol{CR}1_k\boldsymbol{V}_2^2+\boldsymbol{CF}1_k \\ \boldsymbol{U}_{2k+2}=\boldsymbol{CD}2_k\boldsymbol{Z}_{①}+\boldsymbol{CE}2_k\boldsymbol{Z}_{②}+\boldsymbol{CP}2_k\boldsymbol{Z}_2^2+\boldsymbol{CQ}2_k\boldsymbol{U}_1^2+\boldsymbol{CR}2_k\boldsymbol{V}_2^2+\boldsymbol{CF}2_k \\ \boldsymbol{V}_{2k+1}=\boldsymbol{CD}3_k\boldsymbol{Z}_{①}+\boldsymbol{CE}3_k\boldsymbol{Z}_{②}+\boldsymbol{CP}3_k\boldsymbol{Z}_2^2+\boldsymbol{CQ}3_k\boldsymbol{U}_1^2+\boldsymbol{CR}3_k\boldsymbol{V}_2^2+\boldsymbol{CF}3_k \\ \qquad (k=LI-2,LI-1,\cdots,N-1) \end{cases} \tag{5.2.17}$$

其中，$\boldsymbol{CD}1_k$，$\boldsymbol{CD}2_k$，$\boldsymbol{CE}1_k$，$\boldsymbol{CE}2_k$ 为 $M_1\times M_1$ 阶矩阵，$\boldsymbol{CP}1_k$，$\boldsymbol{CP}2_k$，$\boldsymbol{CQ}1_k$，$\boldsymbol{CQ}2_k$ 为 $M_1\times M_2$ 阶矩阵，$\boldsymbol{CR}1_k$，$\boldsymbol{CR}2_k$ 为 $M_1\times(M_2-1)$阶矩阵，$\boldsymbol{CD}3_k$，$\boldsymbol{CE}3_k$ 为$(M_1-1)\times M_1$ 阶矩阵，$\boldsymbol{CP}3_k$，$\boldsymbol{CQ}3_k$ 为$(M_1-1)\times M_2$ 阶矩阵，$\boldsymbol{CR}3_k$ 为$(M_1-1)\times(M_2-1)$阶矩阵，$\boldsymbol{Z}_{②}=\boldsymbol{Z}2$ 为主河道末断面水位向量。

利用主河道上 $J=2M_1$，$J=2M_1+1$ 垂线上节点与支流断面相应节点的重叠关系，可以构建支流河道首断面的递推关系：

$$\begin{cases} \boldsymbol{Z}_1^2=\boldsymbol{CD}1_1\boldsymbol{Z}_{①}+\boldsymbol{CE}1_1\boldsymbol{Z}_{②}+\boldsymbol{CP}1_1\boldsymbol{Z}_2^2+\boldsymbol{CQ}1_1\boldsymbol{U}_1^2+\boldsymbol{CR}1_1\boldsymbol{V}_2^2+\boldsymbol{CF}1_1 \\ \boldsymbol{U}_0^2=\boldsymbol{CD}2_0\boldsymbol{Z}_{①}+\boldsymbol{CE}2_0\boldsymbol{Z}_{②}+\boldsymbol{CP}2_0\boldsymbol{Z}_2^2+\boldsymbol{CQ}2_0\boldsymbol{U}_1^2+\boldsymbol{CR}2_0\boldsymbol{V}_2^2+\boldsymbol{CF}2_0 \\ \boldsymbol{V}_1^2=\boldsymbol{CD}3_0\boldsymbol{Z}_{①}+\boldsymbol{CE}3_0\boldsymbol{Z}_{②}+\boldsymbol{CP}3_0\boldsymbol{Z}_2^2+\boldsymbol{CQ}3_0\boldsymbol{U}_1^2+\boldsymbol{CR}3_0\boldsymbol{V}_2^2+\boldsymbol{CF}3_1 \end{cases} \tag{5.2.18}$$

对支流构建和主河道类似的递推关系，通过递推关系结合式(5.2.18)可以消去支流变量 $\boldsymbol{Z}_2^2$、$\boldsymbol{U}_1^2$、$\boldsymbol{V}_2^2$，支流递推至 N_2-1 断面时，依据主河道相同的处理方法可以得到支流末断面的表达式，$\boldsymbol{Z}_{③}$ 为支流河道末断面水位向量。

$$\boldsymbol{U}_{2N_2}=\boldsymbol{CD}2_{N_2-1}\boldsymbol{Z}_{①}+\boldsymbol{CE}2_{N_2-1}\boldsymbol{Z}_{②}+\boldsymbol{CC}2_{N_2-1}\boldsymbol{Z}_{③}+\boldsymbol{CF}2_{N_2-1} \tag{5.2.19}$$

支流根据得到的关系式(5.2.19)逐步回代，可以得出 $\boldsymbol{Z}_2^2$、$\boldsymbol{U}_1^2$、$\boldsymbol{V}_2^2$ 的表达式：

$$\begin{cases} \boldsymbol{Z}_2^2=\boldsymbol{CD}1_2\boldsymbol{Z}_{①}+\boldsymbol{CE}1_2\boldsymbol{Z}_{②}+\boldsymbol{CC}1_2\boldsymbol{Z}_{③}+\boldsymbol{CF}1_2 \\ \boldsymbol{U}_1^2=\boldsymbol{CD}2_1\boldsymbol{Z}_{①}+\boldsymbol{CE}2_1\boldsymbol{Z}_{②}+\boldsymbol{CC}2_1\boldsymbol{Z}_{③}+\boldsymbol{CF}2_1 \\ \boldsymbol{V}_2^2=\boldsymbol{CD}3_2\boldsymbol{Z}_{①}+\boldsymbol{CE}3_2\boldsymbol{Z}_{②}+\boldsymbol{CC}3_2\boldsymbol{Z}_{③}+\boldsymbol{CF}3_2 \end{cases} \tag{5.2.20}$$

然后将式(5.2.20)代入式(5.2.17)中，得出主河道 $2(LI-1)\rightarrow 2(N_1-1)$断面表达式：

$$\begin{cases} \boldsymbol{Z}_{2k+1}=\boldsymbol{CD}1_k\boldsymbol{Z}_{①}+\boldsymbol{CE}1_k\boldsymbol{Z}_{②}+\boldsymbol{CC}1_k\boldsymbol{Z}_{③}+\boldsymbol{CF}1_k \\ \boldsymbol{U}_{2k+2}=\boldsymbol{CD}2_k\boldsymbol{Z}_{①}+\boldsymbol{CE}2_k\boldsymbol{Z}_{②}+\boldsymbol{CC}2_k\boldsymbol{Z}_{③}+\boldsymbol{CF}2_k \\ \boldsymbol{V}_{2k+1}=\boldsymbol{CD}3_k\boldsymbol{Z}_{①}+\boldsymbol{CE}3_k\boldsymbol{Z}_{②}+\boldsymbol{CC}3_k\boldsymbol{Z}_{③}+\boldsymbol{CF}3_k \\ \qquad (k=LI-2,LI-1,\cdots,N_1-1) \end{cases} \tag{5.2.21}$$

进行主河道 $2(LI-1)\rightarrow 1$ 断面的回代，全河网的变量都可表达为式(5.2.21)的形式。

②水位流量关系

根据上述的推导，可以将河网的每个断面的流量都表达为三个外边界水位的线性函数，以主河道断面流量为例说明如下：

$$\begin{aligned} Q_{2k} &= \sum_{j=1}^{M_1} u_{2k,j} H_{2k,j} g_{\eta} \\ &\approx \sum_{j=1}^{M_1} g_{\eta} H_{2k,j}^{0} u_{2k,j} + \sum_{j=1}^{M_1} g_{\eta} u_{2k,j}^{0} H_{2k,j} - \sum_{j=1}^{M_1} g_{\eta} u_{2k,j}^{0} H_{2k,j}^{0} \end{aligned} \tag{5.2.22}$$

式中：g_{η} 为 u 节点网格宽度，上标"0"表示为计算的时段初值；式(5.2.22)的后半部分表达式为高精度线性化处理，具体可见参考文献[109]。将式(5.2.21)代入式(5.2.22)可得断面流量与节点水位的线性关系式(5.2.23)：

$$Q_{2k} = f(Z_{①}、Z_{②}、Z_{③})(k=1,2,\cdots\cdots,N1) \tag{5.2.23}$$

至此已经将"树状"河道中的所有未知量都表达成了节点水位 $Z_{①}$、$Z_{②}$、$Z_{③}$ 的关系，类似还可以得到其他类型的河网二维单元的边界流量与边界节点水位间的线性关系，然后就可以将各二维单元以及一维单元通过节点的流量关系耦合起来。在求得所有节点水位后，将节点水位回代即可求得所有河网二维计算单元内的水位、流速等水力要素。

上述过程通过矩阵追赶和回代来完成，由于河道宽度远小于长度，所以上述以宽度方向断面构建的矩阵属于小尺度矩阵，而且由于方程离散的特点，大多为稀疏矩阵，计算量大大减少。

5.3 平原区湖泊、水库、行蓄洪区单元

该类特征单元是汇流型单元，湖泊、水库经常保持一定的水位，行蓄洪区、圩区仅仅是在破堤、开闸进洪后区域内部才会有水流运动，当其中均有水流运动时，其运动(汇流)规律是相同的，因此将其归为一类单元进行统一模拟。该类单元的汇流过程模拟根据精度要求可分为：零维模型、二维模型及三维模型，目前从实用上讲三维模型应用不多，但在湖泊水环境模拟中要求研究三维模型。本书重点研究零维模型与二维模型。

5.3.1 零维水流模型

零维模型主要是考虑水流在该单元区域内的调蓄作用，至于其中的运行规

律则不考虑，仅仅考虑区域内的水位变化情况。描述该区域的零维方程为水量平衡方程。

$$\sum Q = A(z)\frac{\partial Z}{a\partial t} \tag{5.3.1}$$

式中：$\sum Q$ 为包括降雨产汇流、出入该区域边界的所有流量代数和；$A(z)$为节点调蓄面积；Z 为区域水位；t 为时间。

对该方程的离散公式为：

$$\sum Q = A(z_0)\frac{Z - Z_0}{\Delta t} \tag{5.3.2}$$

式中：Δt 为计算的时间步长；Z_0、Z 分别为计算时段初、末的区域水位。

5.3.2 二维水流模型

在单元区域内部，由于区域范围大、水流流态复杂，单元在整个流域水流汇流过程中起着重要作用以及考虑到精度要求，此时对该单元区域的汇流过程需要采用二维或三维模型进行模拟，三维模型的计算工作量巨大，目前阶段一般不采用三维模型，而采用二维模型。

湖泊、行洪区等单元的水流采用二维浅水波方程来描述：

$$\begin{cases} \dfrac{\partial Z}{\partial t} + \dfrac{\partial U}{\partial x} + \dfrac{\partial V}{\partial y} = q \\ \dfrac{\partial U}{\partial t} + \dfrac{\partial uU}{\partial x} + \dfrac{\partial vU}{\partial y} + gh\dfrac{\partial Z}{\partial x} = -g\dfrac{|\mathbf{V}|}{c^2h^2}U + fV + \dfrac{1}{\rho}\tau_{wx} \\ \dfrac{\partial V}{\partial t} + \dfrac{\partial uV}{\partial x} + \dfrac{\partial vV}{\partial y} + gh\dfrac{\partial Z}{\partial y} = -g\dfrac{|\mathbf{V}|}{c^2h^2}V - fU + \dfrac{1}{\rho}\tau_{wy} \end{cases} \tag{5.3.3}$$

式中：Z 为水位，u、v 分别为 x 与 y 方向上的流速；U、V 分别为 x 与 y 方向上的单宽流量；$\mathbf{V}$ 为单宽流量的矢量，$|\mathbf{V}|$ 为它的模，$|\mathbf{V}| = \sqrt{U^2 + V^2}$；$q$ 为考虑降雨等因素的源项；g 为重力加速度，c 为谢才系数，f 为柯氏力系数；τ_{wx}、τ_{wy} 分别为风应力沿 x 和 y 方向的分量，可采用如下公式计算：

$$\begin{cases} \tau_{wx} = \rho_a c_D |\mathbf{w}| w_x \\ \tau_{wy} = \rho_a c_D |\mathbf{w}| w_y \end{cases} \tag{5.3.4}$$

式中：ρ_a 为空气密度；c_D 为阻力系数；$\mathbf{w}$ 为离水面 10 米高处的风速矢量。

对上述二维浅水波方程，直接求解有一定的困难，采用破开算子法将该方程分裂成如下两分步，然后分别对其采用合适的方法进行求解。

第一分步：

$$\begin{cases}\dfrac{\partial Z}{\partial t}=0\\[2mm]\dfrac{\partial U}{\partial t}+\dfrac{\partial uU}{\partial x}+\dfrac{\partial vU}{\partial y}=0\\[2mm]\dfrac{\partial V}{\partial t}+\dfrac{\partial uV}{\partial x}+\dfrac{\partial vV}{\partial y}=0\end{cases}\tag{5.3.5}$$

第二分步：

$$\begin{cases}\dfrac{\partial Z}{\partial t}+\dfrac{\partial U}{\partial x}+\dfrac{\partial V}{\partial y}=q\\[2mm]\dfrac{\partial U}{\partial t}+gh\dfrac{\partial Z}{\partial x}=-g\dfrac{|\mathbf{V}|}{c^2h^2}U+fV+\dfrac{1}{\rho}\tau_{wx}\\[2mm]\dfrac{\partial V}{\partial t}+gh\dfrac{\partial Z}{\partial y}=-g\dfrac{|\mathbf{V}|}{c^2h^2}V-fU+\dfrac{1}{\rho}\tau_{wy}\end{cases}\tag{5.3.6}$$

对上面两分步方程组的数值求解，采用直角坐标系下非均匀矩形网格的控制体积法。行洪区边界条件一般有堤，四周封闭，在大水情况下通过口门、漫堤、闸堰等与干流进行水量交换，其交换水量对行洪区来说是边界条件，对整个模型计算而言是内边界条件。下面以第二分步的方程组为例说明如下。

首先对动量方程(5.3.6)进行离散，以单元 I 与 J 的交界面为例说明如下：

$$\frac{U-U_0}{\Delta t}+gh_0\frac{Z_J-Z_I}{\Delta x}+g\frac{|\mathbf{V}|}{c^2h_0^2}U-fV-\frac{1}{\rho}\tau_{wx}=0\tag{5.3.7}$$

式中：下标“0”表示时刻初的已知值。

整理化简得：

$$U=\delta_0(Z_J-Z_I)+\beta_0\tag{5.3.8}$$

将上式乘以 Δy 可得由单元 I 流进单元 J 的流量为：

$$Q_X=\delta_X(Z_J-Z_I)+\beta_X\tag{5.3.9}$$

同理对方程(5.3.6)离散可得单元 K 流到单元 J 的流量为：

$$Q_Y=\delta_Y(Z_K-Z_J)+\beta_Y\tag{5.3.10}$$

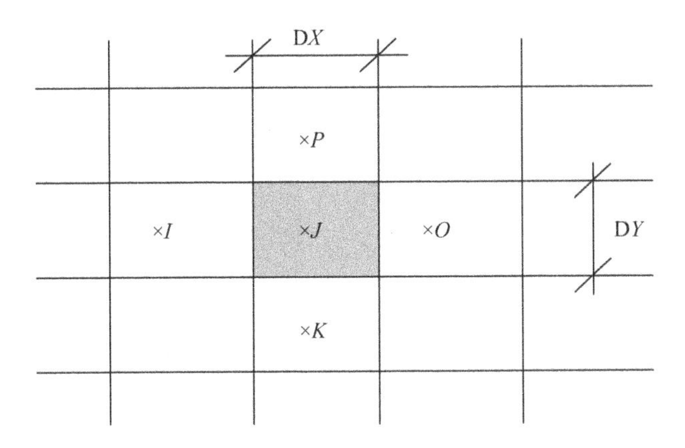

图 5.3-1　二维差分网格示意图

对连续方程(5.3.5)离散可得：

$$\frac{Z_J - Z_J^0}{\Delta t} + \frac{\Delta U}{\Delta x} + \frac{\Delta V}{\Delta y} = q \tag{5.3.11}$$

化简得：

$$\sum Q_i = A\frac{Z_J - Z_J^0}{\Delta t} \tag{5.3.12}$$

式中：$\sum Q_i$ 表示包括降雨在内单位时间内流进单元 J 水量的代数和；A 为单元 J 的面积；Z_J^0，Z_J 分别为单元 J 的初始水位，第 i 时刻水位，m。

5.4　闸泵模拟原理

该特征单元为汇流型单元，主要包括闸、坝、水库、行蓄洪区口门等水工建筑物。该类型单元主要是影响水流的汇流过程，人类通过该类型单元来进行防洪调度、水资源调度。该单元的模型主要是模拟其过水流量过程，下面以典型的宽顶堰为例进行说明。

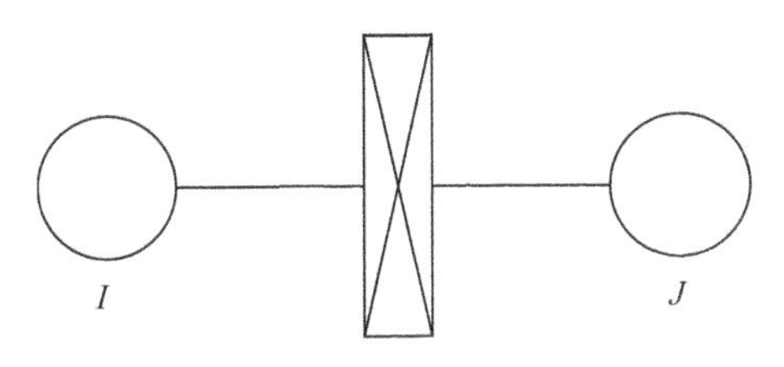

图 5.4-1　闸泵工程概化示意图

宽顶堰上的水流可分为自由出流、淹没出流两种流态，不同流态采用不同的计算公式。

当出流为自由出流时：

$$Q = mB\sqrt{2g}H_0^{1.5} \tag{5.4.1}$$

当出流为淹没出流时：

$$Q = \varphi_m B h_s \sqrt{2g(Z_I - Z_J)} \tag{5.4.2}$$

式中：B 为堰宽，Z_I 为堰上节点水位，Z_J 为堰下节点水位，$H_0 = Z_I - Z_d$，$h_s = Z_J - Z_d$，Z_d 为堰顶高程，m 为自由出流系数，一般取 0.325～0.385。φ_m 为淹没出流系数，一般取 1.0～1.18。

对自由出流流态，公式(5.4.1)离散后可得：

$$Q = \delta_{z_1} Z_I + \beta_{z_1} \tag{5.4.3}$$

对淹没出流流态，公式(5.4.2)离散后得：

$$Q = \delta_{z_2}(Z_I - Z_J) \tag{5.4.4}$$

式中：δ_{z_1}、δ_{z_2}、β_{z_1} 为与 Z_I、Z_J 有关的系数，一般常采用时段初水位来计算；有时为了提高计算精度，可采用迭代法计算。

5.5 河网模型构建案例与操作

5.5.1 研究区介绍

本次研究区域麒麟湖位于肇庆市四会市，四会市位于广东中部、肇庆的东北面，地处西、北、绥三江下游，与清新区、三水区、广宁县和鼎湖区接壤，属珠江三角洲经济区范围，总面积 1 262.97 km^2，常住人口 65.35 万人。如图 5.5-1 所示。四会市境内主要河流有绥江和龙江，最长河流是绥江，全长 226 km，其中四会河段长 49 km。根据目前公布的最新统计数据，全市水资源总量 519.44 亿 m^3，其中过境水流 507.2 亿 m^3，本地水流量 12.17 亿 m^3。市境年平均河川径流量 12.17 亿 m^3，境客水流量 66.06 亿 m^3，合计 78.23 亿 m^3。以市境年均地表水和浅层地下水测算，全市年人均有水量 3 298 m^3，多于全省年人均有水量；年均亩耕地有水量 3 614 m^3，多于全省年均亩有水量。地下水资源主要分布在绥江、龙江、漫水河河系沿河区域。浅层地下水以多年平均河川径流量的 22% 测算，其水流值为 2.68 亿 m^3。据勘测计算，全市水力资源理论蕴藏量 7.26 万 kW，可开发量 5.84 万 kW。

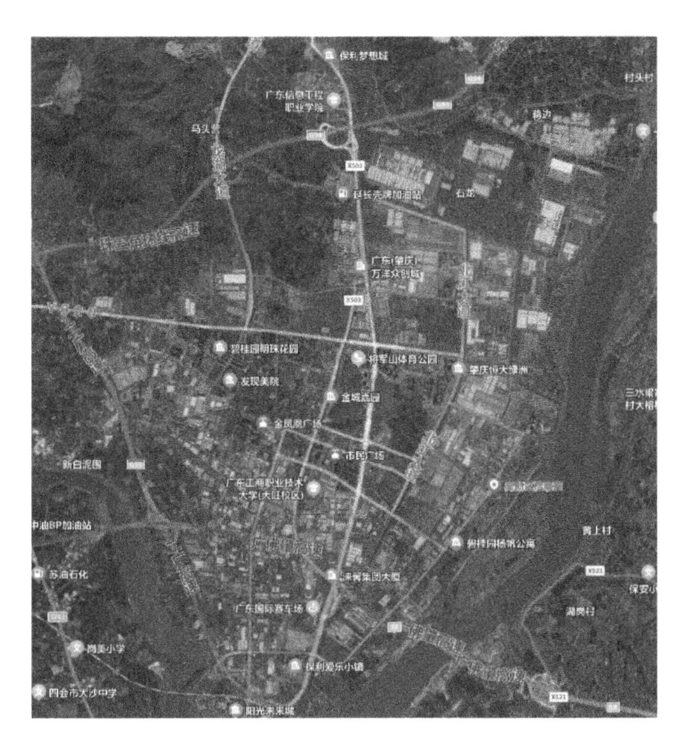

图 5.5-1　麒麟湖区域图

5.5.2　一维河道概化、零维湖泊概化、节点概化

(1) 一维河道概化(图 5.5-2～图 5.5-7)

创建一个新专题，设置名称“麒麟湖水动力模型”。选择“缺省专题分组”。

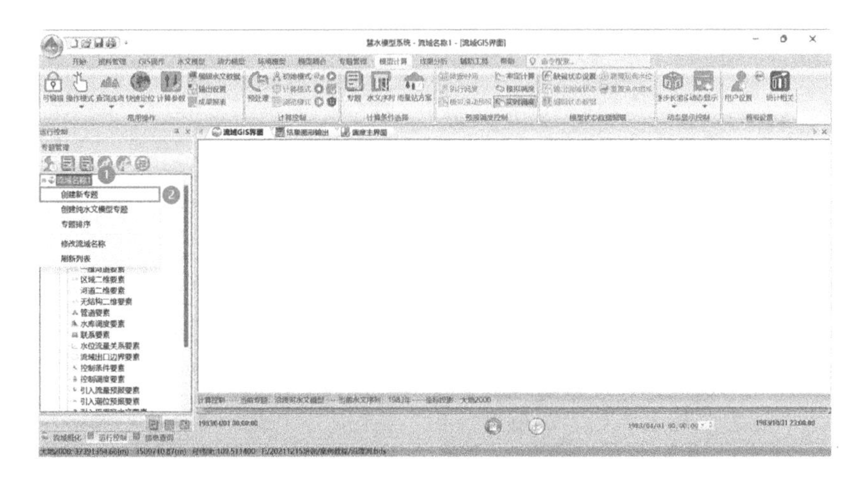

图 5.5-2　创建新专题

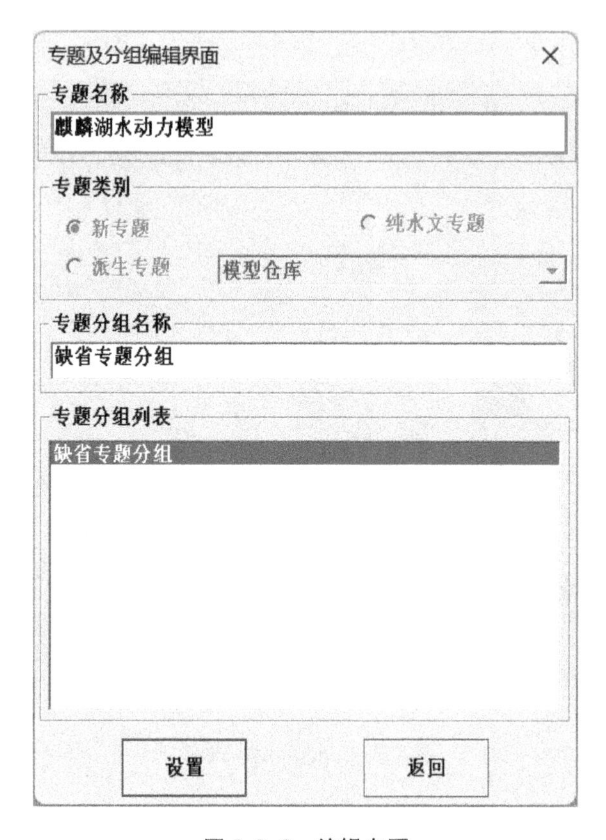

图 5.5-3　编辑专题

将新建的“麒麟湖水动力模型”专题设为当前运行专题。

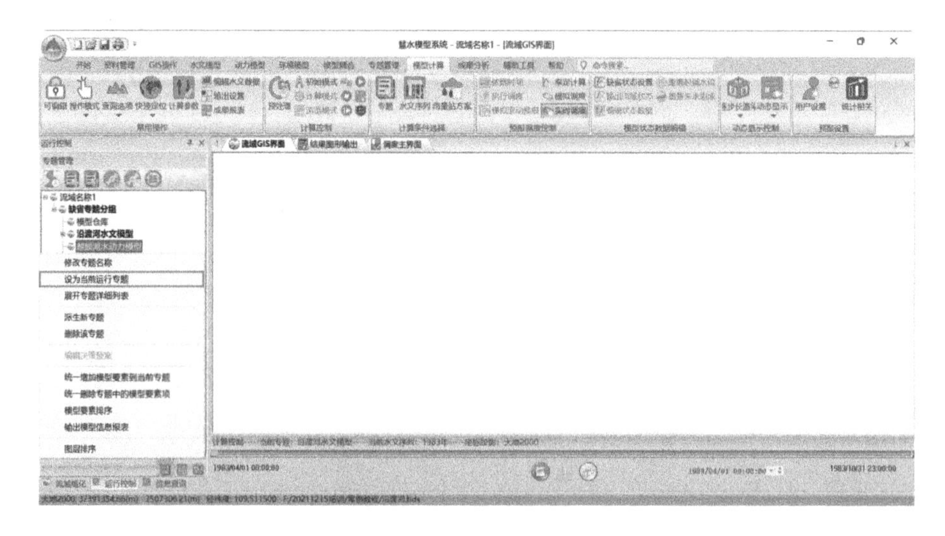

图 5.5-4　专题管理

从流域概化窗口引入“一维河道”要素。

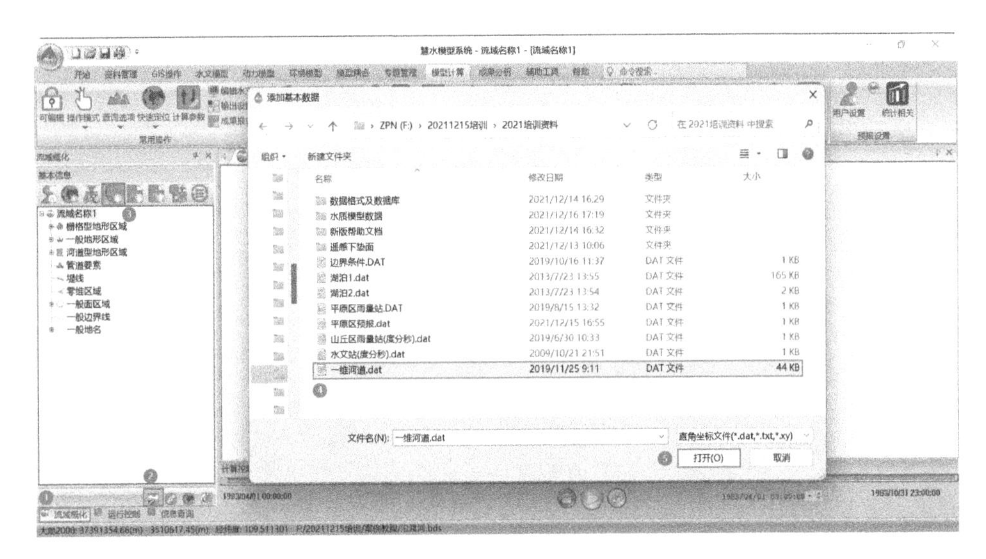

图 5.5-5　引入一维河道要素

右击引入的河道资料，进行模型要素派生，派生成一维河道要素。

图 5.5-6　派生模型要素

点击图层编辑，新建“一维河道”图层并增加，将“一维河道”派生到“一维河道”图层中。

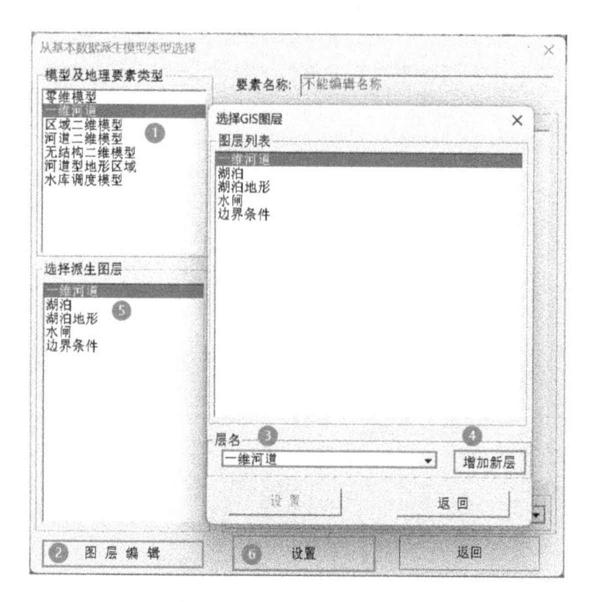

图 5.5-7　派生一维河道

(2) 零维湖泊概化(图 5.5-8～图 5.5-12)

以同样的方式引入湖泊要素，选择“湖泊 1 数据文件”，在引入的数据上右击派生成“零维模型”要素，点击“图层编辑”，新建“湖泊”图层并增加。

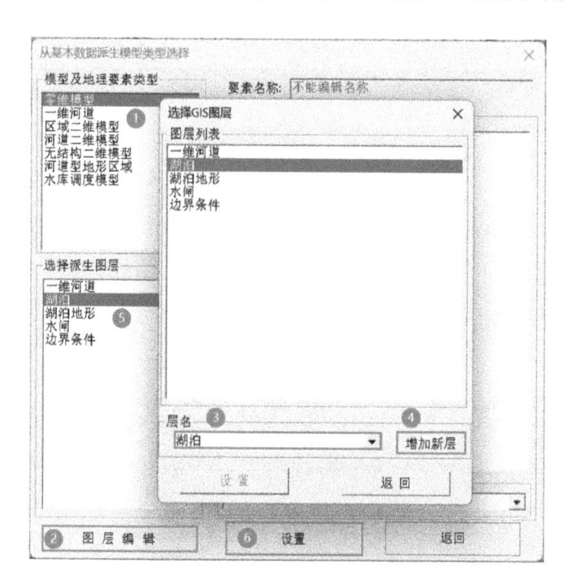

图 5.5-8　派生零维湖泊要素

在湖泊 1 的基础上再派生一个一般地形区域要素，选择派生成“一般地形区域”，并新增“湖泊地形”图层。

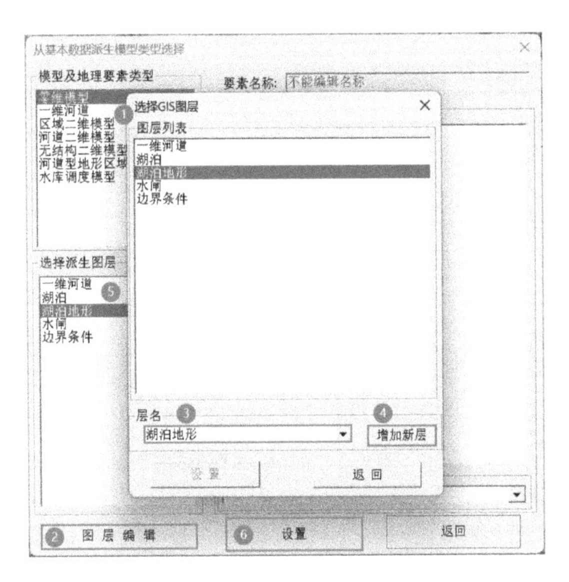

图 5.5-9　派生湖泊地形要素

接着引入要素，在湖泊地形上右击“R 重新生成三角网”，到湖泊图层中点击动力模型地形设置。

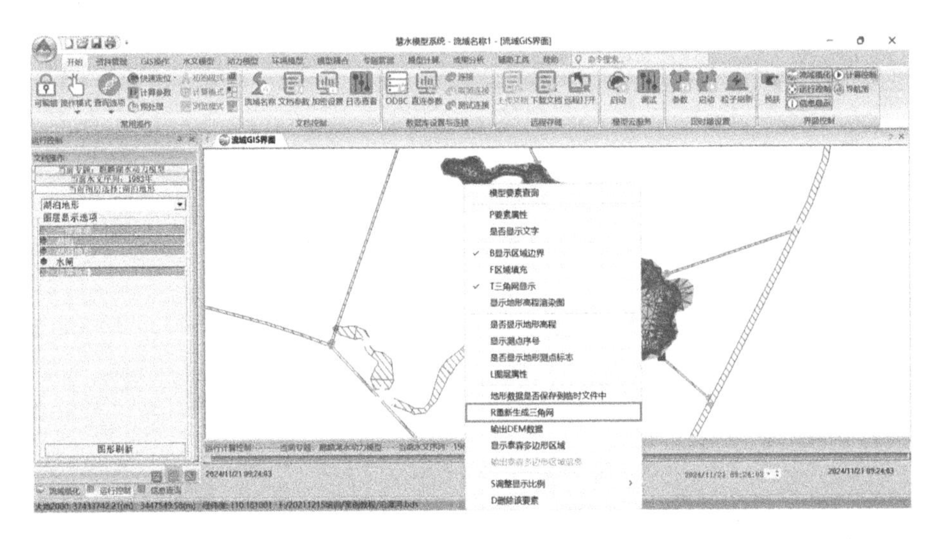

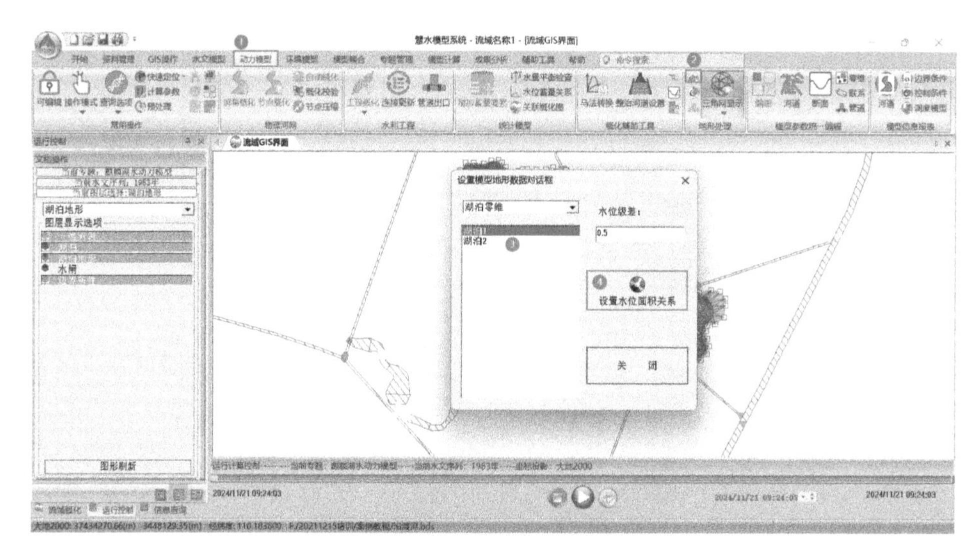

图 5.5-10 引入要素

引入湖泊 2 数据，在湖泊 2 要素上右击派生零维模型到湖泊图层中。点击“动力模型”“地形设置”，进行湖泊 1 水位面积关系的生成，选择“湖泊 1”要素，默认按照 0.5 m 的水位分级进行水位面积关系插值，设置水位面积关系，计算地形数据。右击选择模型要素查询，切换模型查询状态，在湖泊 1 上右击选择“编辑模型要素参数”，可以查看“湖泊 1”的参数，右击“湖泊 2”选择“编辑模型要素参数”。

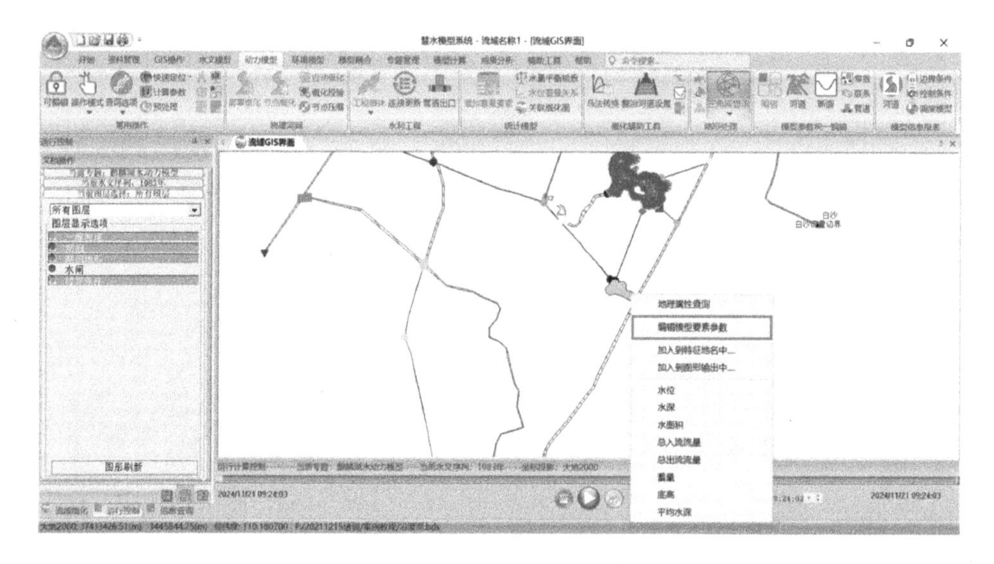

图 5.5-11 编辑模型要素

在水位面积关系表中手动填入“0.05000”，其他参数保持默认。

零维模型要素编辑对话框

零维模型要素列表

湖泊2

水位面积关系列表：

序号	面积(平方公里)
第1	0.05000
第2	0.05000
第3	
第4	
第5	
第6	
第7	
第8	
第9	
第10	
第11	
第12	
第13	
第14	
第15	
第16	
第17	
第18	

底高(m)：0

底高相应容积(万m^3)：0

水位分级(m)：0.5

☐ 隐式连接方式

☑ 参与河网多边形生成

节点号为：8

从文本文件中引入

清空所有资料

设　置

图 5.5-12　设置面积

(3) 节点概化(图 5.5-13～图 5.5-15)

进行模型节点的设置，选中可编辑状态，操作模式选择框选，点击选中节点概化按钮。以鼠标框选的方式对河道和湖泊进行“节点概化”。

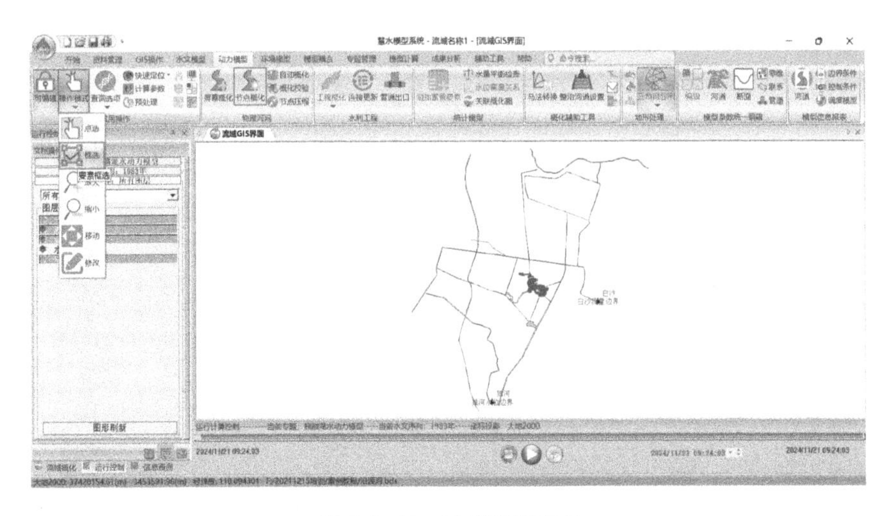

图 5.5-13　设置模型节点

在概化节点过程中会出现两条河段首末节点相同的情况，此时在某一河道断面上增加节点，消除首末节点相同的情况，依次把河道的首末断面、相交处以及湖泊进行节点概化。

节点概化完毕后，选择“GIS操作”中的“图层管理”，新增“水闸”图层，在“运行控制”选中水闸图层，在河道和湖泊1之间建立水闸要素，点击“动力模型”中的“工程概化”。

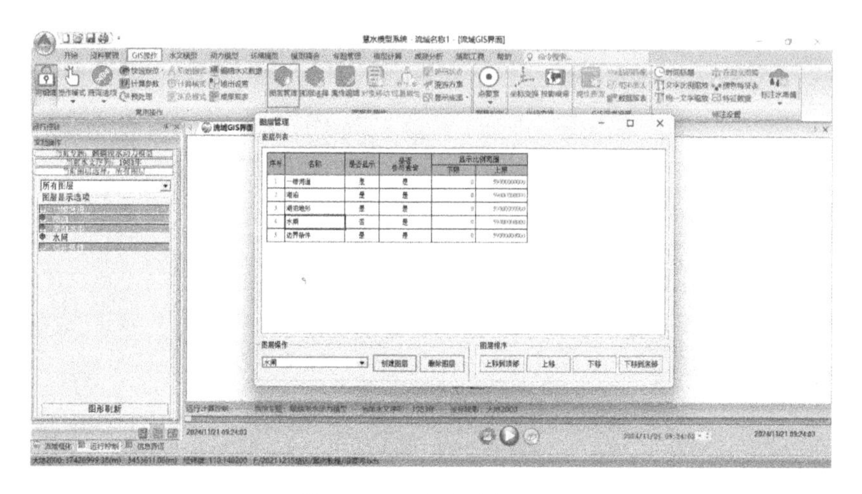

图 5.5-14　新增水闸图层

放大GIS页面，鼠标左键从河道末端面拖到湖泊1要素上，再弹出框中设置水闸参数，包括名称、宽度、底高等，同样的方式对其他几个相邻河道和湖泊进行水闸概化。

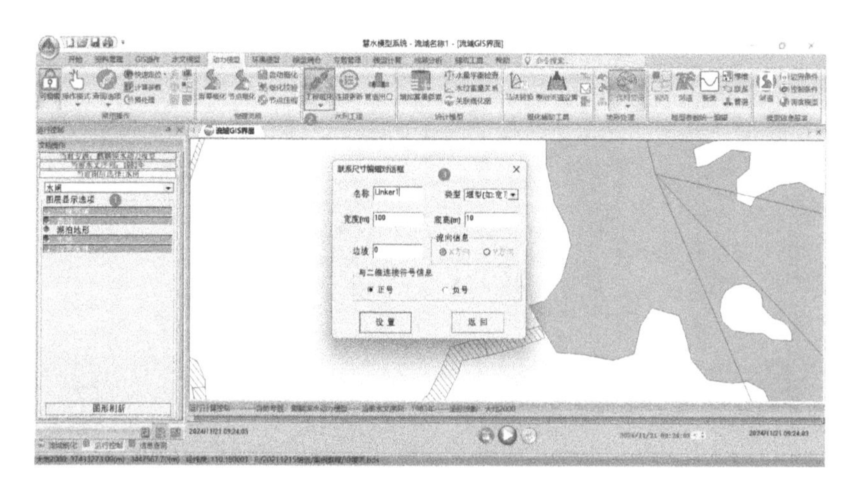

图 5.5-15　水闸概化

5.5.3　水文站网概化、边界条件、水文序列编辑

引入边界条件见图 5.5-16～图 5.5-23。

在流域概化窗口引入边界条件。

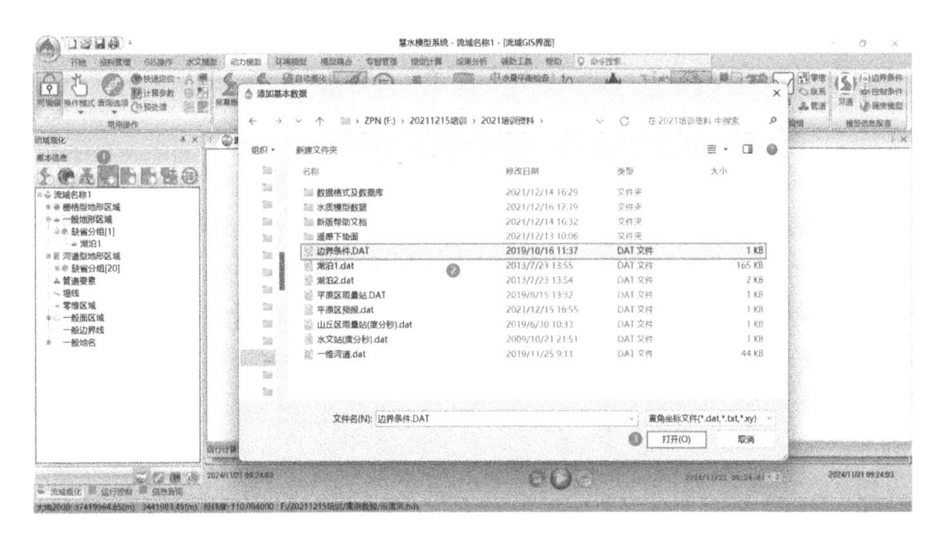

图 5.5-16　引入边界条件

在引入的数据上右击派生成“一般地名”，新建“边界条件”图层并设置，对引入的一般地名进行对应的水文站属性的修改。

图 5.5-17　派生水文站要素

GIS界面点击选中“白沙点”，右击选择“P要素属性”，点击右下角编辑属性值，将白沙点设置成流量站属性。用同样的方式对独河点进行水位站属性的设置。

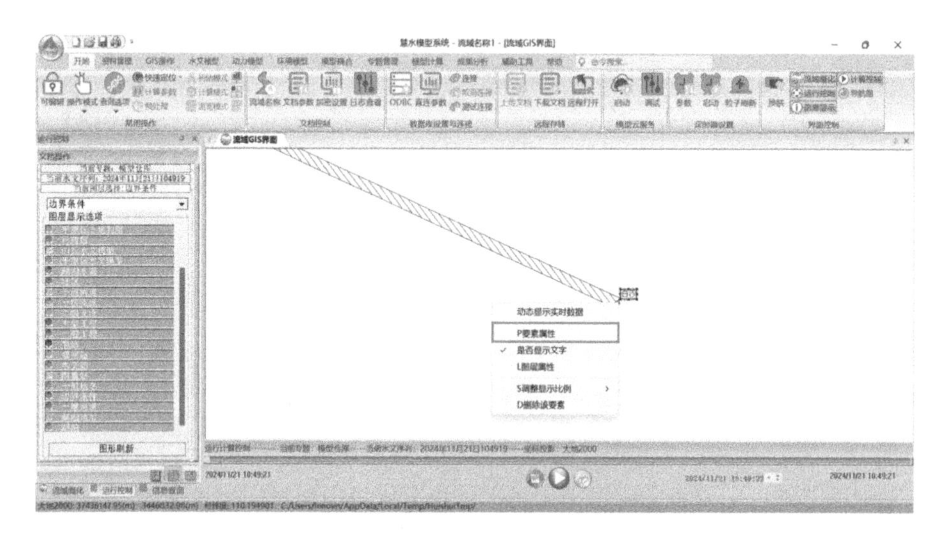

图5.5-18 设置水位站、流量站属性

进行连库的设置，点击连库设置连接信息，依次进行水位站和流量站的连接信息设置。

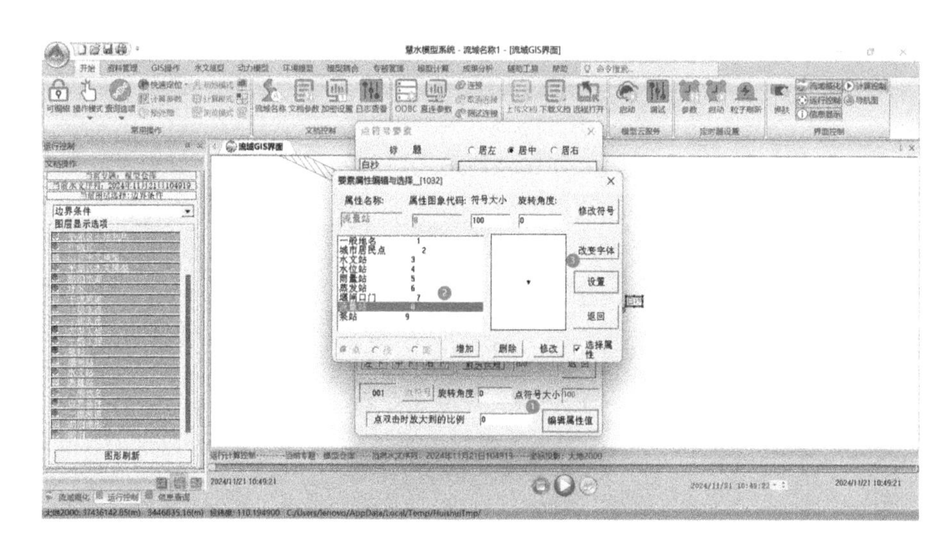

图5.5-19 设置水位站、流量站连接信息

水位信息存储在 ST_RIVER_R 表中。

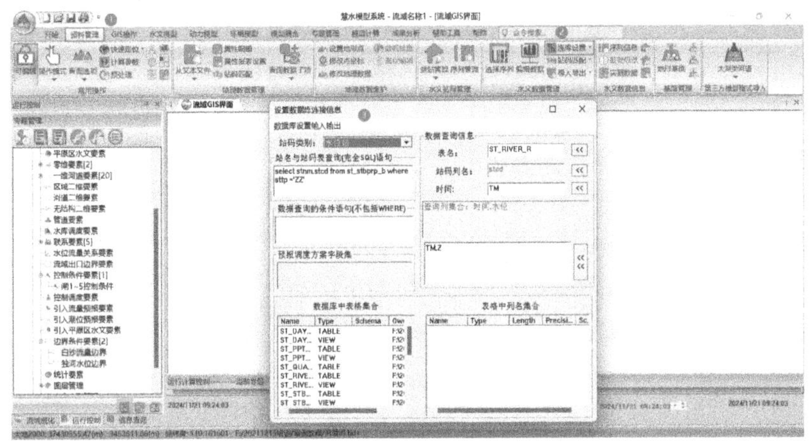

图 5.5-20　设置数据库连接信息

依次填入相应的字段信息，包括站码、时间、水位，设置流量站的数据库连接信息，填入流量站站码查询语句。流量站信息存储在 ST_RIVER_R 表中，依次对数据查询信息进行对应字段的设置，保存设置的信息。

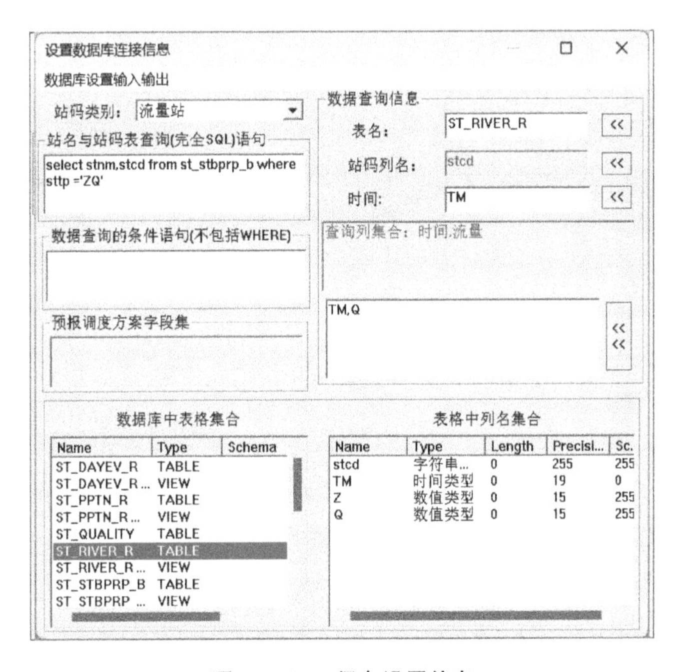

图 5.5-21　保存设置信息

然后点击站码匹配，依次对水位站和流量站站点进行站码匹配。

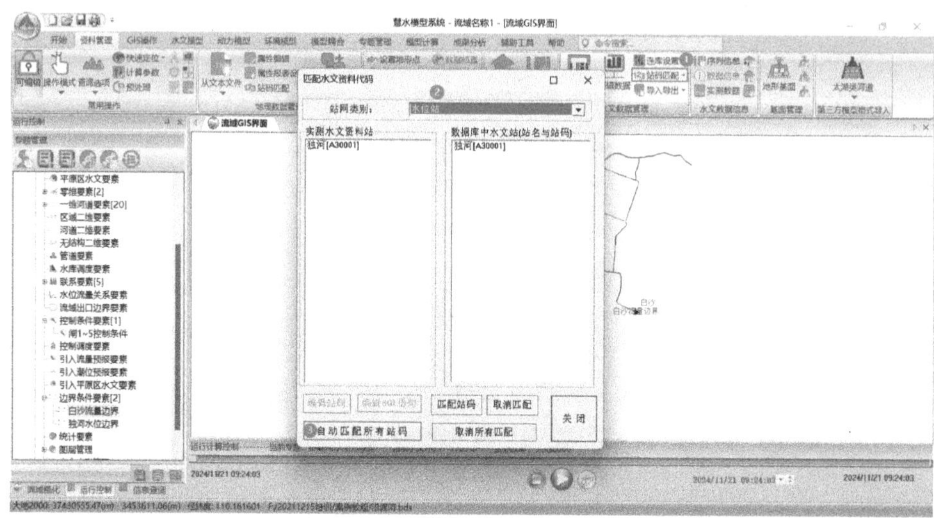

（流量站同理）

图 5.5-22　站码匹配

站码匹配完毕，点击编辑水文数据，点击“从数据库中引入”，可以选择具体的站点查询数据引入的情况。

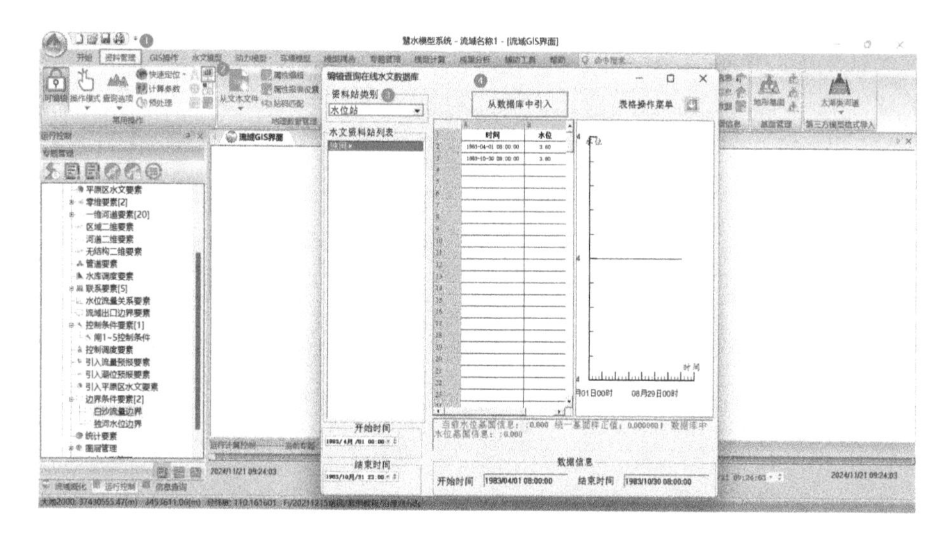

图 5.5-23　引入水文数据

5.5.4　边界设置及计算输出

边界设置及计算输出详见图5.5-24～图5.5-28。

在“麒麟湖水动力模型”的专题管理中找到“边界条件要素[2]”，右击选择“创建新模型要素”。

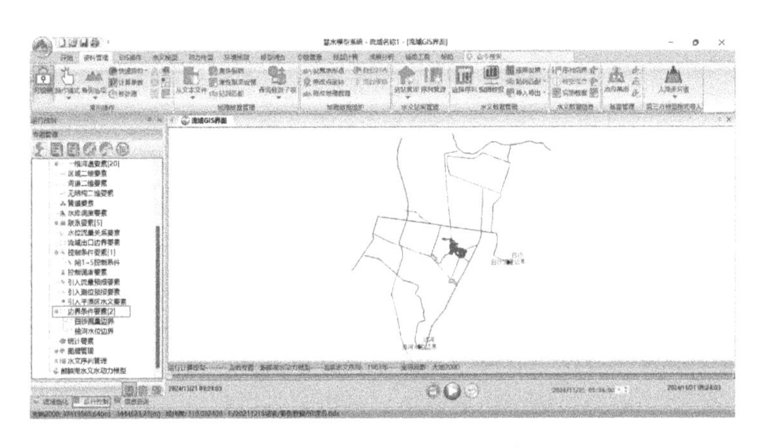

图5.5-24　创建新模型要素

设置名称为“白沙流量边界”，类型选择“流量边界条件”，水文资料信息选择“白沙”“流量站”，要素类型选择“一维河道要素”，流入点信息选择“白沙排渠”“白沙排渠-1”断面，点击“增加”并设置。

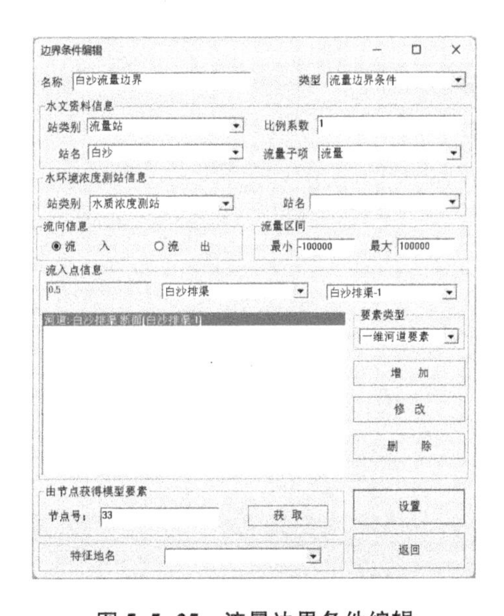

图5.5-25　流量边界条件编辑

新建水位边界，设置名称为“独河水位边界”，类型选择“水位边界条件”，水文资料信息选择“独河”“水位站”，要素类型选择“一维河道要素”，流入点信息选择“独河”“独河-1”断面，点击“增加”并设置。

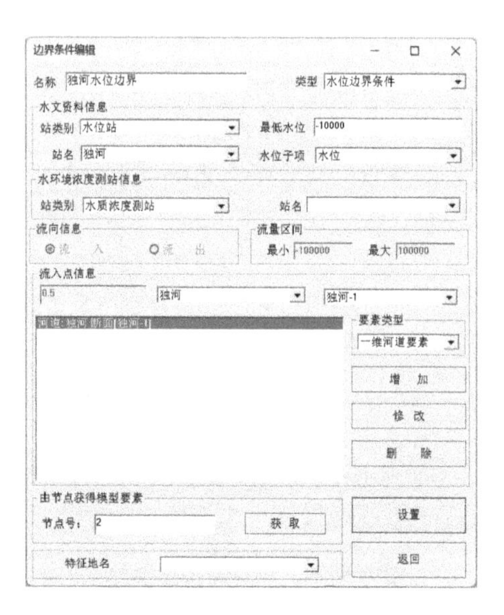

图 5.5-26 水位边界条件编辑

点击“预处理”“初始模式”，点击控制条的开始按钮，设置初始条件，设置流域起调水位“4” m，闸坝初始开启度为“1”，点击设置。当控制条左下角水位趋于 0 表明模型达到稳定状态，点击暂停按钮，选择计算模式再点击开始进行模型计算，可以选择“逐日渲染”。

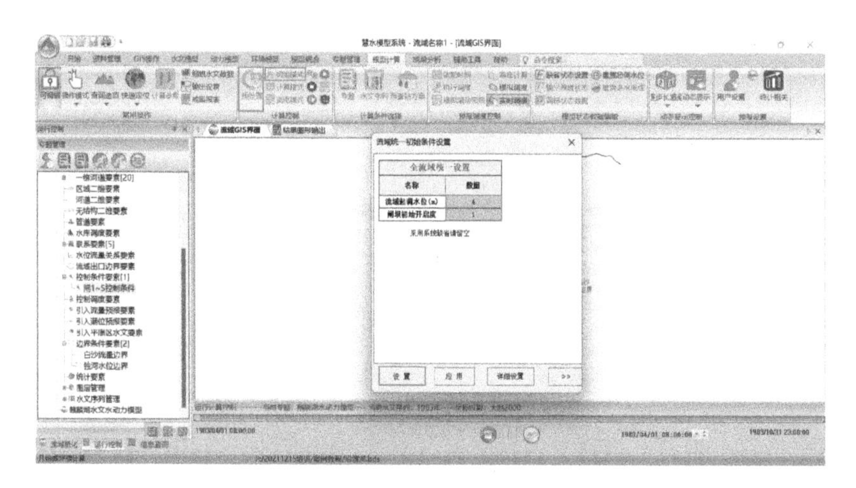

图 5.5-27 初始条件设置

进行模型输出设置，点击输出设置要素，要素编辑菜单选择“主图形”，增加主图形“麒麟湖”，在麒麟湖下新增两个子图形，分别为“湖泊 1”和“湖泊 2”。资料类别选择“计算”，要素类别选择“零维要素”，选择“湖泊 1”，数据类型选择“水位”，名称更改为“湖泊 1 计算水位”，点击“增加”。湖泊 2 也采用同样的方法。

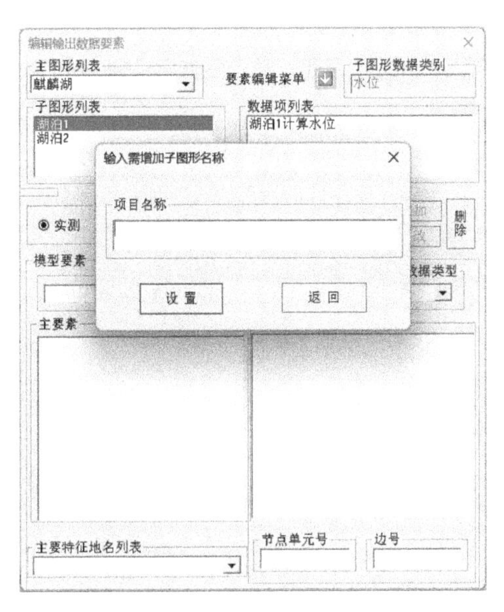

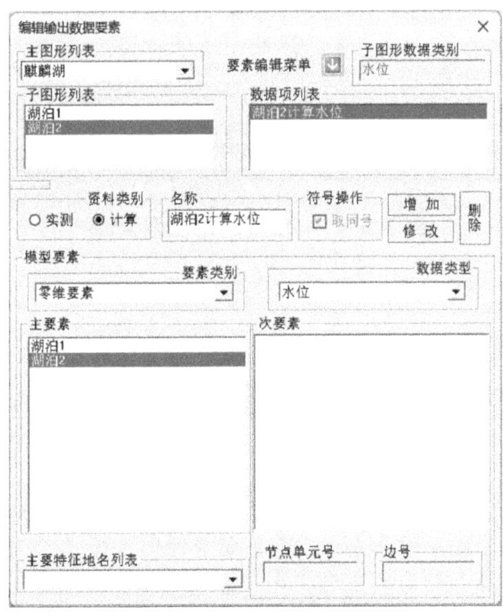

图 5.5-28　输出设置

点击“结果图形输出”，右击选择“P 图形显示属性”，点击“自动按行与列排放”。

5.5.5 控制条件编写

如图 5.5-29，点击“麒麟湖水动力模型”，右击“控制条件要素[1]”，创建新的模型要素，要素名称为“闸 1～5 控制条件”，右击“控制条件类别列表”选择“条件：水位与数值比较”，选择“计算”“零维要素”“湖泊 2”，浮点数填“4”，操作运算符选择“小于等于”，编写完点击增加。控制规则的编写有两种模式，分别为分项控制模式和闸泵联控模式。

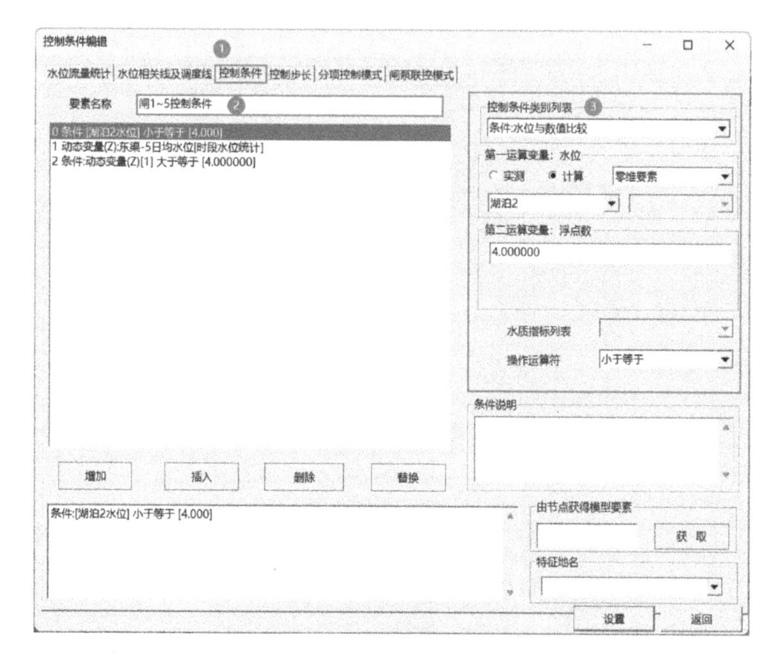

图 5.5-29 创建新的模型要素

(1) 闸泵联控(图 5.5-30～图 5.5-31)

点击“闸泵联控模式”，点击“插入”增加行的个数，本次填写两行规则，设置好之后点击“更新数据”，其中，控制条件用于判断真假，为真时开启度序号为 0，即执行本行；为假时，开启度序号为 1，即执行第一行；如为 2 时，即执行第二行，后面以此类推。闸的开启度这一项中，开启度为 0 时，代表闸门全关；为 1 时，代表闸门全开；为 0.5 时，代表该水利工程的闸门开一半。流向条件中，双向代表闸门两侧水位高的地方向水位低的地方流动，正向代表只能从水利工程定义的正方向流动，反向同理。需要注意的是流向条件是判断条件，而不是目标。第二行满足控制条件和流向条件时即为真，控制条件的执行顺序是从下向上。

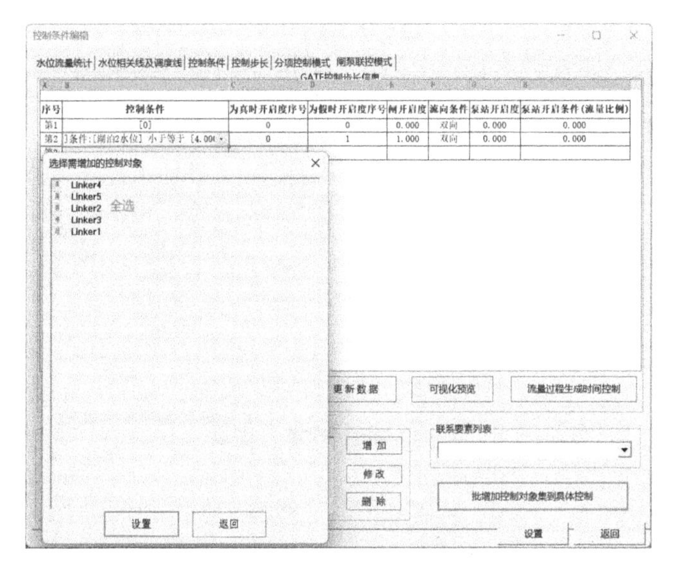

图 5.5-30 控制条件编辑

接下来需要给控制条件添加水利工程，在右下选择与控制条件对应的联系，点击增加，先选中要开始执行的行，如将其放在第二行，则选中第二行，点击“联系要素”，点击“增加”。如需修改，可以选中具体控制信息和控制条件所在行，点击“修改”。可以在输出设置中增加主图形和子图形“闸1～5开启度”查看闸门开启情况。

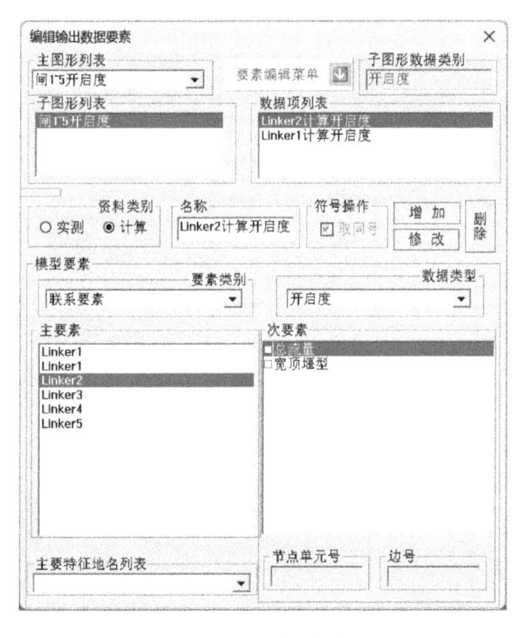

图 5.5-31 添加水利工程

(2) 分项控制(图 5.5-32～图 5.5-36)

选择“水位流量统计”,增加“东渠-5 日均水位”,点击“控制条件”,选择“动态变量(Z):时段水位统计”,选择“东渠-5 日均水位”,点击“增加”。选择“条件:动态变量(Z)与数值比较”“1 动态变量(Z):东渠-5 日均水位(时段水位统计)”。

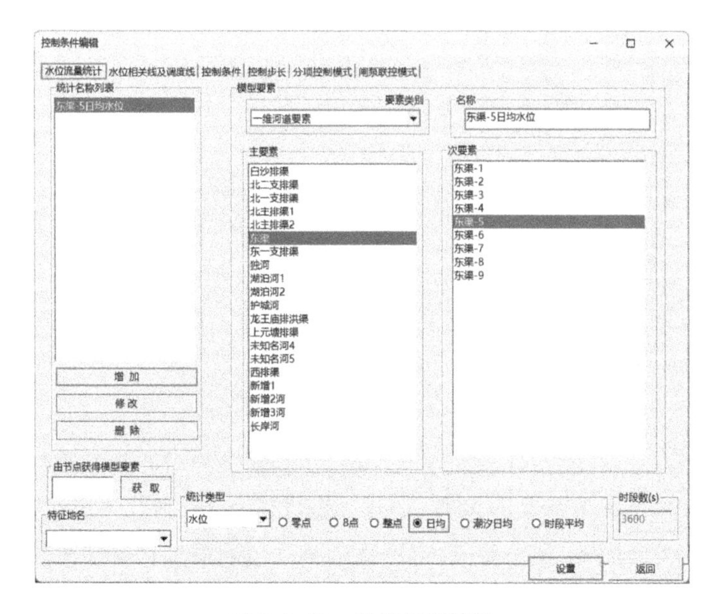

图 5.5-32　设置分项控制

浮点数填“4.000000”,操作运算符选择“大于等于”,点击“增加”。

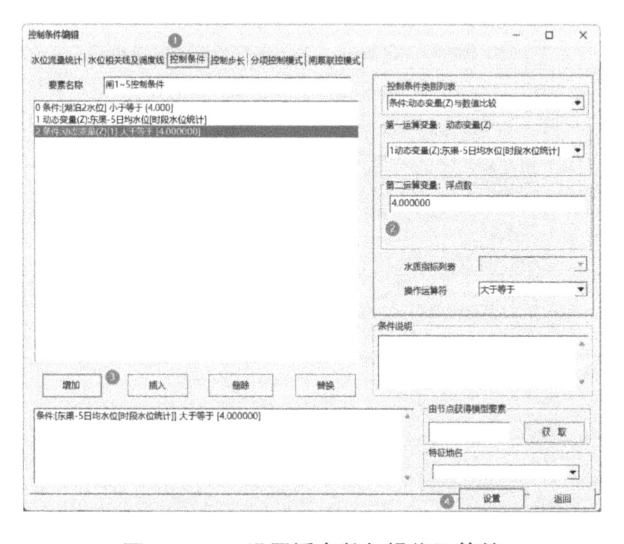

图 5.5-33　设置浮点数与操作运算符

下面设置控制步长，类别选择“数值(开启度增量)”，填写“0. 100000”，点击“增加”。

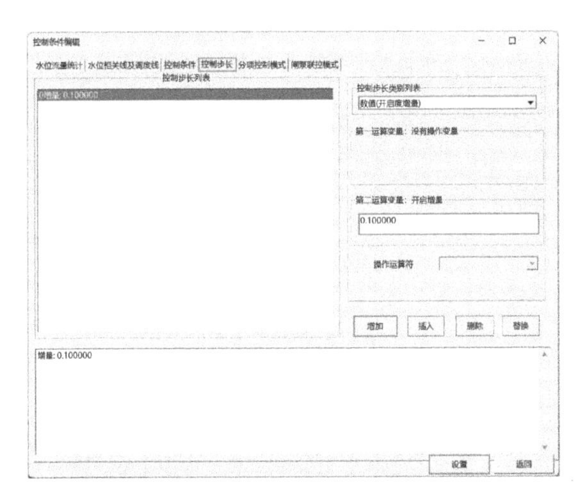

图 5. 5-34　设置控制步长

点击“分项控制模式”，以开启度增量为例，其中 D 列为真时开启度序号，如序号为 0 表示开闸，−1 时代表关闸；E 列为假时开启度序号，如序号为 0 表示关闸，−1 表示开闸。增量选择 0. 100000，流向条件选择双向，规则写好后点击更新数据，选水利工程，在右下角下拉框中可以分别选择同一工程下的不同闸孔或泵站，从而实现对不同方向的控制。如果提示“该控制对象已经在控制对象集里了”，则需要在“闸泵联控模式”设置中，将重复的删除，再次增加。

图 5. 5-35　设置控制规则

如果闸孔或泵站的控制规则不同，则需对各工程对象分别选择开始执行的规则行号，输出设置修改为分控开启度的输出，输出设置完成之后开始计算。从输出报表可以看出，该条件下闸门是慢慢关闭的过程，与闸泵联控相比更稳定。

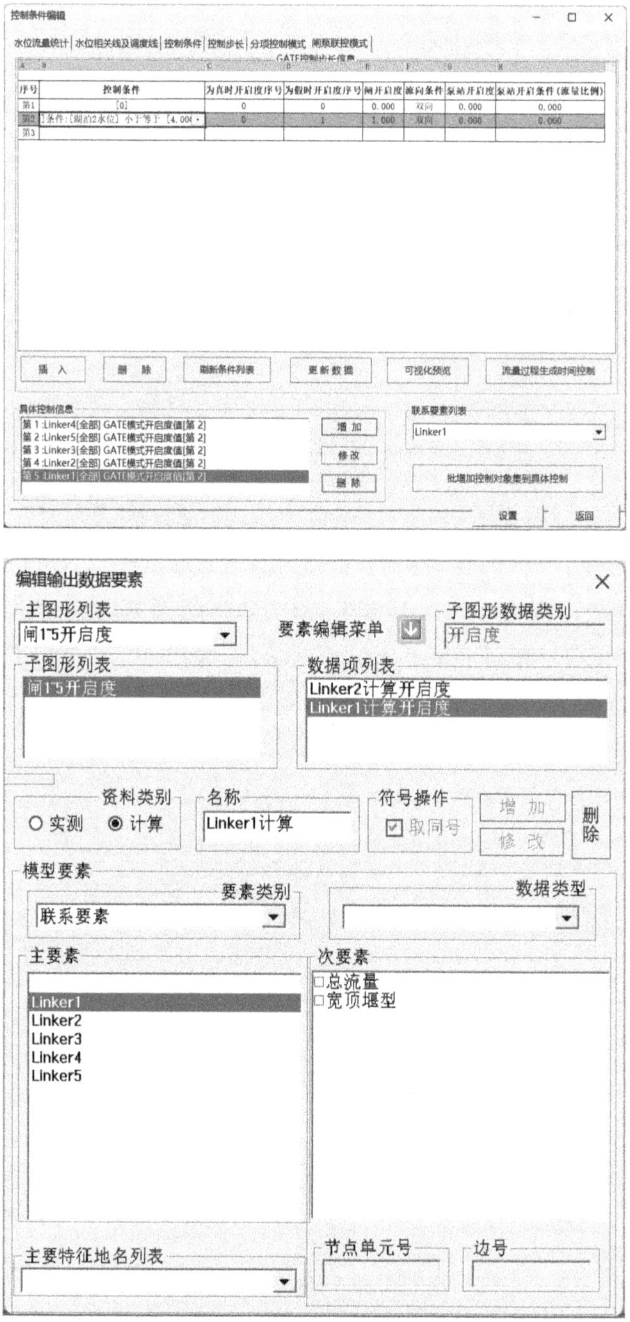

序号	控制条件	为真时开启度序号	为假时开启度序号	闸开启度	流向条件	泵站开启度	泵站开启条件（流量比例）
第1	[0]	0	0	0.000	双向	0.000	0.000
第2	]条件:[湖泊2水位] 小于等于 [4.000	0	1	1.000	双向	0.000	0.000
第3							

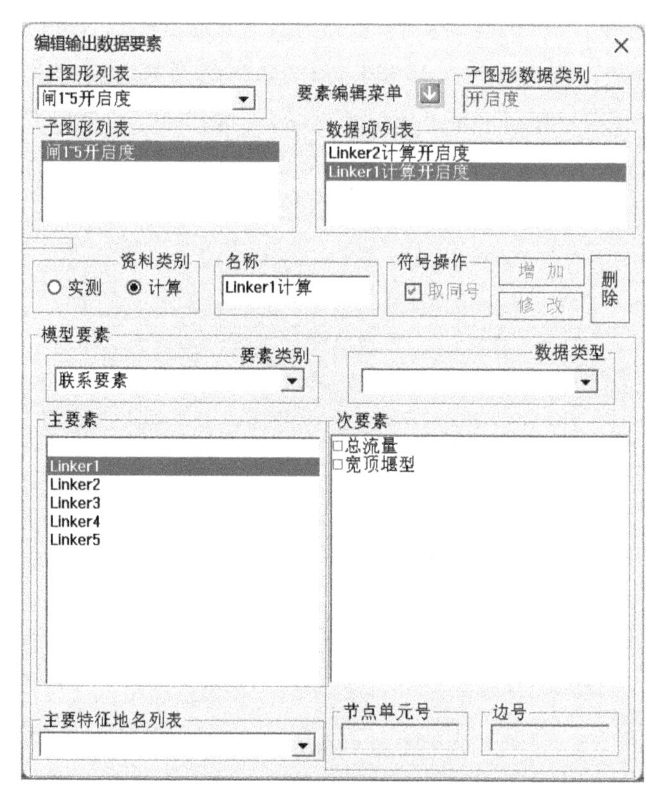

图 5.5-36　选择执行规则行号

(3) 控制调度要素(图 5.5-37～图 5.5-38)

点击“控制调度要素”,创建控制调度模型要素名为“闸 1 控制调度”,双击打开“闸 1 控制调度”,选择控制对象“堰闸列表”为“水闸 1”,“子堰闸列表”选择“全部”,点击关闭,保存。

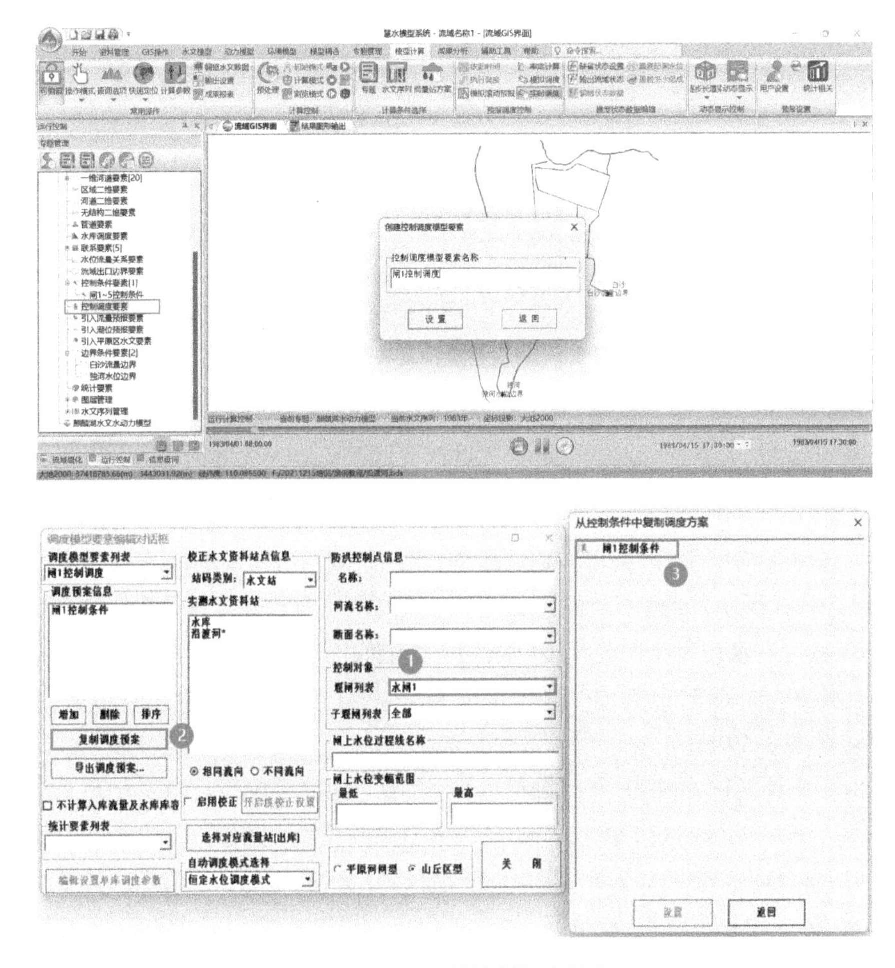

图 5.5-37　设置控制调度要素

再次打开,点击“复制调度预案”,点击“闸 1 控制条件”,设置。如果有实测资料可以在“校正水文资料站点信息”选择对应的实测资料。如采用流量数据进行过流模拟,“站码类别”选择“流量站”,点击右下角“山丘区型”,代表不考虑工程实际过流能力模拟,选择“平原河网型”则会考虑工程的过水能力进行模拟,点击关闭。如果预处理报错,控制条件要素与控制调度要素重复,则删除“闸 1 控制条件”要素。

图 5.5-38 调整调度模型要素

5.5.6 结果分析

结果分析见图 5.5-39～图 5.5-40。

对于平原河网水动力-零维湖泊而言，无闸时湖泊水位与时间变化关系结果如图 5.5-39 所示，湖泊 1 与湖泊 2 水位变化基本一致，在 1983 年 5 月 1 日至 5 月 25 日左右水位发生明显突变，水位最大值都出现在 1983 年 5 月 10 日，湖泊 1 最大水位为 6.543 m，湖泊 2 最大水位为 6.405 m，整体呈现均匀波动状，平均水位前者为 3.49 m。

对于平原河网水动力-零维湖泊而言，有闸时湖泊水位与时间变化关系结果如图 5.5-40 所示，湖泊 1 相较于湖泊 2，由于水闸设置，水位在 1983 年 5 月 1 日至 5 月 25 日间保持在 4.1 m 左右，且波动较湖泊 2 更稳定。湖泊 1 水位整体较无闸时偏小，且较湖泊 2 也偏小。湖泊 1 平均水位为 3.383 m，湖泊 2 为 3.473 m。

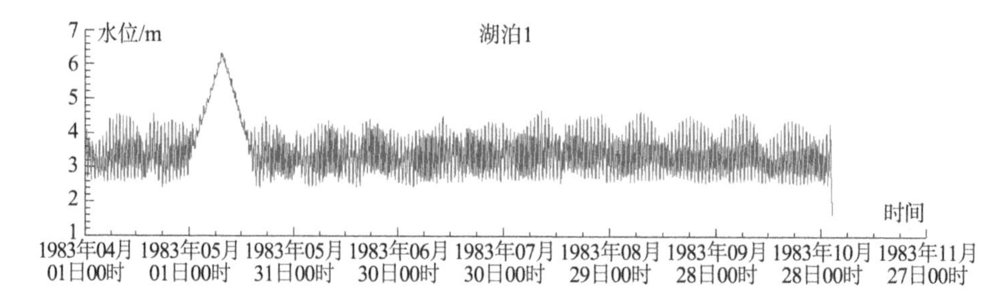

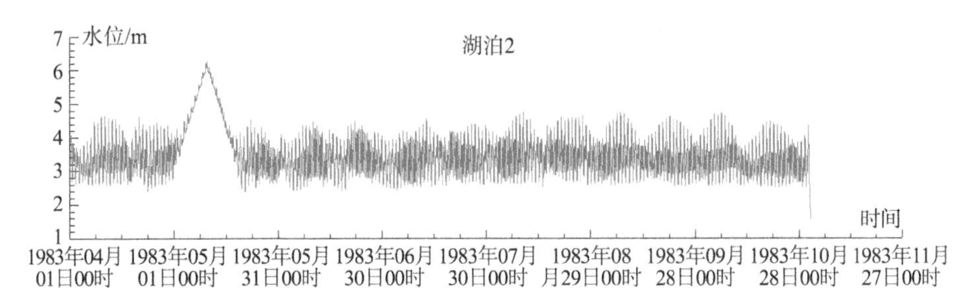

图 5.5-39　水位-时间关系图(未耦合,湖泊 1 无闸)

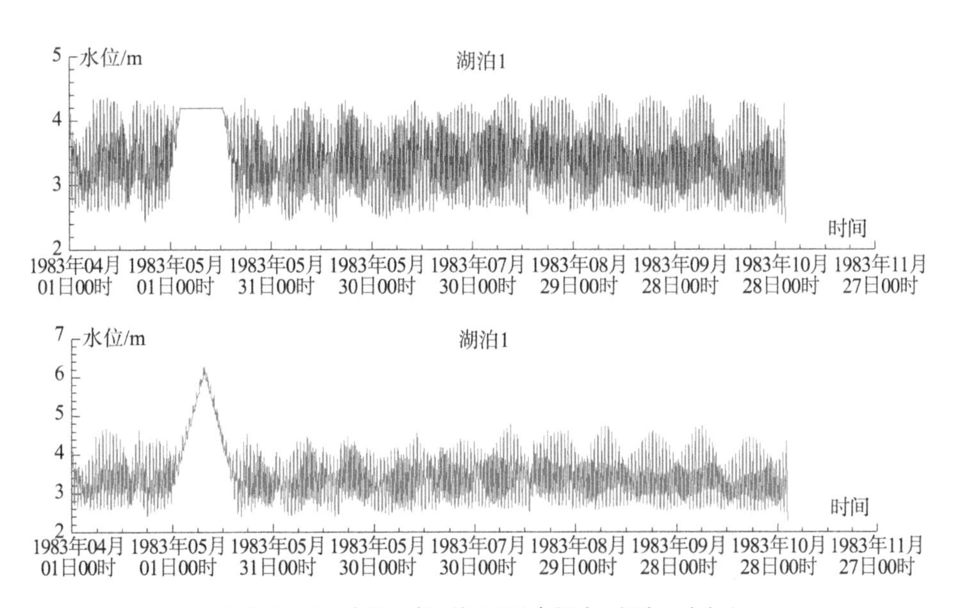

图 5.5-40　水位-时间关系图(未耦合,湖泊 1 有闸)

第 6 章

平原河网水文模型原理与实践

6.1 平原区坡面单元

平原区坡面的产汇流规律与山丘区流域坡面产汇流规律完全不相同，在平原区自然地理地貌及人类活动的影响下，平原区坡面产汇流规律呈现出如下特点(图 6.1-1)：

图 6.1-1 太湖流域平原区示意图

(1) 平原区地形起伏不大、河道及地面比降平缓，因此汇流过程缓慢，并且与河道水流间互有顶托影响。应用于山丘区流域的流域水系生成模型不能够应用到平原区。

(2) 平原区浅层地下水位较高，使得“四水”(大气降水、地表水、土壤水和地下水)转化比上游山丘区更明显。

(3) 平原区河道河网呈环状结构，这与上游山丘区河道呈“树状”河网结构不同。山丘区河网为树状河网，水流总是从上游断面汇集到下游断面，只要知道下游控制断面的流量过程即可检验其产汇流模拟正确与否；而平原区河网为环状河网，通常为非封闭多出口系统，河道没有固定的流向，由于受测量技术与条件的限制，平原区产汇流模型的计算成果很难直接检验。

(4) 山丘区下垫面单一且稳定，而在平原区，下垫面是多样且变化的，特别是水田，水田在作物生长期和非作物生长期属于不同类型的下垫面。不同下垫面有着不同的产汇流规律。

(5) 由于人类活动的影响,在平原地区,一般都建圩堤保护圩区并且建闸控制,水利工程的建设决定了平原区汇流过程的复杂性。

因此平原区坡面产汇流模型重点需要解决以下三个问题:①不同下垫面的产流计算问题;②考虑人类活动影响的坡面汇流问题;③坡面汇流到河网的分布问题,即分布式汇流问题。下面针对这些问题构建相应的模型算法。

6.1.1 平原区坡面产流模型

影响产流的因素众多,主要的还是下垫面的影响,在下垫面影响中不同的土地利用类型对产流过程的影响更为明显,在模型模拟过程中可以完全按照“全国土地利用现状”[106]分类系统中的分类对下垫面进行详细分类,但是那样详细的分类不仅资料难以取得,而且没有相应的实测资料来验证模型的参数,难以反映各种下垫面之间的差别。为了计算方便并区分不同下垫面之间的差异,在模拟过程中把下垫面分为4类——水面、水田、旱地和城镇建设用地,分别构建相应的产流模型,今后随着研究的深入可以进一步细分。

(1) 水面产流模拟

水面产流模拟的产水量(净雨深)为时段内的降雨量与蒸发量之差,即:

$$R_w = P - E \tag{6.1.1}$$

式中:P 为时段内的降雨量,mm;R_w 为时段内的净雨量,mm;E 为时段内的蒸发量,mm。

水面产水量计算中,难点在于水面蒸发量的估计。常用两种方法来估计水面蒸发量:蒸发器(皿)测量法及水面蒸发量公式计算法。

用蒸发器(皿)方法计算水面日产流深的公式为:

$$R_w = P - \beta E_C \tag{6.1.2}$$

式中:β 为蒸发皿折算系数,根据蒸发皿类型,从相关表上查用;E_C 为蒸发皿的蒸发量,mm。

(2) 水田产流模拟

水田模拟从时间上可以分为以下几个阶段:

第一个阶段是水稻生长期以前,该时期的产流规律与旱地的产流没有不同,因此直接采用下面介绍的旱地产流模型进行计算。

第二个阶段是秧田期,秧田以外的水田仍作旱地处理。

秧田期分秧田泡田期和育秧期。秧田泡田期所需水量由两部分组成,首先将土壤饱和,再建立一定的秧田水深。由于秧田期是渠系在一年中首次灌溉,渠系渗漏较大，秧田所占面积亦小，秧田下渗水量比较容易向旁侧旱地渗流，因此秧田期灌渠水量损失较多。

从灌渠或田间下渗的水量中有一部分是回归到河网的，这部分水量不能作为水量损失，对水量模型而言，仅仅是过程分配问题，由于缺乏下渗后如何回归的资料和理论依据，因此在产汇流模型中忽略了回归的时间过程，将此回归部分作为水田的产水量。

从灌渠或田间下渗的水量中另一部分是不回归的，这部分水可以直接进入浅层地下水，作为补给。

第三阶段本田期，本田期分泡田期和各生长期。从秧田期转到本田泡田期时，要注意水量平衡，令本田(除秧田外)饱和缺水量为 wq，建立本田(包括秧田在内)泡田所需水量为 wx，故由秧田期转到本田泡田期所需水量(没有包括渠系和田间下渗损失)为 $wq+wx$。

第四阶段搁田期，又称晒田期。由本田期转到晒田期时，利用抽排等方式将水田的田间蓄水和土壤饱和含水量与土壤蓄满时的含水量之间的差值水量排出。这段时期水田是干的，土壤初始含水量为土壤蓄满时的含水量，作物需水全部依靠土壤蓄水量，如果按需水系数计算则可能使土壤含水量越来越小，甚至达到零，这显然是不合理的。因此假定土壤含水量达到一定下限时，水稻需水不能满足。这种处理方法避免了搁田期后大量用水的不合理现象。

第五阶段成熟后期，与搁田期处理方式相同。

第六阶段为水稻生长期结束以后，水田土壤含水量由水田成熟后期计算所得的土壤含水量决定。该阶段之后与旱地的产流模型没有不同。

表 6.1-1 为太湖流域江苏省水稻田灌溉制度，下面重点介绍作物生长期的水田产水等过程。根据作物生长期的需水过程及水稻田适宜水深上、下限和耐淹水深等因素，逐时段进行水量平衡计算，推求水田产水深 R_r[53]。

$$R_r=\begin{cases}H_2-H_p, & H_p<H_2\\ H_2-H_u, & H_u<H_2<H_p\\ H_2-H_d, & H_d<H_2<H_u\\ 0, & H_2<H_d\end{cases} \tag{6.1.3}$$

其中：

$$H_2=H_1+P-\alpha E-f \tag{6.1.4}$$

式中：H_1、H_2 为时段初、末水田水深，mm；α 为水稻生长期的需水系数，即各生

表 6.1-1 太湖流域水稻田灌溉制度(江苏省)

	水稻生长期		起始月	起始日	结束月	结束日	耐淹水深(mm)	适宜上限(mm)	适宜下限(mm)	需水系数	日渗漏量(mm/d)	时期
江苏秧田(1/10水田面积)	泡田		5	16	5	25	40	10	5	1.00	2	秧田期
	秧田		5	26	6	13	30	20	10	1.00	2	秧田期
	泡田		6	14	6	23	40	10	5	1.00	2	本田期
	返青		6	24	6	30	50	30	20	1.35	2	本田期
	分蘖前期	搁田期	7	1	7	4	50	30	20	1.30	2	本田期
			7	5	7	9	0	0	0	1.30	0	本田期
			7	10	7	19	50	30	20	1.30	2	本田期
			7	20	7	23	50	30	20	1.30	2	本田期
	分蘖后期	搁田期	7	24	8	4	10	0	0	1.30	0	本田期
			8	5	8	18	50	40	30	1.40	2	本田期
	孕穗		8	19	8	23	0	0	0	1.30	0	本田期
			8	24	9	3	50	40	30	1.30	2	本田期
	抽穗		9	4	9	16	50	30	20	1.30	2	本田期
			9	17	10	15	20	10	0	1.30	0.7	本田期
	成熟		10	16	10	20	0	0	0	1.05	0	本田期

长期内水田需水量与同期蒸发皿蒸发量的比值；H_p 为各生长期水稻耐淹水深，mm；H_u 为各生长期水稻适宜水深上限，mm；H_d 为各生长期水稻适宜水深下限，mm；f 为水稻田日渗漏量，mm。

水稻田时段产水量计算取决于排灌原则。排水量即产水量为正，灌溉水量为负。

对于一个流域或一个分区的水田，各生长期的起讫日期不可能相同，劳力和农田水利设施安排上亦不相同。一个分区内，田间水深亦不相同，不可能同时达到上限或同时达到下限水深。因此将区域水田水深分为3个等级 D_1、D_2、D_3，其中 D_1 为最小水深，D_3 为最大水深。

这里，如果 $D_1 < H_d$，灌溉水量为：$R_{D1}=(D_1-H_u)/3$，在满足灌溉制度后，令 $D_1=H_u$。如果 $D_3 > H_p$，排水量为：$R_{D2}=(D_3-H_p)/3$，在满足灌溉制度后，令 $D_3=H_p$。计算区域上处于中间水深的水田，不论 D_2 多少，均不灌不排。由于灌溉或排水，每个时段均需要重新排序 D_1、D_2 和 D_3 的值。

(3) 城镇建设用地产流模拟

从产流角度将城镇建设用地下垫面分为透水层、具有填洼的不透水层和不具有填洼的不透水层3类。透水层主要由城镇中的绿化地带组成，其特点是有植物生长，占城镇建设用地面积的比例为 A_1；道路、屋顶等为具有填洼的不透水层，占城镇建设用地面积的比例为 A_2；不具有填洼的不透水层占城镇建设用地面积的比例为 A_3。

城镇建设用地产流模型框图如图6.1-2所示。

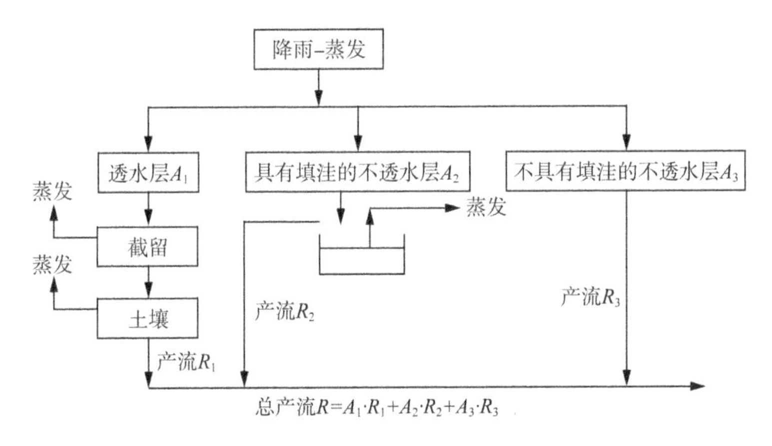

图6.1-2　城镇建设用地产流模型

①透水层产流模拟

透水层上的降雨经过植物截留、土壤蒸发的损失后产流。在植物截留阶段，根据植物截留量逐时段进行水量平衡计算，推求满足植物截留后降落在透水层上的有效雨量：

$$F_r=\begin{cases}S_{e_2}-S_{e_l}, & S_{e_2}>S_{e_l}\\0, & 0<S_{e_2}<S_{e_l}\\0, & S_{e_2}<0\end{cases} \tag{6.1.5}$$

其中：
$$S_{e_2}=S_{e_1}+P_E$$
且：

$$S_{e_2}=\begin{cases}S_{e_1}, & S_{e_2}>S_{e_l}\\0, & S_{e_2}<0\end{cases} \tag{6.1.6}$$

式中：P_E 为有效降雨，mm，下同；F_r 为满足植物截留后，降落在透水层上的有效雨量，mm；S_{e_l} 为透水层植物最大截留量，mm；S_{e_1}、S_{e_2} 分别为时段初、末植物截留量，mm。

降雨满足植物截留降落在透水层上后，有效降雨采用 F_r，土壤蒸发采用土地蒸发能力，采用一层蒸发模型计算其产流 R_1。

②具有填洼的不透水层产流模拟

根据时段初、末的洼地拦蓄量逐时段进行水量平衡计算，推求具有填洼的不透水层的产流：

$$R_2=\begin{cases}S_{t_2}-S_{t_l}, & S_{t_2}>S_{t_l}\\0, & 0<S_{t_2}<S_{t_l}\\0, & S_{t_2}<0\end{cases} \tag{6.1.7}$$

其中：
$$S_{t_2}=S_{t_1}+P_E$$
且：

$$S_{t_2}=\begin{cases}S_{t_l}, & S_{t_2}>S_{t_l}\\0, & S_{t_2}<0\end{cases} \tag{6.1.8}$$

式中：R_2 为具有填洼的不透水层径流深，mm；S_{t_l} 为洼地最大拦蓄量，mm；S_{t_1}、S_{t_2} 分别为时段初、末洼地拦蓄量，mm。

③不具有填洼的不透水层产流模拟

$$R_3=\begin{cases}P_E, & P_E\geqslant 0\\ 0, & P_E<0\end{cases} \tag{6.1.9}$$

式中：R_3 为不具有填洼的不透水层径流深，mm。

城镇建设用地的总径流深为各种下垫面径流深的加权平均，即：

$$R=A_1\cdot R_1+A_2\cdot R_2+A_3\cdot R_3 \tag{6.1.10}$$

式中：R 为城镇建设用地的总径流深，mm。

（4）旱地产流模拟

平原地区地势非常平坦，河流水位差很小。流域浅层地下水位埋深很浅，地下水位变化主要受降雨及蒸发影响，反应快。这些特点决定了平原区土壤水分运动主要是在非饱和带垂直方向运动，由土壤含水量的水平梯度而引起的非饱和土壤水平方向的水分运动（扩散）是极其微弱的，因而可以忽略不计。土壤水的水平方向流动主要依靠地下水的流动，根据达西定律，地下水流动必须有水头差。但平原区流域地下水位差不大，在一般情况下不可能有促使地下水大量流动的水位差。

对于稳定条件下的非饱和土壤水运动，非饱和均质土壤中水分运动的基本方程式为：

$$-\left(D(\theta)\frac{\mathrm{d}\theta}{\mathrm{d}y}+K(\theta)\right)=q \tag{6.1.11}$$

$$y=0,\theta=\theta_s \tag{6.1.12}$$

式中：y 为垂直坐标，$y=0$ 为地下水位；θ 为土壤含水量；θ_s 为饱和含水量；$D(\theta)$ 和 $K(\theta)$ 分别为饱和土壤的扩散率和导水率，随土质而异且是含水量 θ 的函数；q 为非饱和土壤水分运动通量。

联立求解式(6.1.11)、式(6.1.12)可得：

$$Z=\int_{\theta}^{\theta s}\frac{D(\theta)}{K(\theta)+q}\mathrm{d}\theta \tag{6.1.13}$$

式中：Z 为地下水位埋深。通过上式可以计算得到 q,y,θ 之间的关系，如图 6.1-3、图 6.1-4 所示。

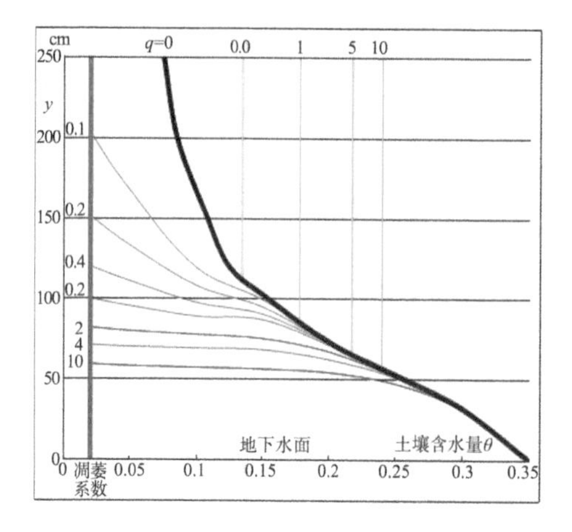

图 6.1-3 某种土壤的稳态 q, y, θ 之间的关系

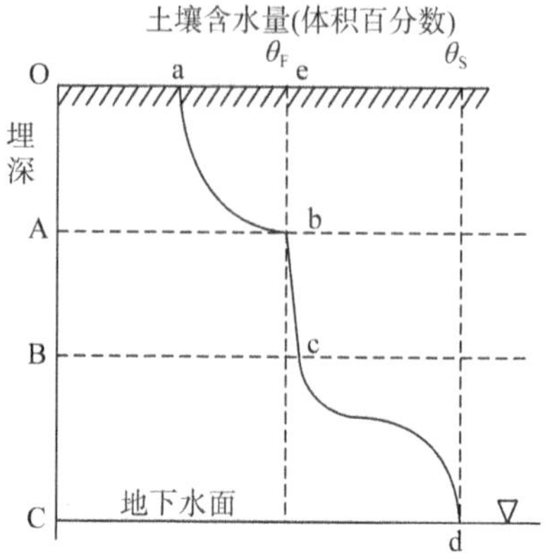

图 6.1-4 土壤含水量垂直分布概化

图中水分运动通量 $q=0$（粗黑线）为土壤田间持水率，当土壤含水量比它小时，即在曲线左边时，土壤中水分通过毛细管作用向上运动；当土壤含水量比它大时，土壤中水分通过重力作用向下运动。从图可见，土壤田间持水率不仅取决于土壤的种类（土壤的物理特性），而且与地下水位埋深有关。紧靠地下水上面的土层，其含水率变化不大，对于各种水分通量（大小及方向）均可自由畅通，这一区段称为毛细管作用区。

（1）土层划分

土壤含水量及地下水位对降雨渗漏及土壤蒸腾起着决定性作用，笔者将太湖流域旱地土壤含水量概化为四层，如图 6.1-4 所示。

OA 称为土壤含水量强烈变化带；AB 称为土壤含水量稳定带（即土壤含水量为田间持水量）；BC 称为毛细管上升水带；C 以下为饱和带，C 处为地下水埋深。当地下水位上升时，毛细管上升水带跟着上升，AB 区域跟着缩小。当地下水位上升到一定高度后，AB 区消失。如果地下水位再继续上升，毛细管上升水带侵入 OA 区，最终地下水位可能上升到地面，形成地面积水。当土壤含水量垂直分布处于图中 abcd 状态时，降水首先应满足土壤缺水需要，即填满 abe 范围内的所缺水量，使最上层 OA 土层含水量达到田间持水量，土壤含水量垂直分布呈 ebcd，多余的降雨直接在重力作用下补给地下水，引起地下水位的上升。无雨时，OA 层如果没有干的话，即土壤含水量大于凋萎含水量时，土壤表层仍按陆面蒸发能力蒸发。地下水位则由于潜水蒸发，通过毛细管上升水带、土壤含水量稳定带将地下水潜水蒸发量带到上层 OA。作用在上层 OA 带中有两部分水量，包括地表的陆面蒸发和底部的潜水蒸发补给，通过 OA 带的水量平衡，可以计算出这一带的土壤含水量的变化。当连续无雨时，陆面蒸发能力大于潜水蒸发补给，OA层土壤含水量逐渐消耗，消耗殆尽，陆面蒸发量等于潜水蒸发。

（2）产流机制

降雨变成地表径流，最直观的现象是地下水位上升到地面导致地面积水，形成地面上的径流现象。大部分产流现象出现在地下水位没有达到地面高程、降雨仍在下渗、地表看不到明显的径流现象，但在一些排水沟、洼地等处出现了径流现象。

地下水位低于地面，说明地下水位上层土壤没有饱和，对于非饱和土壤仍有能力接受下渗，并将下渗水量传输到地下水。在土壤非饱和情况下，水平方向的水量交换只能依靠扩散作用，扩散水量取决于土壤含水量梯度，与产流相比这部分水量是非常微小的。径流的主要补给只能是地下水的流出，但是平原河网地区地下水位与河网水位都很平坦，水位差不大，因此地下水与河网骨干河道的水量交换不大。地下水大量补给地表径流的原因可能是微地形的变化，从总体上来看平原河网地区地形非常平坦，但从微观来看，凹凸不平，如排水沟、低洼地等，无雨时没有水或水不流动，等到地下水位升高到比它高时，这些地形就成为地下水排出的动力。

基于以上分析，笔者的观点是平原区流域旱地产流是地下水位抬高和微地形高低不平的结果。

（3）模型的数学表达及参数

产流模型中有以下几方面参数或状态变量：

①上层最大缺水量WUM。如果不计凋萎含水量，那么上层最大缺水量为图6.1-4中矩形OAbe面积所对应的水量，为模型的一个非常重要的参数。

②地下水位埋深Z。$Z=G-Y$，G为地面高程，Y为地下水位。Z和Y均为模型的状态变量。G不是模型的参数，但它决定了地下水位Y的值，G如果取大了Δ，则地下水位亦大了Δ。有决定意义的是地下水位埋深，它是一个相对值，不取决于G的选择。因此，对于一个点而言，例如嘉兴测井，可取测井地面高程3.96 m作为G值。对于每个分区可取该分区的平均地面高程作为G值。

③微地形的数学描述。微地形是地下水位到达地表以前就形成了水平方向流动，产生了径流量的原因。在模型中用最小埋深Z_{MIN}来描述微地形影响，即地下水位埋深达到Z_{MIN}时，地下水位不允许再上涨，多余的水量作为产水量，地下水埋深维持在Z_{MIN}不变。显然这种处理方式过于简单，亦不符合实际情况，因为实测地下水位过程中会出现地下水位埋深为0（地面积水）的情况，而模型中地下水位埋深最小为Z_{MIN}。模型将Z_{MIN}作为一个槛，低于此槛不出流，高于此槛全部出流。实际上出流量与超过槛高的地下水位有关。但对于中下游平原

河网而言，调蓄能力很强，而简化情况与实际情况之间的主要差别不在量而在于过程。因此，这样的简化不会引起实质性的误差。

故 Z_{MIN} 是模型的另一个重要参数。

④潜水蒸发 E_g。关于潜水蒸发的经验公式很多，因此模型的参数取决于所采用的经验公式，建议不要采用参数多的经验公式。从降雨补给量或潜水蒸发量转化为地下水位的变化，需要用到土壤给水度 μ，给水度 μ 的物理意义是单位地下水位的变化所释放的水量或补充的水量，即：

$$E=\mu\Delta y \tag{6.1.14}$$

式中：μ 为给水度，无量纲；Δy 为地下水位变化，m；当 $\Delta y>0$（地下水位上升）时，E 为地下水入渗补给量，mm；$\Delta y<0$（地下水位下降）时，E 为地下水潜水蒸发量，mm。

μ 亦是模型的一个重要参数。

综上，模型一共有以下几类参数：

反映微地形的参数——地下水最小埋深 Z_{MIN}；

反映土壤特性的参数——给水度 μ 和潜水蒸发公式的经验系数 E_{MAX} 和 n 或 a；

反映土壤垂向分布的参数——上层土壤最大缺水量 WUM。

参数一共只有四个或五个，且物理概念清楚。

设时段初上层土壤含水量为 W_1，地下水位为 Y_1；时段内降雨量为 P，实测蒸发量（蒸发皿）为 E，则有：

$$E_0=k_1\cdot E \tag{6.1.15}$$

式中：E_0 为水面蒸发量，mm；k_1 为蒸发皿系数。

$$E_m=k_2\cdot E_0 \tag{6.1.16}$$

式中：E_m 为陆面蒸发强度，mm；k_2 为植被作物对陆面蒸发的系数，随季节变化。土壤上层水量平衡为：

$$W_2=W_1+P-E_1+E_g \tag{6.1.17}$$

式中：W_2 为上层时段末土壤含水量；E_1 为地表蒸腾量；E_g 为潜水蒸发补给量。

当 $W_2>0$ 时，$E_1=E_m$；

当 $W_2<0$ 时，$E_1=W_1+P+E_g$，取 $W_2=0$。

当 $W_2>\text{WUM}$ 时，$P_g=W_1+P-E_1-\text{WUM}$，取 $W_2=\text{WUM}$；

当 W_2＜WUM 时，$P_g=0$。
式中：P_g 不是产水量，而是地下水补给量。产水量取决于地下水位是否达到最小埋深 Z_{MIN}。地下水位的变化取决于地下水补给或潜水蒸发量。

当 $P_g>0$ 时，

地下水位抬升值为：

$$\Delta h = P_g/\mu \tag{6.1.18}$$

时段末地下水位为：

$$Y_2 = Y_1 + \Delta h \tag{6.1.19}$$

地下水位埋深：

$$Z = G - Y_2 \text{ 或 } Z_2 = Z_1 - \Delta h \tag{6.1.20}$$

式中：G 为地表高程，Z_1、Z_2 为时段初、末地下水埋深。当 $Y_2>G-Z_{MIN}$，或 Z_2 即地下水位埋深小于 Z_{MIN} 时，控制地下水位埋深在 Z_{MIN}，多余的水量作为地表径流 R，即：

$$R = \mu(Z_{MIN} - Z) \tag{6.1.21}$$

当 Z_2 大于 Z_{MIN}，不产生地表径流，$R=0$。

当 $P-E_M<0$ 时，发生潜水蒸发，按潜水蒸发经验公式计算潜水蒸腾量 E_g[53]：

$$E_g = rE_0(1-Z/Z_{MAX})^n \text{或} E_g = rE_0 e^{aZ}$$

式中：r 为植被作物对潜水蒸发的修正系数，它与陆面蒸发植物修正系数 k_2 之间有一定关系，为简单起见 r 可直接用 k_2 代替，即 $rE_0=E_m$。因此上面二式变为：

$$E_g = E_m(1-Z/Z_{MAX})^n \text{ 或 } E_g = E_m e^{aZ}$$

由于潜水蒸发引起地下水位降低。

地下水位降低值为：

$$\Delta h = E_g/\mu \tag{6.1.22}$$

时段末地下水位为：

$$Y_2 = Y_1 - \Delta h \text{ 或 } Z_2 = Z_1 + \Delta h \tag{6.1.23}$$

模型的状态变量为上层的土壤含水量 W_2 及地下水位 Y_2 或地下水位埋深 Z_2。

该模型将产流过程与地下水水位建立了关联，从另一个侧面解决了平原区产汇流模型的率定验证问题。关于旱地产流模型的详细介绍与论证参见文献[53]。

上述四种下垫面的产流过程计算得到结果后，根据各种下垫面面积比例，最后计算出坡面区域总的产流过程。四种下垫面产流过程目前还存在着与地下水关联方面不一致性的问题以及在整个分区的应用问题，还需今后进一步深入研究。

6.1.2 平原区坡面汇流的分布式模型

平原区坡面产流过程模拟后，还需解决两个方面的问题：一是在空间上如何分配其汇到河网中的问题，二是其在时间上的汇流过程的问题。空间分配好了，实际上是解决了分布式的问题。下面首先研究空间分配的问题，然后在此基础上解决汇流过程问题。

如图 6.1-5 所示为整个平原区流域由河道所剖分的坡面区域，这些坡面区域中的汇流分配问题是本书所要研究的，在图 6.1-6 所示由 5 条河道包围的坡面区域中，要解决该区域中产流过程如何分配到相应的河道中的问题，具体讲就是需要确认图 6.1-6 栅格单元是汇到哪一条河道中，因此需要建立平原区数字流域水系分配模型，用于解决平原区坡面区域产汇流的分配问题。平原区的数字流域水系分配模型与适用于山丘区的数字流域水系生成模型不同，山丘区的数字流域水系生成模型中一个流域中的所有栅格单元是从上游最终汇向一个出口点（断面），而平原区内由河网包围的河网多边形坡面区域的栅格单元是向四周河网汇入的，不是最终归结汇入一个点。平原区数字流域水系分配模型一样可以采用前面介绍的最短流程法来构建。关于详细的平原区的数字流域水系分配模型可以作为一个专题研究。

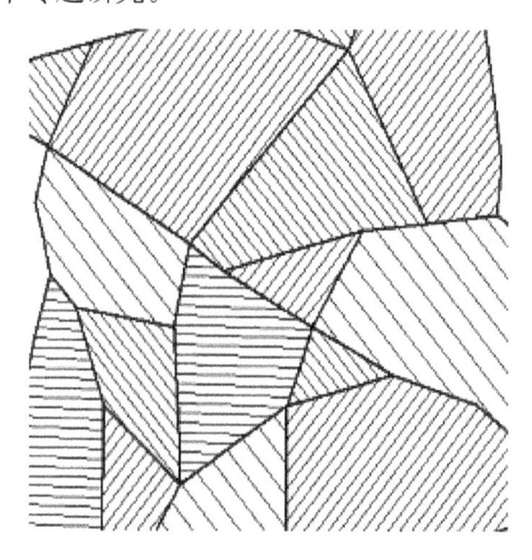

图 6.1-5 平原区坡面区域剖分示意图

通过平原区域的数字流域水系分配模型可以得到图6.1-7所示的汇流区域，也即得到每一个栅格单元所汇入的河道断面单元。

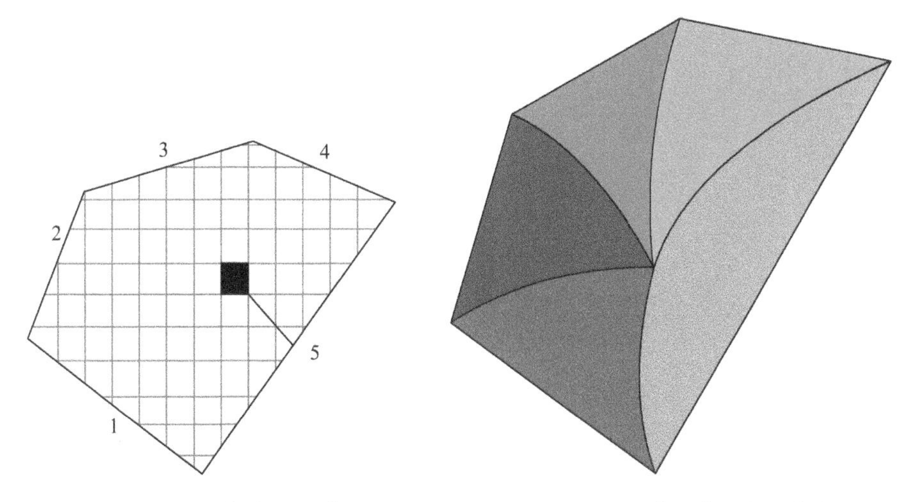

图6.1-6 河网多边形区域图　　图6.1-7 河道汇水面积示意图

此外，由水面、旱地、城镇建设用地及水田地理信息图层，通过GIS的空间叠加运算，可以得到每个栅格单元中四种下垫面的面积比，据此可以计算出每一个河道河段汇入四种下垫面的各自产汇流过程。

坡面汇流过程的计算，可以采用线性水库法、单位线法等多种方法，由于模型参数难以验证，因此笔者认为采用基于数字高程模型的地貌单位线进行汇流计算更合适。

6.2 平原区水文模型构建案例与操作

以下案例在麒麟湖河网水动力模型的基础上，继续增加平原区的水文模型，进行坡面产流的模拟，并与水动力模型耦合。

6.2.1 资料处理引入、模型创建

(1) 资料处理引入(图6.2-1～图6.2-6)

右击“麒麟湖水动力模型”专题，选择派生新专题“麒麟湖水文水动力模型”，并设为当前运行专题。切换至流域概化界面，选择从文本文件引入地理数据，点击“平原区预报”数据。

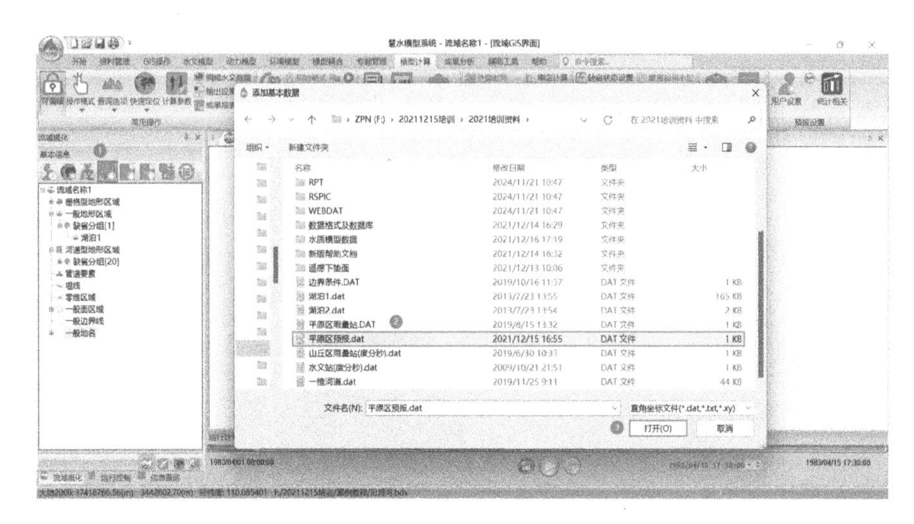

图 6.2-1 引入地理数据

右击“一般面区域”，选择从该数据子项派生模型要素，模型及地理要素类型选择“平原区预报模型”，创建图层“平原区水文模型”和“平原区土地利用”两个图层，选中“平原区水文模型”图层，点击设置。

图 6.2-2 设置模型类型

引入“雨量站”，选择从文本文件引入“平原区雨量站. DAT”，右击派生模型要素，数据类型选择“雨量站”，新增“雨量站”图层并选择。右击“水文站网”，选择编辑水文站网信息，点击“流域蒸发”，设置。

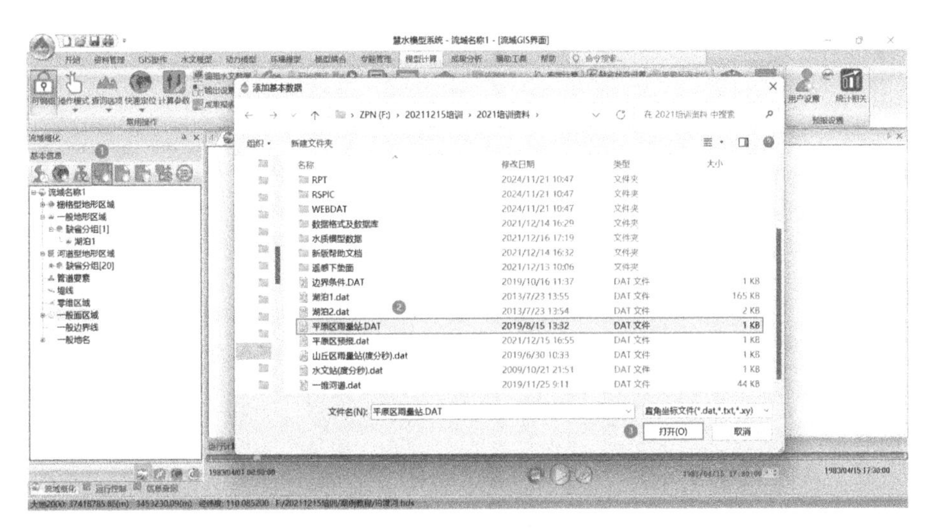

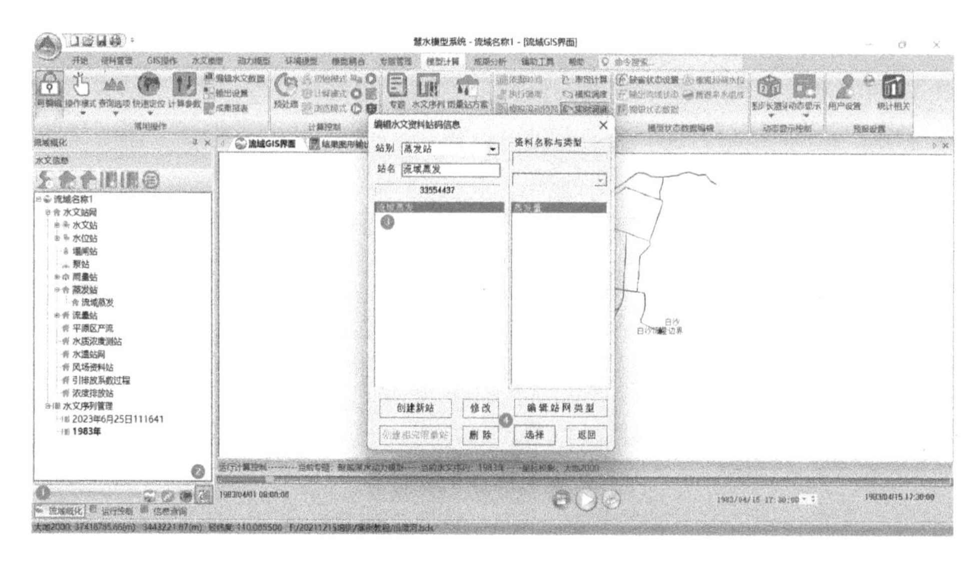

图 6.2-3　引入雨量站、蒸发站

引入数据，连接数据库，点击“直连参数”，点击“测试”，显示连接成功，点击“确定”，点击“连接”。点击“连库设置”，点击“连接信息”，配置信息与山丘区一致，检查完后进行站码匹配。选择对应站网，点击“自动匹配所有站码”。

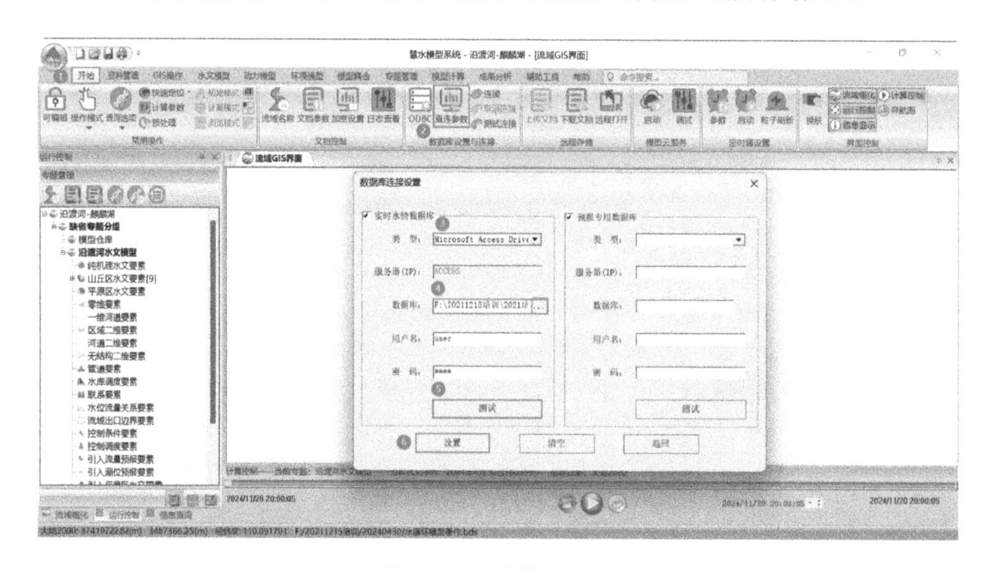

图 6.2-4　连接数据库

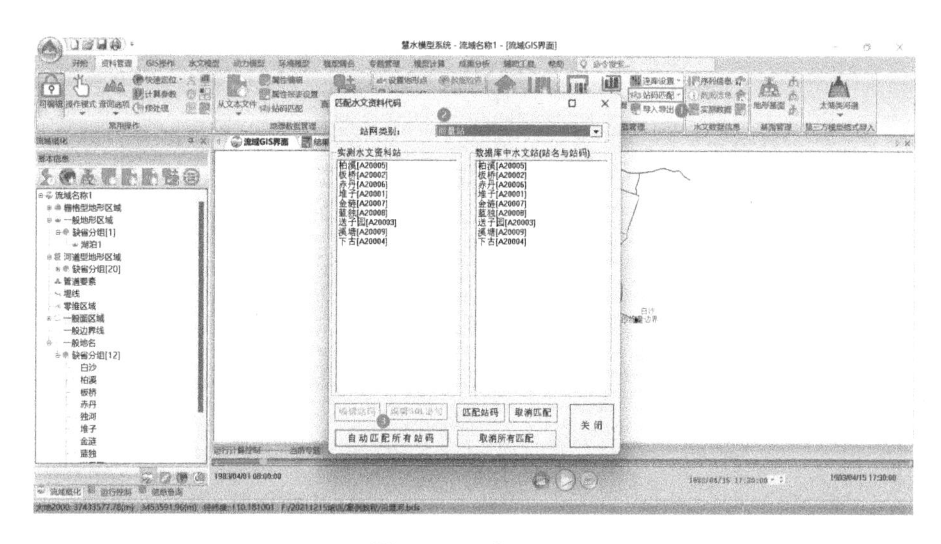

图 6.2-5　站码匹配

右击“编辑数据”,选择“从数据库中引入”。

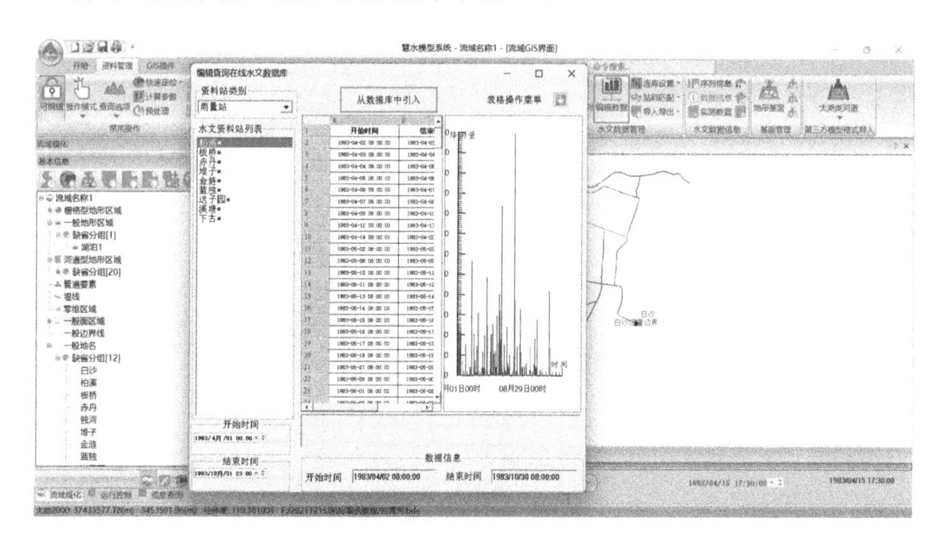

图 6.2-6　引入水文序列

(2) 模型创建(图 6.2-7～图 6.2-16)

设置雨量站权重,打开“水文模型”中的“边界设置”,点击“增加流域边界”,选中“平原区预报模型 1”,点击设置。

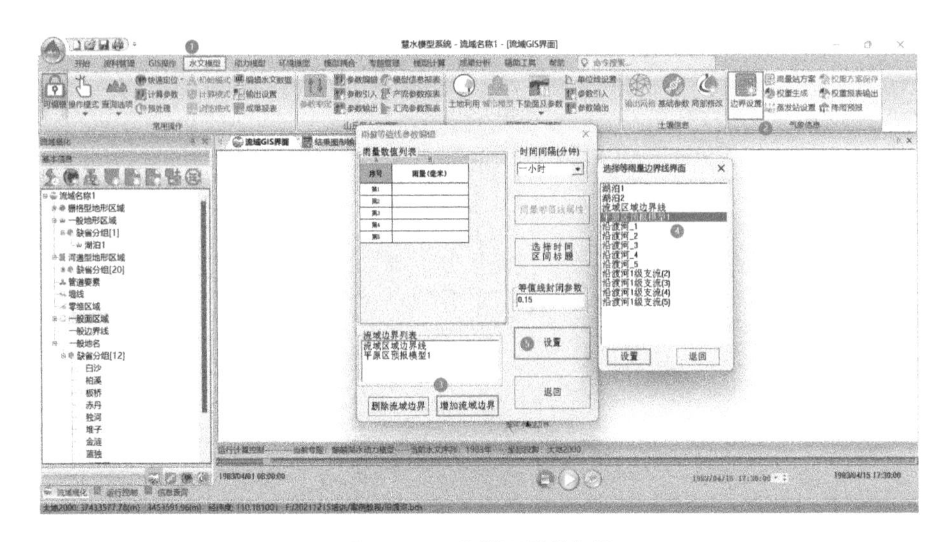

图 6.2-7　设置雨量站权重

出现泰森多边形，点击“权重生成”，选择需要生成的计算分区，点击“设置”。

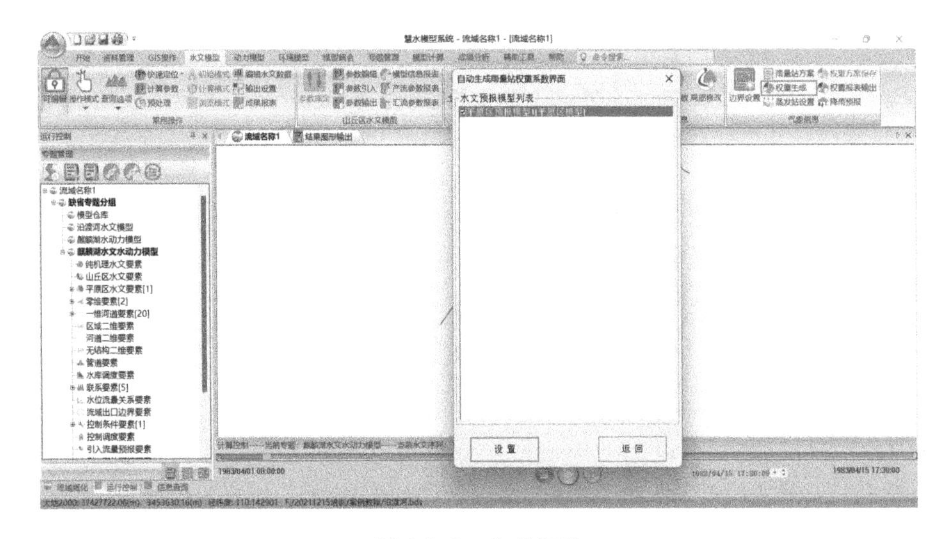

图 6.2-8　生成权重

打开左侧主控制窗口中“专题管理”，打开“平原区预报模型 1”，雨量站权重系数已经生成，选择对应分区的蒸发站，设置下垫面信息，每个参数值设置为“45.00”。

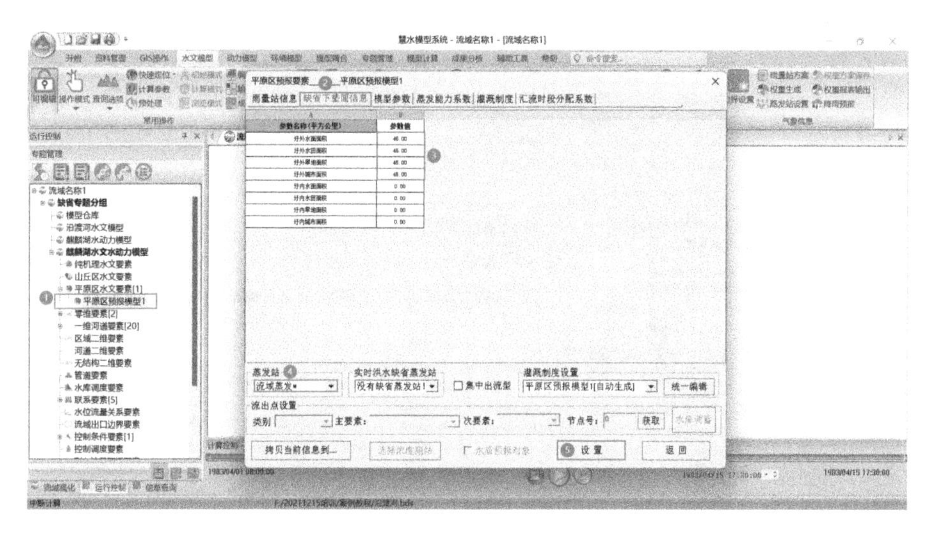

图 6.2-9　设置缺省下垫面信息

输入水田的灌溉制度，这个制度需要调研或者根据资料收集编制，本次使用已收集的数据，点击“设置”。

平原区预报要素______平原区预报模型1

雨量站信息 | 缺省下垫面信息 | 模型参数 | 蒸发能力系数 | 灌溉制度 | 汇流时段分配系数

序号	月	日	田间耐淹深(mm)	田间适宜水深上限(mm)	田间适宜水深下限(mm)	需水系数	日渗漏量(毫米/天)	水田时期类别	模型类别
起始时间	5	16							
第1	5	25	40.00	10.00	5.00	1.00	2.00	秧田期	水田模型
第2	6	13	30.00	20.00	10.00	1.00	2.00	秧田期	水田模型
第3	6	23	40.00	10.00	5.00	1.00	2.00	本田期	水田模型
第4	6	30	50.00	30.00	20.00	1.35	2.00	本田期	水田模型
第5	7	4	50.00	30.00	20.00	1.30	2.00	本田期	水田模型
第6	7	9	0.00	0.00	0.00	1.30	0.00	本田期	旱地模型
第7	7	19	50.00	30.00	20.00	1.30	2.00	本田期	水田模型
第8	7	23	50.00	30.00	20.00	1.30	2.00	本田期	水田模型
第9	8	4	10.00	0.00	0.00	1.30	0.00	本田期	水田模型
第10	8	18	50.00	40.00	30.00	1.40	2.00	本田期	水田模型
第11	8	23	0.00	0.00	0.00	1.30	0.00	本田期	旱地模型
第12	9	3	50.00	40.00	30.00	1.30	2.00	本田期	水田模型
第13	9	16	50.00	30.00	20.00	1.30	2.00	本田期	水田模型
第14	10	15	20.00	10.00	0.00	1.30	0.70	本田期	水田模型
第15	10	20	0.00	0.00	0.00	1.05	0.00	本田期	旱地模型
第16									
第17									
第18									

蒸发站：流域蒸发*　实时洪水缺省蒸发站：没有缺省蒸发站!　☐ 集中出流型　灌溉制度设置：平原区预报模型1[自动生成]　统一编辑

流出点设置：类别　主要素：　次要素：　节点号：0　获取　水库调蓄

拷贝当前信息到...　选择浓度测站　☐ 水质预报对象　设 置　返 回

图 6.2-10　设置灌溉制度

左侧主界面菜单选择流域概化中的基本信息界面，在平原区预报模型上派生模型要素，模型及地理要素类型为“流域土地利用”，图层为“平原区土地利用”，设置。

图 6.2-11　设置基本信息

灰色的就是派生的土地利用图层。右键选择“R 重新设置网格参数”，X、Y 方向网格的平均间距均输入“100”，勾选“完全采用输入网格间距”，设置。

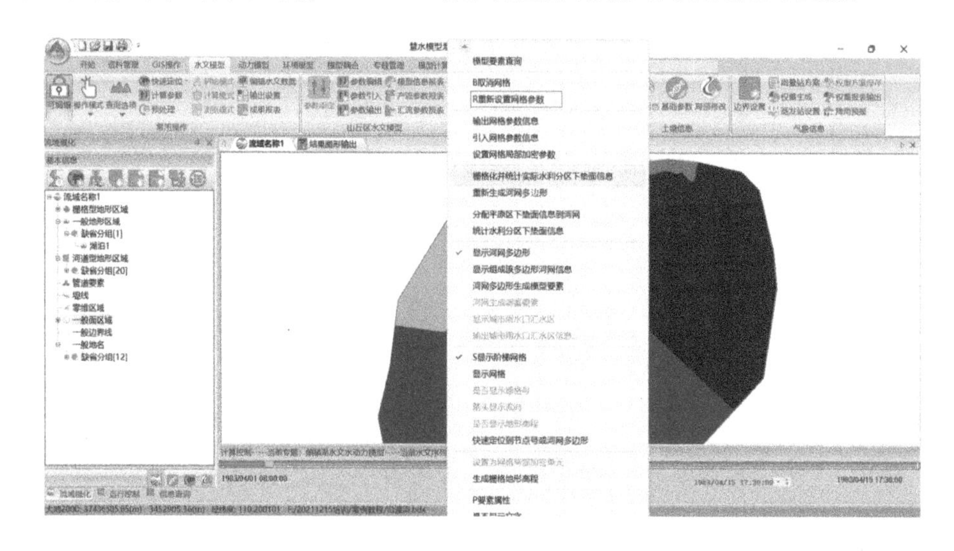

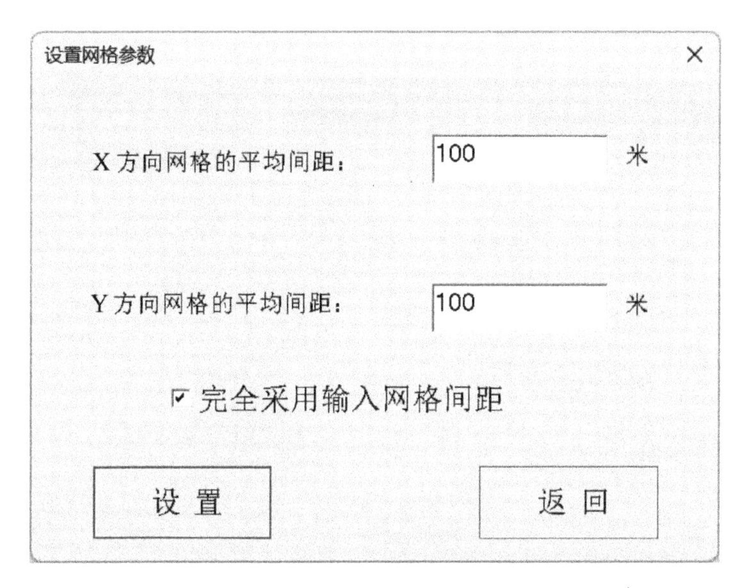

图 6.2-12　设置网格参数

进行下垫面信息的详细配置工作，选择模型耦合中的“编辑平原区土地利用”，勾选“土地利用要素”，选择“平原区预报模型 1”，右下勾选“零维二维缺省为水域”，点击“水文模型计算分区”，代表水位站点选择“湖泊河 1”，河道断面号为“4”，枯水水位上限设为“4” m，圩内水面最大调蓄深度设为“400”mm，点击“增加”。

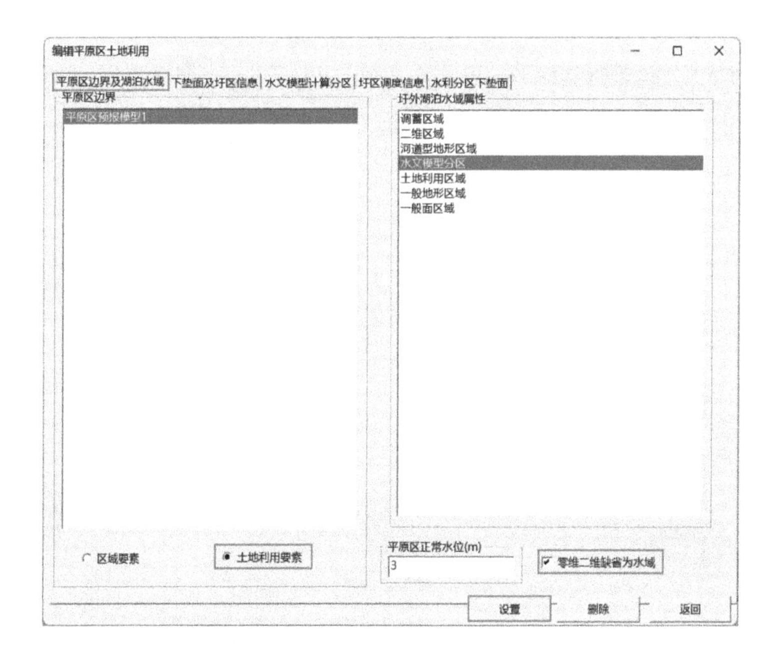

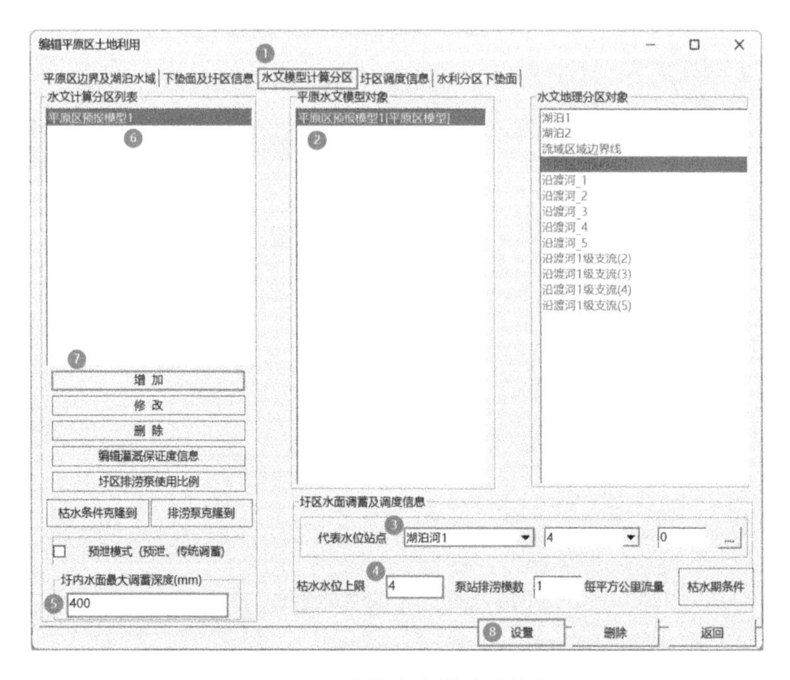

图 6.2-13　设置水文模型计算分区

点击“水利分区下垫面”，属性列表设为“土地利用区域”，选择“平原区预报模型 1”，点击“增加”，圩外面积简化处理，先设为“45.000”。

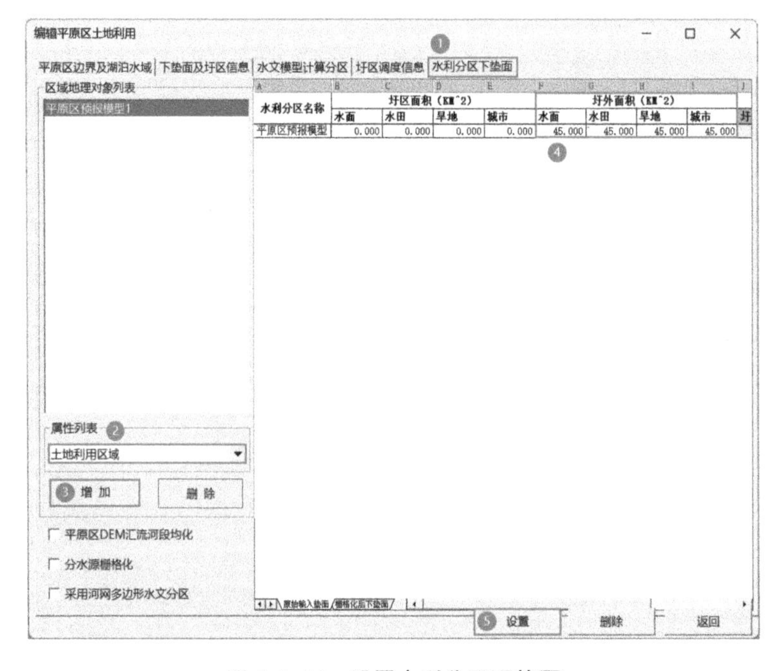

图 6.2-14　设置水利分区下垫面

分配河网多边形，右击 GIS 界面土地利用图层，点击“重新生成河网多边形”。

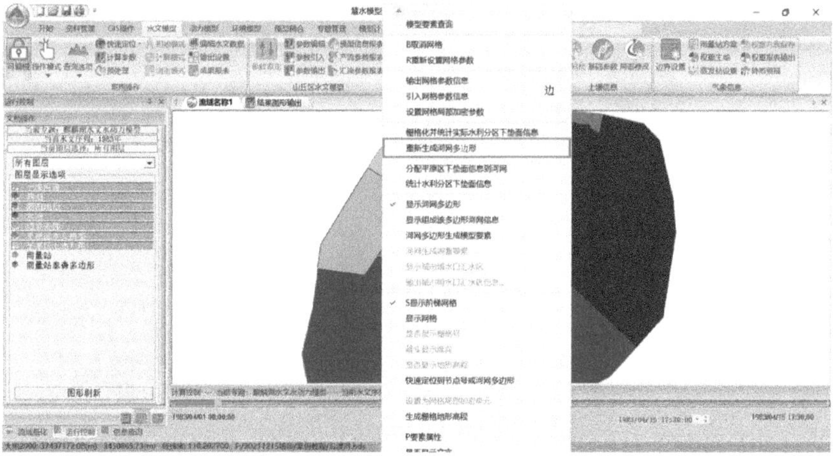

图 6.2-15　重新生成河网多边形

关闭网格，检查河网多边形之间是否重叠。对下垫面信息进行分配，点击“模型耦合”中的“平原区”，水文水动力模型耦合完成。

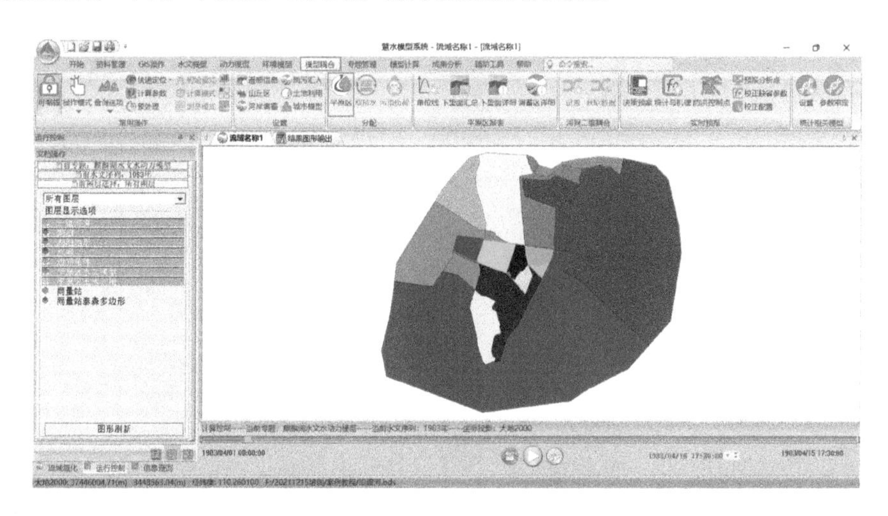

图 6.2-16　耦合水文水动力模型

6.2.2　水文资料处理、模型计算及输出

(1) 水文资料处理(图 6.2-17～图 6.2-20)

对于遥感资料的处理，找到遥感资料并复制到模型文件的 RASTER 文件内。

图 6.2-17 复制遥感资料

打开“编辑平原区土地利用”，点击“下垫面及圩区信息”，点击“引入遥感解译成果”。

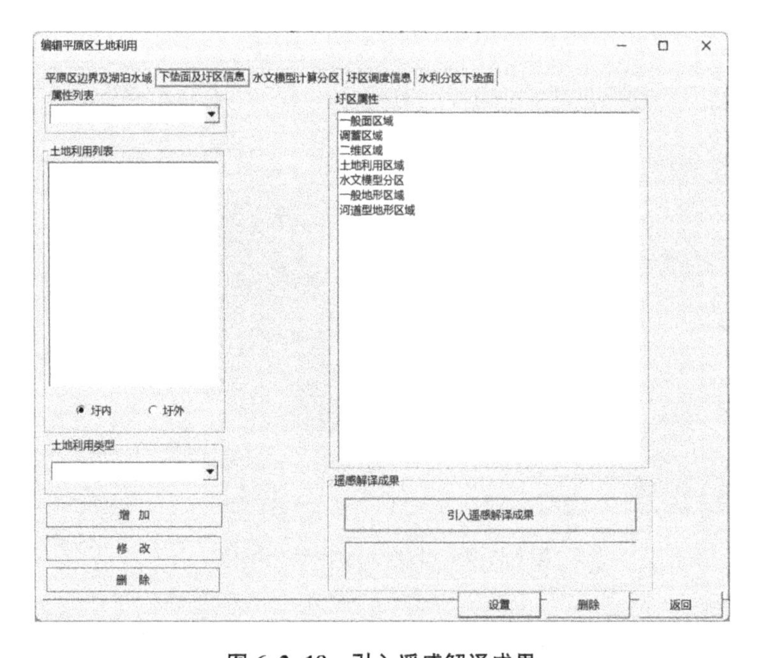

图 6.2-18 引入遥感解译成果

选择.tif 格式文件，根据类型 ID 选择下垫面类型，依次为“旱地”“水田”“水面”“中等城市”，点击保存。

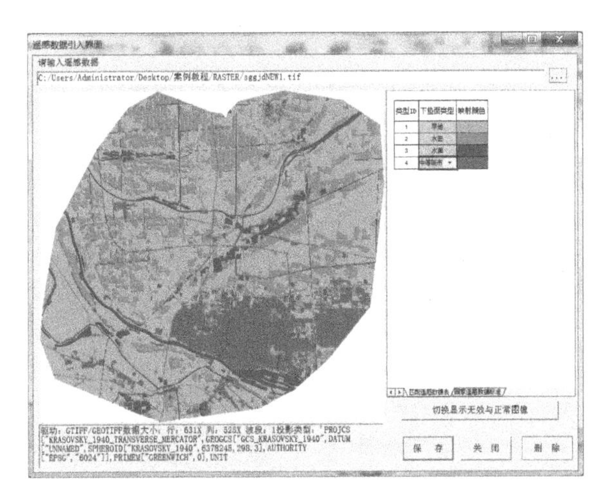

图 6.2-19　设置下垫面类型

(2) 计算及输出

选择“预处理”,设置初始模式的初始条件,流域起调水位为“3.5” m,闸坝初始开启度为“1”,流域土壤状态为“一般”,点击“设置”,左下角水位趋于平稳,中断,打开计算模式,再点击开始计算。

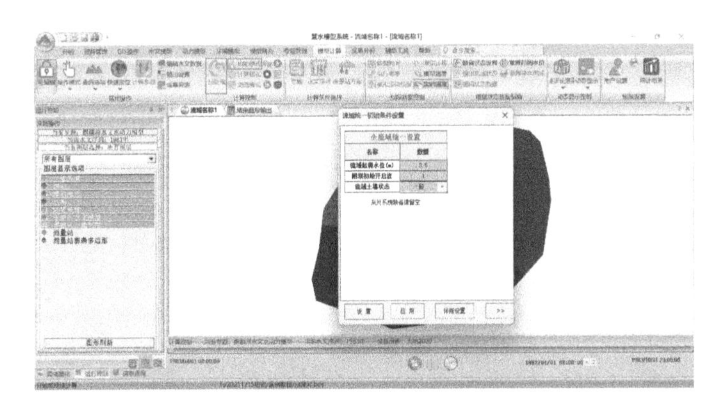

图 6.2-20　设置初始条件

模型计算结束后,我们可以查看平原区水文水动力产汇流计算结果。

6.2.3　结果分析

对于平原水文水动力模型而言,在湖泊 1 无闸情况下,湖泊水位与时间变化关系结果如图 6.2-21 所示,湖泊 1 与湖泊 2 的变化趋势基本一致,都在 1983 年 5 月 1 日至 5 月 25 日间发生突变,1983 年 5 月 10 日存在最大值,湖泊 1 的水位最大值为 6.248 m,湖泊 2 的水位最大值为 6.102 m。整体而言,湖泊 1、2 的波动范围较小,对比未耦合水文模型的情况波动范围小很多。前者的平均水位为 3.622 m,后者为 3.610 m。

在湖泊 1 有闸情况下,湖泊水位与时间变化关系结果如图 6.2-22 所示,湖泊 1 的水位受水闸限制,1983 年 5 月 1 日至 5 月 25 日间保持较稳定状态,而湖泊 2 存在突变,水位最大值为 6.132 m。前者的平均水位为 3.551 m,后者为 3.611 m。整体较无闸时,水位值偏小。

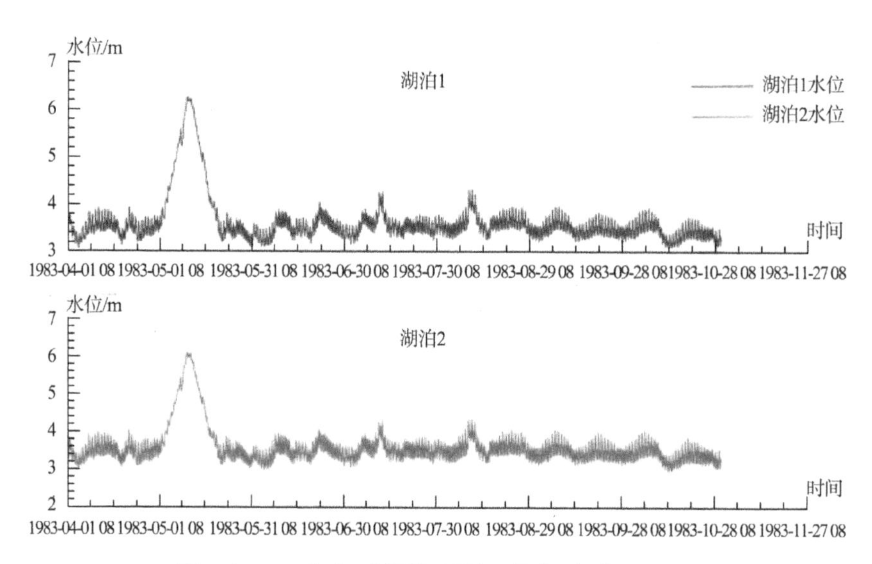

图 6.2-21 水位-时间关系图(无耦合,湖泊 1 无闸)

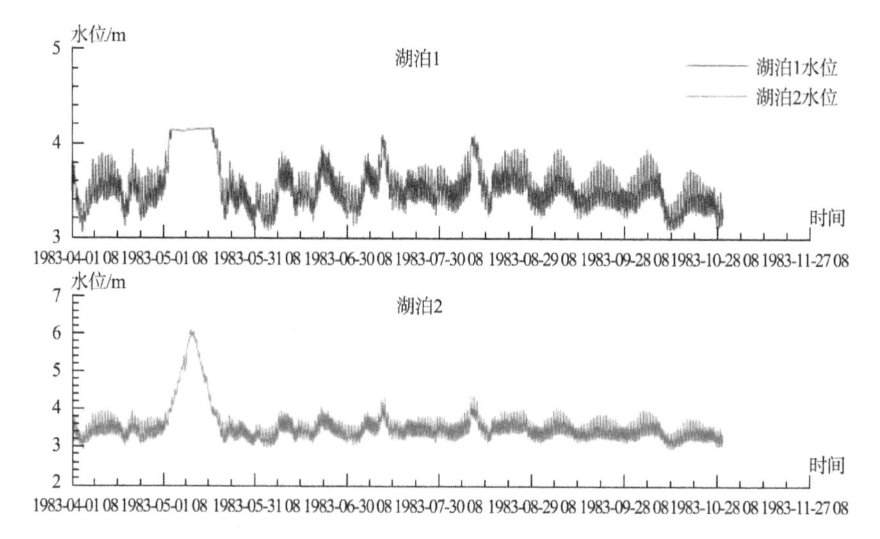

图 6.2-22 水位-时间关系图(无耦合,湖泊 1 有闸)

第 7 章

城市管网模型原理与实践

7.1　城市产汇流模拟原理

7.1.1　城市雨水篦子汇水单元

城市内涝模拟主要经过降雨产流、地表汇流、雨水进入管网系统以及涝水因管网系统满流溢出地表四个阶段。由于房屋等建筑以及街道对城市洪水具有一定的阻隔与导向作用，城市内涝主要呈现分散化、斑块化以及局域化的特点，因此以雨水篦子为核心，结合研究区域地形高程进行城市特征水文单元汇水区划分。每个城市特征水文单元包括区域产汇流单元、调蓄单元、雨水篦子以及管道断面，如图7.1-1所示。对于每个城市特征水文单元，产流阶段按照水面、透水区、街道和广场以及房屋等建筑物四种不同下垫面类型进行产流计算；汇流阶段采用单位线法计算城市水文单元内的汇流过程，雨水经过坡面汇流过程后进入调蓄单元，进而通过雨水篦子进入管道断面；如果由于雨水篦子过流能力不足而导致排水不畅或者由于管道过流能力不足引起雨水井蓄满，最终导致雨水篦子产生回水顶托作用，则结合调蓄单元水量以及地形高程信息推求该城市特征水文单元的淹没水深与淹没范围。

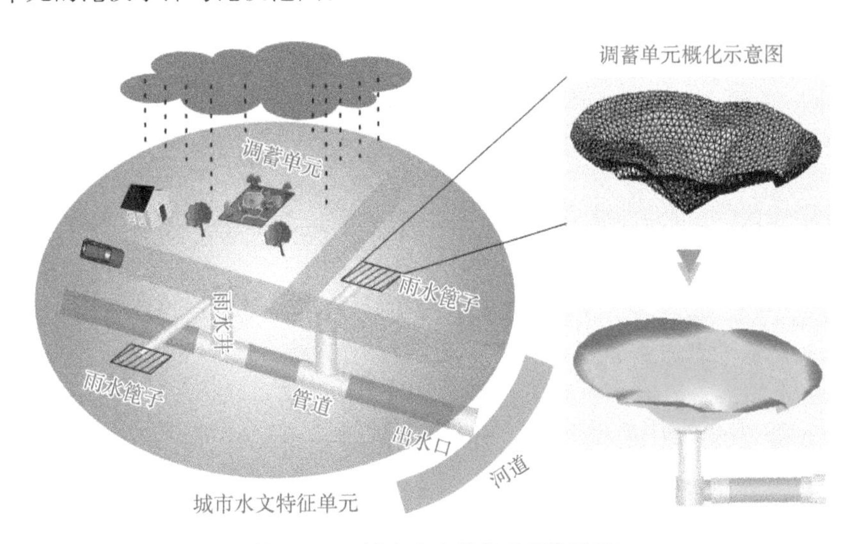

图7.1-1　城市水文特征单元概化图

在短历时的强降雨情况下，汇水区产汇流超过了雨水篦子的下排能力或者超过了城市管网的过流能力，则会在该雨水篦子对应的汇水区地势低洼处形成积水。在长历时的连续性降雨情况下，河湖调蓄容量逐渐达到饱和，排涝能力逐渐下降，河湖水位不能及时降低，管道出口甚至淹没于河湖水位之下，河湖水位对管网出水口形成强烈的顶托作用，导致城区强排能力大幅度降低，此时管道容易发生满溢，溢出雨水篦子的涝水在对应汇水区地势低洼地区形成积水。对于溢出的水量，可以认为其汇入了调蓄单元，并根据调蓄单元的水位容积曲线推求不同容积水深下对应的城市淹没水深。对于城区存在的河道、池塘、湖泊等天然水体调蓄要素，可以通过将其等效为城市特征水文单元的初始地表积水，并且水体调蓄要素只参与产流计算，不参与雨水篦子以及管网之间的耦合。在计算地势低洼处的积水淹没情况时，采用填洼处理，如图 7.1-2 所示。

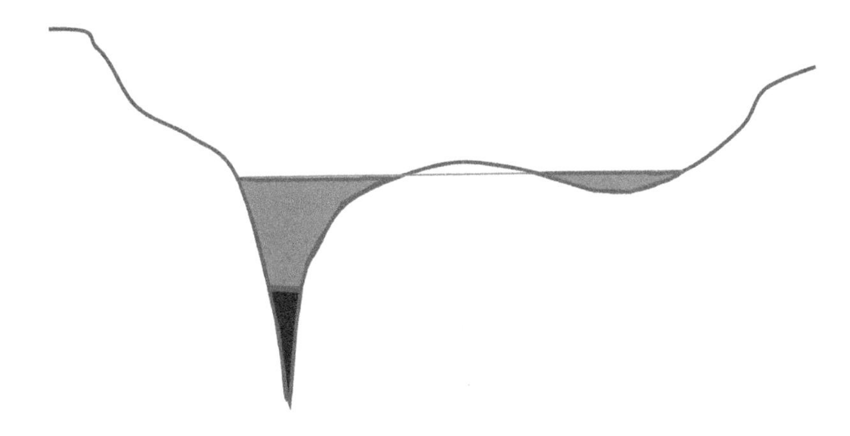

图 7.1-2 调蓄单元填洼示意图

7.1.2 城市产流模拟原理

在平原区的产汇流模拟中，将下垫面分成水面、水田、旱地与城镇建设用地 4 类(平原区产汇流模拟)，由于城区水田面积比例很小，因此不予考虑。城市产汇流模拟中把下垫面分为水面、透水区、街道与广场以及房屋等建筑物 4 类，各下垫面的产流计算方法如图 7.1-3 所示。

(1) 水面产流模拟

某一时段内水面的产流深为该时段内的降雨量与蒸发量之差，即有效降雨量：

$$R_w = P_E \tag{7.1.1}$$

式中：R_w 为该时段内水面的产流深；P_E 为该时段内的有效降雨量，$P_E = P - K \cdot E$，E 为该时段内的蒸发量，K 为蒸散发折算系数。

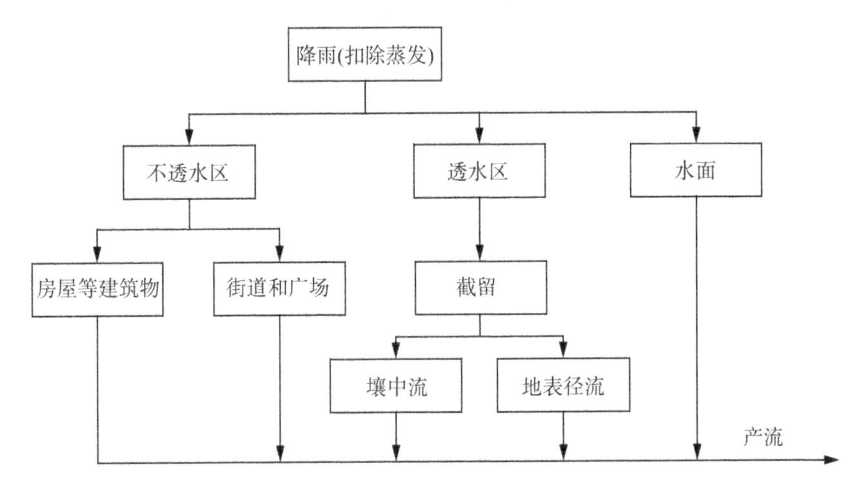

图 7.1-3　城市水文特征单元产流计算方法

(2) 透水区产流模拟

透水区主要指草地、林地、裸土等具有植物截留、调蓄以及下渗功能的天然下垫面或者城市透水铺装、下凹式绿地以及生物滞留设施等具有调蓄并且能帮助地表雨水快速下渗的海绵城市低影响开发(Low Impact Development, LID)设施区域。透水区产流深计算分为两个阶段。

第一阶段是植物截留阶段，根据植物截留量进行水量平衡计算，得到当前时段内扣除植物截留量的有效降雨量：

$$P_p = \begin{cases} I_2 - I_{\mathrm{Max}}, & I_2 > I_{\mathrm{Max}} \\ 0, & 0 < I_2 < I_{\mathrm{Max}} \\ 0, & I_2 < 0 \end{cases} \tag{7.1.2}$$

式中：P_p 为该时段内扣除植物截留量后的有效降雨量；I_2 为时段末的植物截留量，$I_2 = I_1 + P_E$，其中 I_1 为时段初的植物截留量，P_E 为该时段内的有效降雨量；I_{Max} 为透水区的植物最大截留量。

第二阶段采用三层蒸散发三水源划分新安江蓄满产流模型，结合公式(7.1.2)计算所得的有效降雨量，进行透水区产流计算，某一时段内透水区的产流深为：

$$R_p = R_{Sp} + R_{Ip} + R_{Gp} \tag{7.1.3}$$

式中：R_p 为该时段内透水区的产流深；R_{Sp} 为通过新安江模型计算所得该时段内透水区的地表径流；R_{Ip} 为通过新安江模型计算所得该时段内透水区的壤中流；R_{Gp} 为通过新安江模型计算所得该时段内透水区的地下径流。

壤中流是径流的重要组成部分，对流域径流调节、水源涵养、泥沙迁移、养分流失以及流域水文循环计算都具有非常重要的作用，同时也是工程建设和山地灾害预防中必须考虑的重要因素之一，因此在透水区模拟中不可忽略壤中流计算。由于城市内涝模拟重点关注研究区域内地表的淹没水深与淹没范围，而地下径流对城市地表的内涝情况影响甚微，因此在计算透水区产流深时可以忽略地下径流，某一时段内透水区的产流深可由式(7.1.4)计算：

$$R_p = R_{Sp} + R_{Ip} \tag{7.1.4}$$

(3) 街道和广场以及房屋等建筑物产流模拟

街道和广场以及房屋等建筑物两种下垫面的产流模拟，可将两种下垫面均视为不透水层进行产流深计算：

$$R_b = R_r = \begin{cases} P_E - d, & P_E > d \\ 0, & P_E \leqslant d \end{cases} \tag{7.1.5}$$

式中：R_b 为该时段内房屋等建筑物的产流深；R_r 为该时段内街道与广场的产流深；P_E 为该时段内的有效降雨量；d 为该时段内的洼蓄量。

(4) 网格产流计算

一般情况下，为了满足数值计算需要，对研究区域进行网格划分，每个网格的产流深为：

$$R_{\text{grid}} = \frac{(A_w R_w + A_p R_{Sp} + A_b R_b + A_r R_r)}{A_{\text{grid}}} \tag{7.1.6}$$

式中：R_{grid} 为网格的产流深；A_w 为网格内水面面积；A_p 为网格内透水区面积；A_b 为网格内房屋等建筑物面积；A_r 为网格内街道和广场面积；A_{grid} 为网格面积。

7.1.3 城市地表汇流模拟原理

城市化导致大面积的草地、林地、耕地等天然下垫面转化为房屋等建筑物以及道路等不透水下垫面，再加上城市热岛效应以及各种人类活动对城市的蒸散发过程有着不同程度的影响，城市的汇流过程变得十分复杂。研究表明，对于坡面汇流过程的模拟，分布式单位线法比传统推理法更能够较全面地考虑地形以及下垫面空间特征对流域汇流的影响，在精度接近的情况下，单位线法的计算比非线性水库法更加简便，太湖流域模型中采用动态分布式坡面汇流单位线法进行城市汇流模拟。

(1) 汇流路径计算

城市汇流去向主要分为三类:第一类为从产流网格流向雨水篦子,根据每个城市特征水文单元范围内的地形高程数据,结合雨水篦子与网格的相对位置,认为水流按照网格向雨水篦子所在网格方向的低洼处汇集;第二类为从产流网格流向湖泊,将湖泊视为由多个网格组成的网格区,水流按照网格向湖泊网格区外围网格方向的低洼处汇集;对于既不流向雨水篦子,也不流向湖泊的网格,认为其产流汇入河道。根据河道等各类分界线围成的封闭区域生成河网多边形,结合周边河道断面的过水面积、水力半径以及产流网格到河道的最小距离计算综合系数,确定该网格最终汇入的河道断面中心网格。

对于每个网格,只需从其周围网格中找出一个网格作为该网格的路径网格即可。一般情况下,汇水区内水流沿地势低洼方向汇集,如图 7.1-4 所示,其路径网格计算遵循以下规则:路径网格取计算网格的相邻网格中高程值最小的网格。若相邻网格中存在目标网格,则优先选择目标网格中高程值最小的网格。若相邻网格中有两个及以上高程值均为最小值,则根据汇流方向、距离最短、优先横向、优先左上的原则选择路径网格。

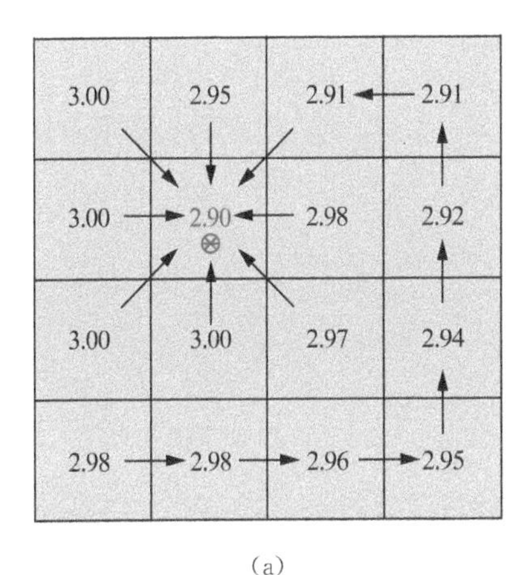

(a)

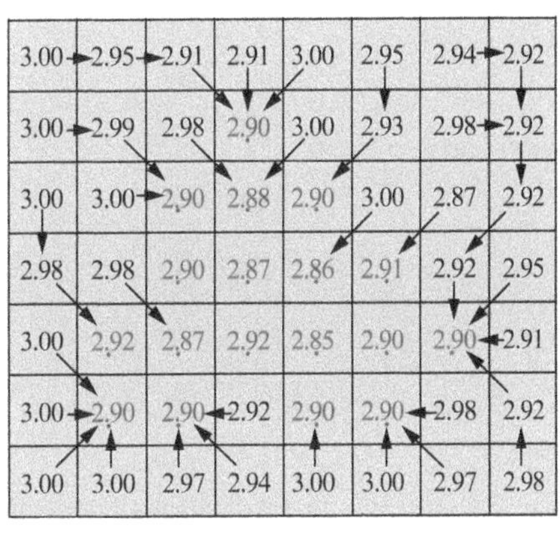

(b)

图 7.1-4　汇流路径计算示例

(2) 动态分布式坡面汇流单位线计算

由于城市地理空间特征极其复杂,准确的地面坡度数据难以获取,无法直接通过曼宁公式计算坡面汇流速度,对于资料不充足的地区,可通过 Kerby 经验公式计算每个网格的汇流时间:

$$\tau = 60 \cdot 1.446\left(\frac{Ne \cdot L}{\sqrt{S}}\right)^{0.467} \tag{7.1.7}$$

式中：τ 为汇流时间，s；Ne 为汇流路径地表种类参数，当有多种地表类型时，使用加权平均法进行计算；L 为汇流路径坡面长度，m；S 为汇流路径地表平均坡度。

根据式(7.1.7)可知，每个网格的汇流时间均为常数，因此可根据汇流时间统计汇水区内各时段流至目标网格的网格面积和，即等流时面积：

$$F(\tau)=\begin{cases}F_1, & 0\leqslant\tau<\Delta t\\ F_2, & \Delta t\leqslant\tau<2\Delta t\\ \cdots & \cdots\\ F_n, & (n-1)\Delta t\leqslant\tau<n\Delta t\end{cases} \tag{7.1.8}$$

式中：$F(\tau)$为等流时面积，m^2；Δt 为时段长度，s；F_i 为第 i 个时段内流至目标网格的网格面积和，m^2。

$[0,n\Delta t]$时段汇水区内一个单位脉冲净雨深 $R=1$ mm 的响应单位线为：

$$U(\tau)=\frac{F(\tau)\cdot R}{1\ 000\Delta t}\quad(0\leqslant\tau\leqslant n\Delta t) \tag{7.1.9}$$

式中：$U(\tau)$为单位线，m^3/s。

$[0,n\Delta t]$时段汇水区内与等流时面积 F 对应的各时段流至目标网格的网格平均径流深，即等流时径流深为：

$$\bar{R}(\tau)=\begin{cases}\bar{R}_1, & 0\leqslant\tau<\Delta t\\ \bar{R}_2, & \Delta t\leqslant\tau<2\Delta t\\ \cdots & \cdots\\ \bar{R}_n, & (n-1)\Delta t\leqslant\tau<n\Delta t\end{cases} \tag{7.1.10}$$

式中：$\bar{R}(\tau)$为等流时径流深，mm；$\bar{R}_i$ 为与等流时面积 F 对应的第 i 个时段内流至目标网格的网格平均径流深，mm。

$[0,n\Delta t]$时段汇水区内各网格到达目标网格的产流量和为：

$$Q(\tau)=\frac{U(\tau)\cdot\bar{R}(\tau)}{R}=\frac{F(\tau)\cdot\bar{R}(\tau)}{1\ 000\Delta t} \tag{7.1.11}$$

式中：$Q(\tau)$为汇水区内各网格到达目标网格的产流量和，m^3/s。

各时段汇水区内各网格到达目标网格的产流量和为：

$$Q(t)=\int_0^t \frac{\partial F(t-\tau)}{1\,000\partial\tau}\bar{R}(\tau)\mathrm{d}\tau \tag{7.1.12}$$

7.2　城市管网模拟原理

当排水管道中水流是有压流时，波速可以较为准确的判定，但是当流态为明满交替流时，波速难以确定，SWMM 模型中的 Preissmann 窄缝宽度也因此难以获得合适的参数，不同流态时的宽度无法一致描述，明满流方程仍难以统一，本研究中采用当量宽度的方法对管道有压非恒定流圣维南方程组进行推导。

对连续方程：

$$\frac{\partial(\rho A)}{\partial t}+\frac{\partial(\rho Au)}{\partial x}=0 \tag{7.2.1}$$

对$\frac{\partial(\rho A)}{\partial t}$：

$$\frac{\partial(\rho A)}{\partial t}=\left(\frac{1}{\rho}\frac{\partial\rho}{\partial p}+\frac{1}{A}\frac{\partial A}{\partial p}\right)\rho A\frac{\partial p}{\partial t} \tag{7.2.2}$$

对$\frac{1}{\rho}\frac{\partial\rho}{\partial p}$：

$$\frac{1}{\rho}\frac{\partial\rho}{\partial p}=\frac{1}{K} \tag{7.2.3}$$

对于满流状态下的圆管：

$$A=\frac{\pi D^2}{4} \tag{7.2.4}$$

由管内水压引起的环向应力位：

$$\sigma=\frac{pD}{2\delta} \tag{7.2.5}$$

式中：δ 为管壁厚度，mm。

管道弹性模量计算公式为：

$$E=\frac{\partial\sigma}{\frac{\partial D}{D}} \tag{7.2.6}$$

对 $\frac{1}{A}\frac{\partial A}{\partial p}$：

$$\frac{1}{A}\frac{\partial A}{\partial p}=2\frac{\partial D}{D\partial p}=2\frac{\partial\sigma}{E\partial p}=\frac{D}{\delta E} \tag{7.2.7}$$

可得：

$$\frac{\partial(\rho A)}{\partial t}=\left(\frac{D}{\delta E}+\frac{1}{K}\right)\rho A\frac{\partial p}{\partial t}=\frac{\rho A}{K'}\frac{\partial p}{\partial t} \tag{7.2.8}$$

用水头来等效压强：

$$p=\rho_0 g(H-Z_b) \tag{7.2.9}$$

可得：

$$\frac{\partial(\rho A)}{\partial t}=gA_0\frac{\rho\rho_0}{K'}\frac{\partial(H-Z_b)}{\partial t}=gA_0\frac{\rho\rho_0}{K'}\frac{\partial H}{\partial t} \tag{7.2.10}$$

对$\frac{\partial(\rho Au)}{\partial x}$,以当量面积来等效有压管道密度的变化：

$$\rho A_0=\rho_0 A',Q=A'u \tag{7.2.11}$$

$$\frac{\partial(\rho Au)}{\partial x}=\frac{\partial(\rho_0 A'u)}{\partial x}=\rho_0\frac{\partial Q}{\partial x} \tag{7.2.12}$$

整理可得连续方程：

$$gA_0\frac{\rho}{K'}\frac{\partial H}{\partial t}+\frac{\partial Q}{\partial x}=gA'\frac{\rho_0}{K'}\frac{\partial H}{\partial t}+\frac{\partial Q}{\partial x}=0 \tag{7.2.13}$$

对动量方程：

$$\frac{\partial(\rho_0 A'u)}{\partial t}+\frac{\partial(\alpha\rho_0 Qu)}{\partial x}+\rho_0 gA'\frac{\partial H}{\partial x}+\frac{\rho\lambda u^2}{8}\pi D\cdot\mathrm{sgn}(u)=0 \tag{7.2.14}$$

其中：

$$\frac{\rho\lambda u^2}{8}\pi D\cdot\mathrm{sgn}(u)=\frac{\rho\lambda\mid Q\mid Q}{8(A')^2}\pi D=\frac{\rho\lambda\mid Q\mid Q}{8\left(\frac{\rho A_0}{\rho_0}\right)^2}\pi D$$

$$=\frac{\rho_0^2\lambda\mid Q\mid Q}{2\rho A_0 D}=\frac{\rho_0\lambda\mid Q\mid Q}{2A'D}=\frac{\rho_0\lambda\mid \boldsymbol{u}\mid Q}{2D} \tag{7.2.15}$$

整理得动量方程：

$$\frac{\partial Q}{\partial t}+\frac{\partial(\alpha Qu)}{\partial x}+gA'\frac{\partial H}{\partial x}+\frac{\lambda\mid \boldsymbol{u}\mid Q}{2D}=0 \tag{7.2.16}$$

综上得管道有压非恒定流圣维南方程组：

$$\begin{cases} gA'\dfrac{\rho_0}{K'}\dfrac{\partial H}{\partial t}+\dfrac{\partial Q}{\partial x}=0 \\ \dfrac{\partial Q}{\partial t}+\dfrac{\partial(\alpha Qu)}{\partial x}+gA'\dfrac{\partial H}{\partial x}+\dfrac{\lambda\mid \boldsymbol{u}\mid Q}{2D}=0 \end{cases} \tag{7.2.17}$$

管道明渠非恒定流圣维南方程组：

$$\begin{cases} B\dfrac{\partial Z}{\partial t}+\dfrac{\partial Q}{\partial x}=0 \\ \dfrac{\partial Q}{\partial t}+\dfrac{\partial}{\partial x}(\alpha Qu)+gA\dfrac{\partial Z}{\partial x}+\dfrac{g\mid \boldsymbol{u}\mid Q}{C^2 R}=0 \end{cases} \tag{7.2.18}$$

管道有压非恒定流圣维南方程组：

$$\begin{cases} gA'\dfrac{\rho_0}{K'}\dfrac{\partial H}{\partial t}+\dfrac{\partial Q}{\partial x}=0 \\ \dfrac{\partial Q}{\partial t}+\dfrac{\partial(\alpha Qu)}{\partial x}+gA'\dfrac{\partial H}{\partial x}+\dfrac{\lambda\mid \boldsymbol{u}\mid Q}{2D}=0 \end{cases} \tag{7.2.19}$$

对比上述方程组可知，对于有压管道，若取当量宽度 $B=gA'\frac{\rho_0}{K'}$ 且认为压力水头 H 等效于明渠水位 Z，则可以统一有压非恒定流方程与明渠非恒定流方程。为保证明满过渡时断面的过水宽度能在当量宽度间平滑过渡，设立高程变化范围为 Δz 的过渡区。

对于明渠，其过水宽度与水位之间的关系为：

$$B=2\sqrt{Dh-h^2}=2\sqrt{D(Z-Z_b)-(Z-Z_b)^2} \tag{7.2.20}$$

对于有压管道，其边界当量宽度为：

$$B_0=gA_0\frac{\rho_0}{K'} \tag{7.2.21}$$

在过渡区内，认为 $B=B_0$，即：

$$2\sqrt{Dh-h^2}=gA_0\frac{\rho_0}{K'}=g\frac{\rho_0}{4K'}\pi D^2 \tag{7.2.22}$$

$$h=\frac{D}{2}+\sqrt{\frac{D^2}{4}-\left(g\frac{\rho_0}{4K'}\pi D^2\right)^2} \tag{7.2.23}$$

$$\Delta z=D-h=\frac{D}{2}-\sqrt{\frac{D^2}{4}-\left(g\frac{\rho_0}{4K'}\pi D^2\right)^2} \tag{7.2.24}$$

对于有压管道,其当量宽度为:

$$B'=gA'\frac{\rho_0}{K'} \tag{7.2.25}$$

$$B'=\frac{\partial A'}{\partial H} \tag{7.2.26}$$

联立得:

$$B'=\frac{K'}{g\rho_0}\frac{\partial B'}{\partial H} \tag{7.2.27}$$

$$B'=\mathrm{e}^{\frac{g\rho_0(H-D)}{K'}}\cdot B_0 \tag{7.2.28}$$

对管道明满过渡流方程进行统一:

$$B\frac{\partial Z}{\partial t}+\frac{\partial Q}{\partial x}=0 \tag{7.2.29}$$

$$\frac{\partial Q}{\partial t}+\frac{\partial(\alpha Qu)}{\partial x}+gA\frac{\partial Z}{\partial x}+Q\mid \boldsymbol{u}\mid J=0 \tag{7.2.30}$$

7.3 城市管网建模案例与操作

7.3.1 研究区域介绍

镇江市地处江苏省西南部,长江下游南岸,东西最大直线距离 95.5 km,南北最大直线距离 76.9 km。东南接常州市,西邻南京市,北与扬州市、泰州市隔江相望。为江苏省辖地级市,现辖京口、润州、丹徒三区,代管句容、丹阳、扬中三市。另有镇江高新区和国家级经济技术开发区——镇江新区行使市辖区经济、社会管理权限。镇江全市土地总面积 3 840 km^2,2023 年常住人口 322 万人。

本次研究区域位于镇江京口区，京口区是江苏省镇江市市辖区之一，位于江苏省西南部、长江与京杭大运河十字交汇处，东接镇江新区，南和丹徒区为邻，西与润州区隔古运河相望，北接扬州市邗江区。全区总面积 95.981 km²，其中谏壁街道 32.512 km²、象山街道 22.559 km²、正东路街道 4.927 km²、大市口街道 2.318 km²、四牌楼街道 4.098 km²、健康路街道 1.892 km²、新民洲 20.69 km²、长江水域 6.99 km²。

本次管网排涝研究区域位于镇江江滨片区，北临金山湖，南至东吴路，西从滨水路，东至虹桥港，总面积约 2.1 km²。片区内教育、医疗等设施完善，坐落有多所学校与医院，具体区位图如图 7.3-1 所示。

图 7.3-1　研究区域地理位置示意图

7.3.2 数据引入、模型对象派生

（1）数据引入与模型对象派生（图 7.3-2～图 7.3-5）

首先点击从文本文件引入数据，选择“一维河道”。

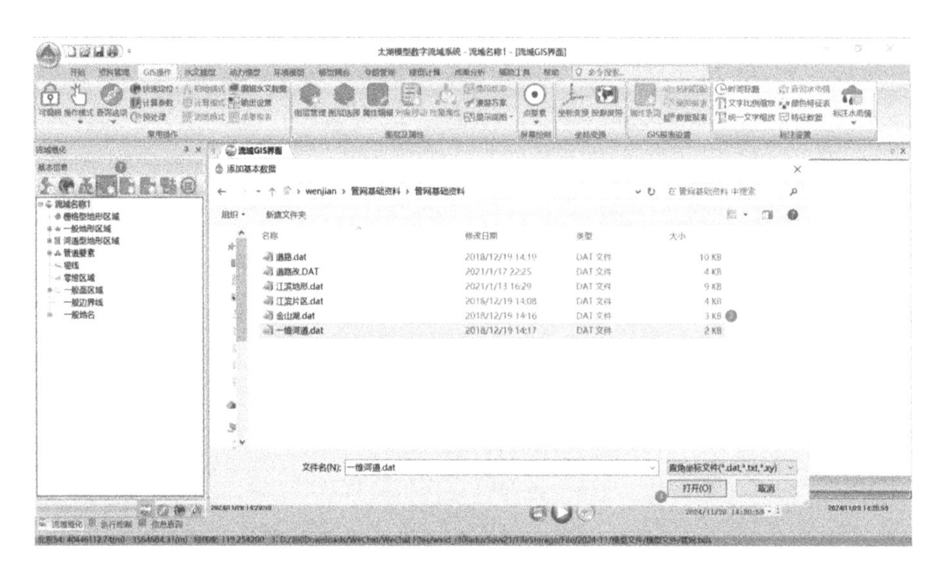

图 7.3-2　引入数据

右击河道地形区域，点击“派生模型要素”。

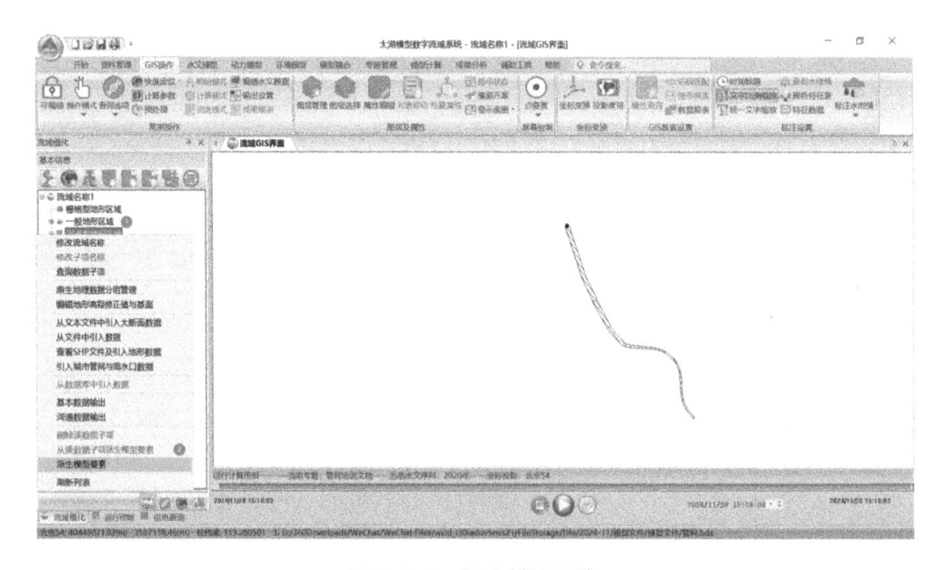

图 7.3-3　派生模型要素

选择“一维河道”、派生“河道”图层，点击设置。

图 7.3-4　派生河道图层

同理，引入金山湖数据后，在一般面区域同样派生模型要素，图层编辑，增加“湖泊”图层后，点击设置。

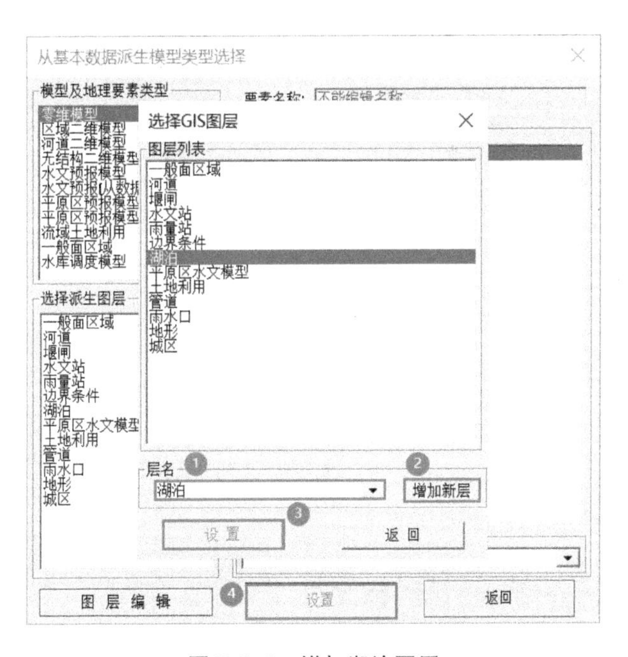

图 7.3-5　增加湖泊图层

（2）模型概化（图 7.3-6～图 7.3-10）

点击可编辑，操作模式选择框选，点击节点概化，右击湖泊编辑模型要素参数。将第一、第二面积设置为“0.5”，点击设置。

图 7.3-6　设置参数

右击模型仓库派生新专题，修改名称为“管网培训文档”，点击设置，设置后右击设为当前运行专题。

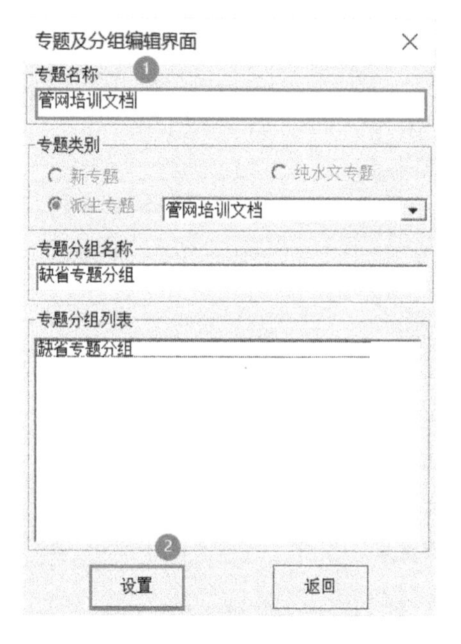

图 7.3-7　派生新专题

从文本文件引入江滨片区数据。选择“从该数据子项派生模型要素”。

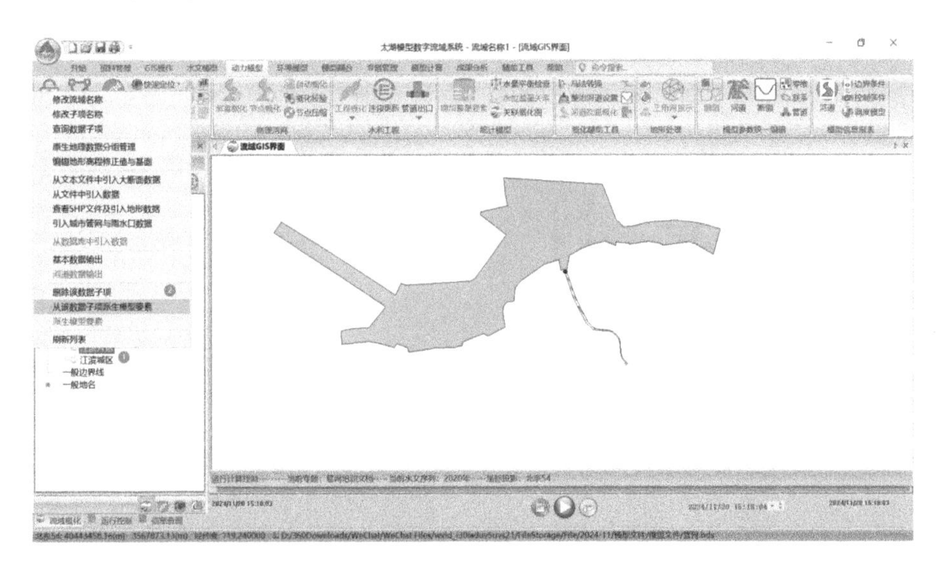

图 7.3-8　从该数据子项派生模型要素

选择平原区预报模型，增加并选择“平原区水文模型”派生图层。点击设置。

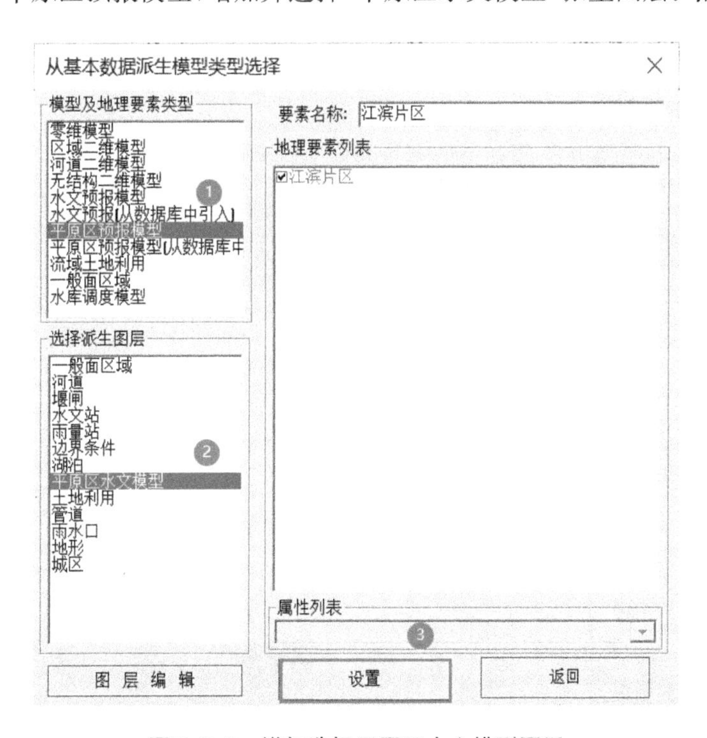

图 7.3-9　增加选择平原区水文模型图层

选择“流域土地利用”，增加并选择“土地利用”派生图层。点击设置。

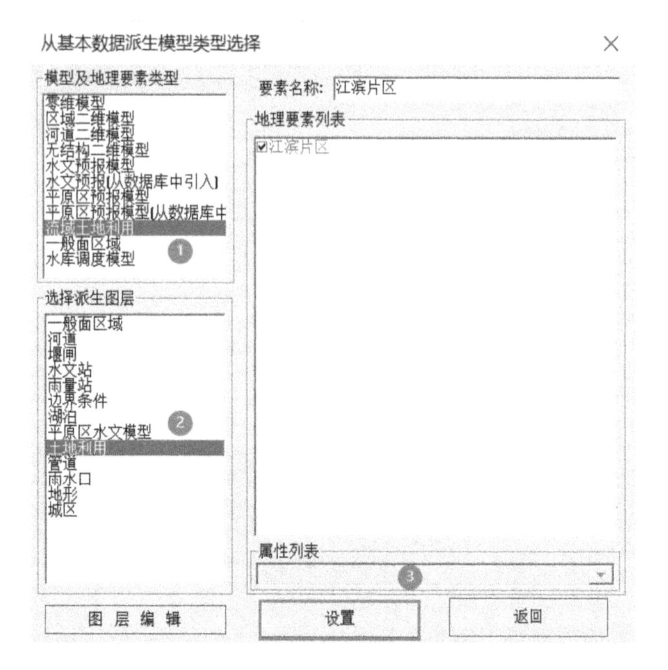

图 7.3-10　增加选择土地利用图层

(3) 模型参数设置(图 7.3-11～图 7.3-39)

右击，点击地理属性查询，选择“R 重新设置网格参数”。

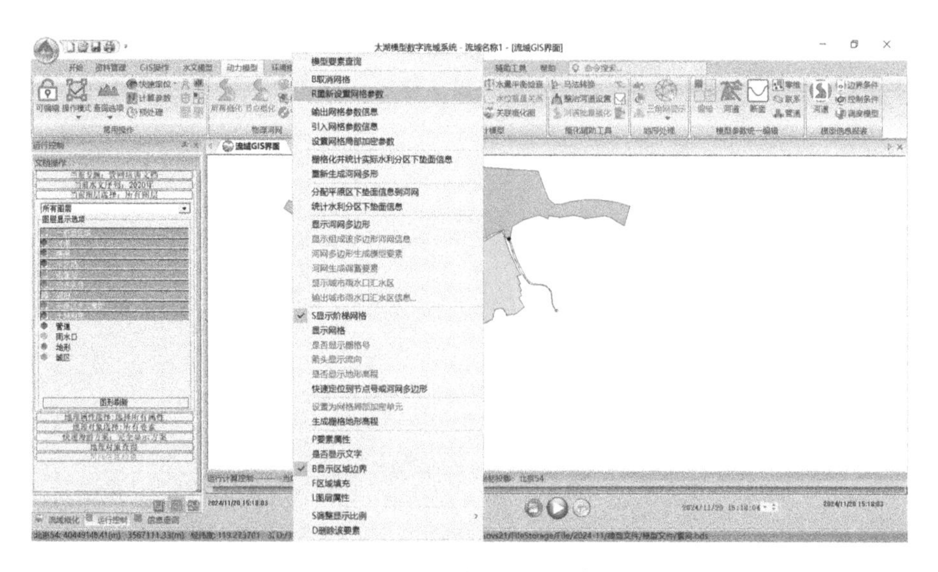

图 7.3-11　重新设置网格参数

将 X、Y 方向网格的平均间距设置为“50” m，勾选“完全采用输入网格间距”。

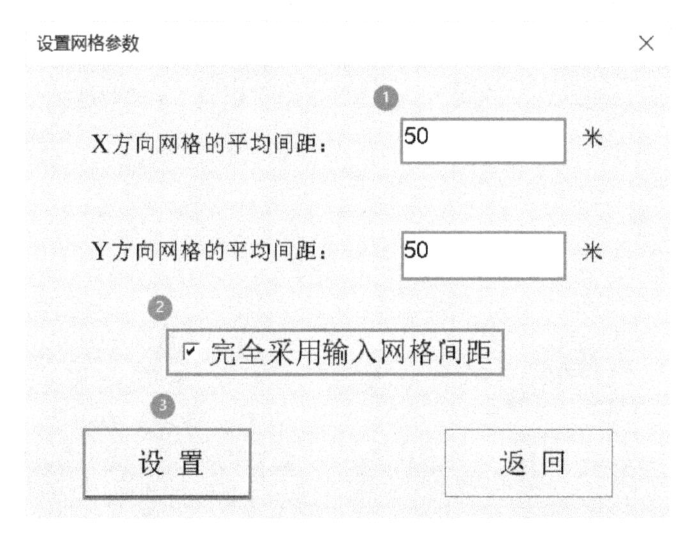

图 7.3-12　设置网格间距

点击“模型耦合——土地利用”，在土地利用要素里选择“江滨片区”。

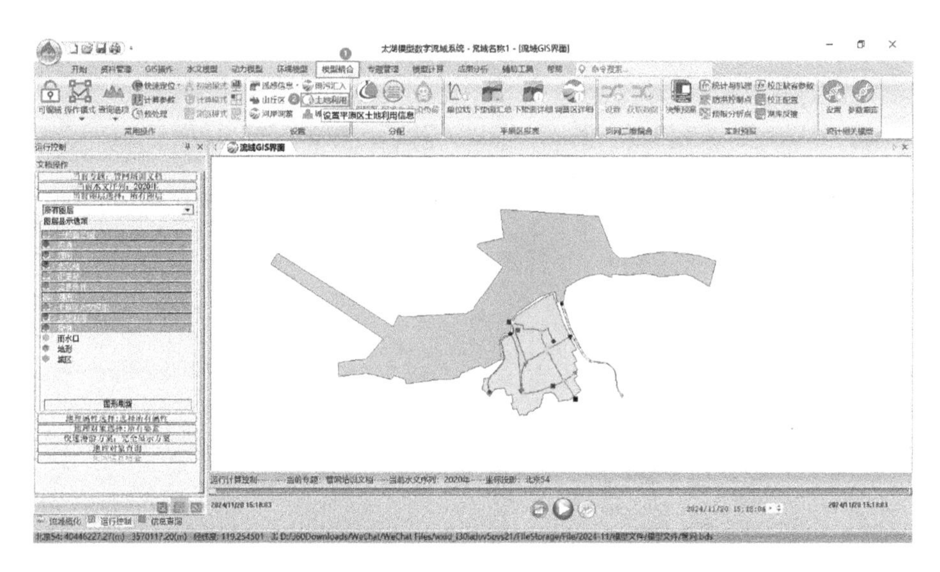

图 7.3-13　选择土地利用

在水文模型计算分区里选择“江滨片区”，代表水位站点选择“虹桥港河_2012”，圩内水面最大调蓄深度设置为“400”，点击增加。水文计算分区列表里选择“江滨片区”。

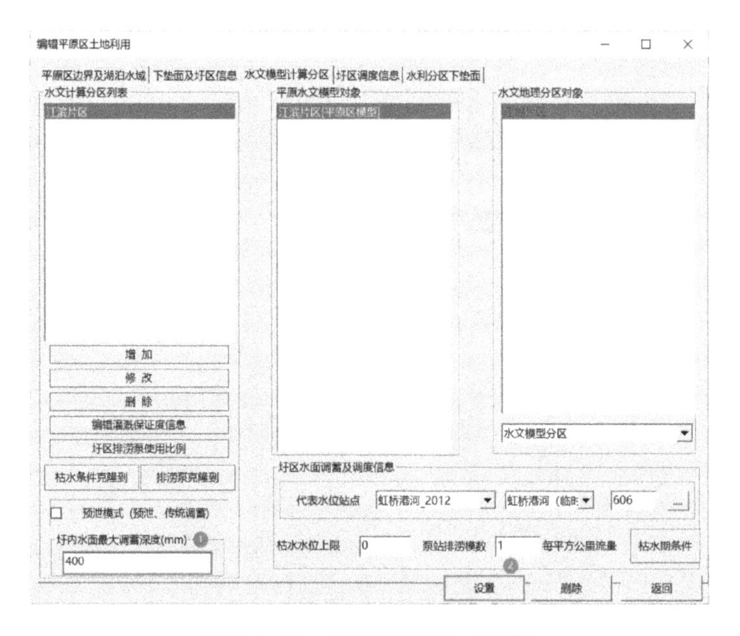

图 7.3-14 编辑平原区土地利用

在水利分区下垫面属性列表中选择“土地利用区域”，选择“江滨片区”，点击增加。

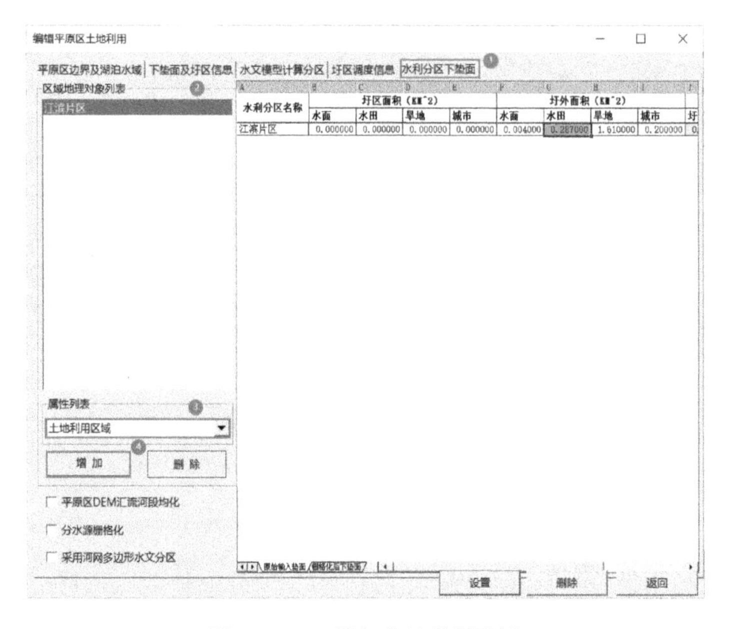

图 7.3-15 增加土地利用区域

将对应水利分区数据输入表格中，点击设置。

点击“流域概化——水文信息——水文站——编辑水文站网信息”。

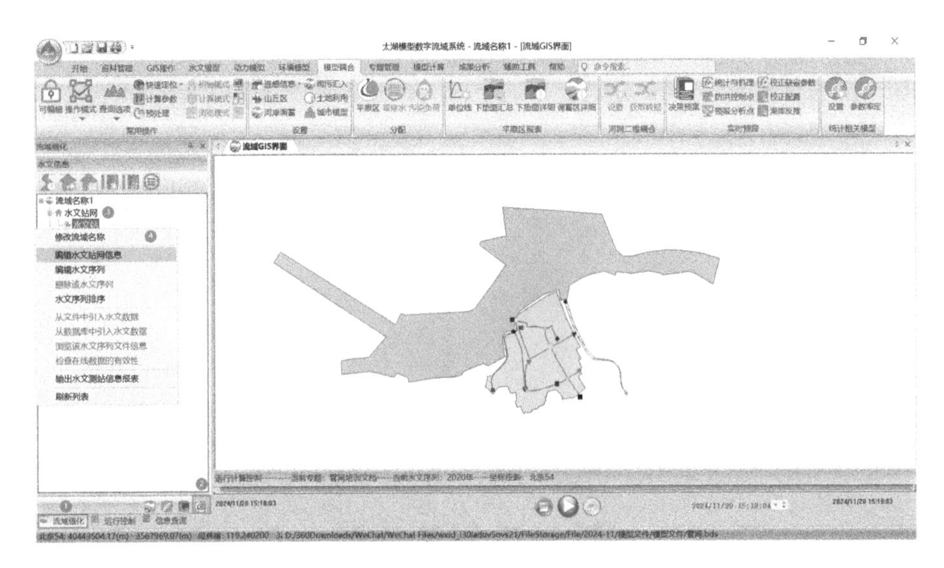

图 7.3-16　编辑水文站网信息

选择水位站，将站名设置为“边界水位站”，点击“创建新站”。

图 7.3-17　创建新站

同理，创建雨量站与蒸发站，创建完成后点击返回。

右击水文序列管理，点击“编辑水文序列”。

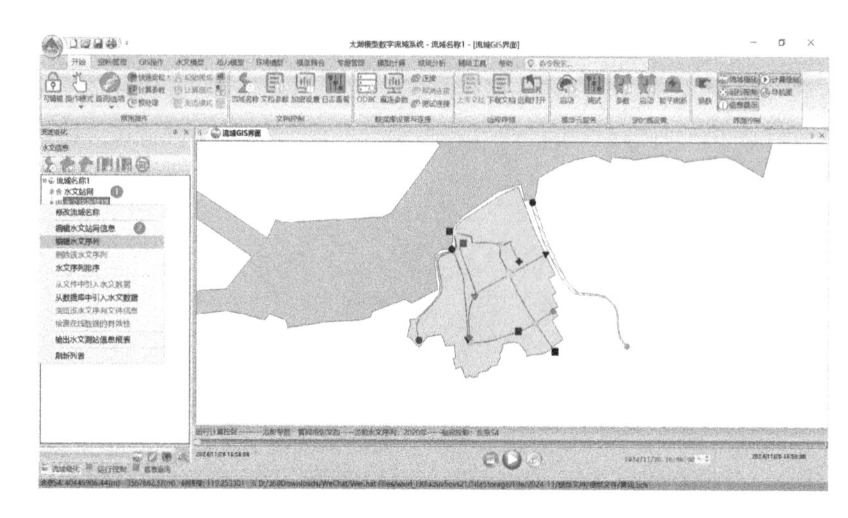

图 7.3-18　编辑水文序列

将开始时间与结束时间分别设置为“2020 - 01 - 01 00:00:00”与“2020 - 12 - 31 23:00:00”，水文序列记为“2020”，序列说明记为“2020 年”，数据库接口方案列表选择“缺省数据库接口”，点击增加。

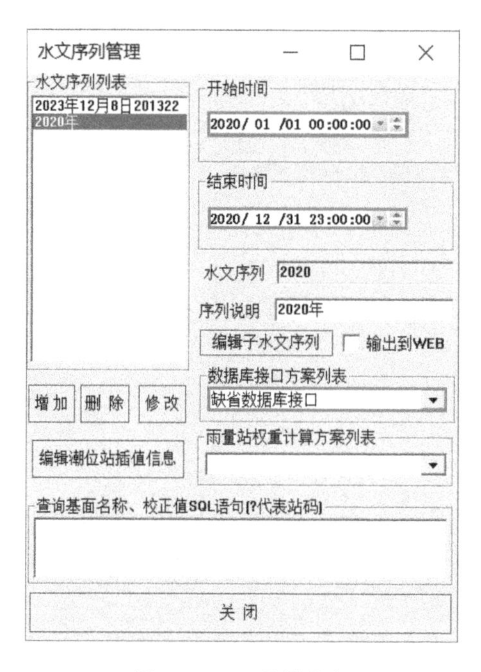

图 7.3-19　设置信息

点击运行控制，将2020年设置为当前水文序列。然后点击控制运行的“平原区水文要素[1]”，双击“江滨片区”，选择“雨量站”，权重系数设置为“1.000000”，选择“蒸发站”。

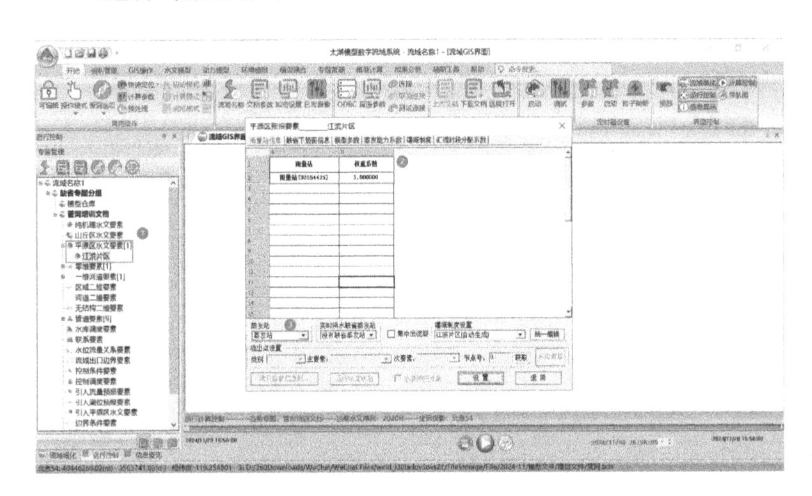

图7.3-20　设置平原区预报要素

设置缺省下垫面信息参数值。

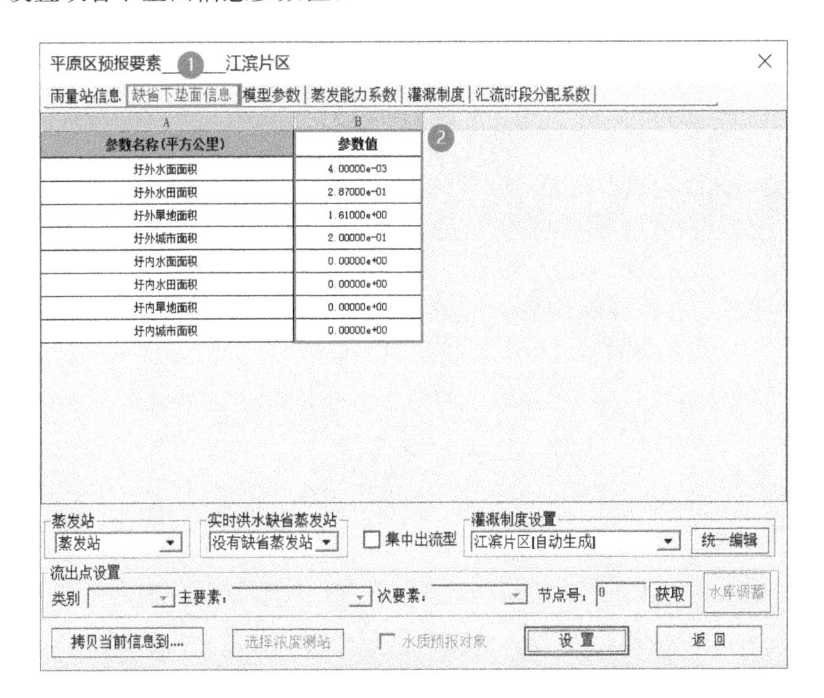

图7.3-21　设置缺省下垫面信息

同理，设定灌溉制度，完成后点击设置。

平原区预报要素________江滨片区

雨量站信息 | 缺省下垫面信息 | 模型参数 | 蒸发能力系数 | 灌溉制度 | 汇流时段分配系数

序号	月	日	田间耐淹深(mm)	田间适宜水深上限(mm)	田间适宜水深下限(mm)	需水系数	日渗漏量(毫米/天)	水田时期类别	模型类别
起始时间	5	16							
第1	5	25	40.00	10.00	5.00	1.00	2.00	秧田期	水田模型
第2	6	13	30.00	20.00	10.00	1.00	2.00	秧田期	水田模型
第3	6	23	40.00	10.00	5.00	1.00	2.00	本田期	水田模型
第4	6	30	50.00	30.00	20.00	1.35	2.00	本田期	水田模型
第5	7	4	50.00	30.00	20.00	1.30	2.00	本田期	水田模型
第6	7	9	0.00	0.00	0.00	1.30	0.00	本田期	旱地模型
第7	7	19	50.00	30.00	20.00	1.30	2.00	本田期	水田模型
第8	7	23	50.00	30.00	20.00	1.30	2.00	本田期	水田模型
第9	8	4	10.00	0.00	0.00	1.30	0.00	本田期	水田模型
第10	8	18	50.00	40.00	30.00	1.40	2.00	本田期	水田模型
第11	8	23	0.00	0.00	0.00	1.30	0.00	本田期	旱地模型
第12	9	3	50.00	40.00	30.00	1.30	2.00	本田期	水田模型
第13	9	16	50.00	30.00	20.00	1.30	2.00	本田期	水田模型

蒸发站：蒸发站　实时洪水缺省蒸发站：没有缺省蒸发站　集中出流型　灌溉制度设置：江滨片区[自动生成]　统一编辑

流出点设置：类别　主要素：　次要素：　节点号：0　获取　水库调蓄

拷贝当前信息到....　选择浓度测站　水质预报对象　设置　返回

图 7.3-22　设置灌溉制度

点击“开始——直连参数”，选择 Access 数据库，选择文件夹中管网数据，点击测试，测试无误后点击设置。

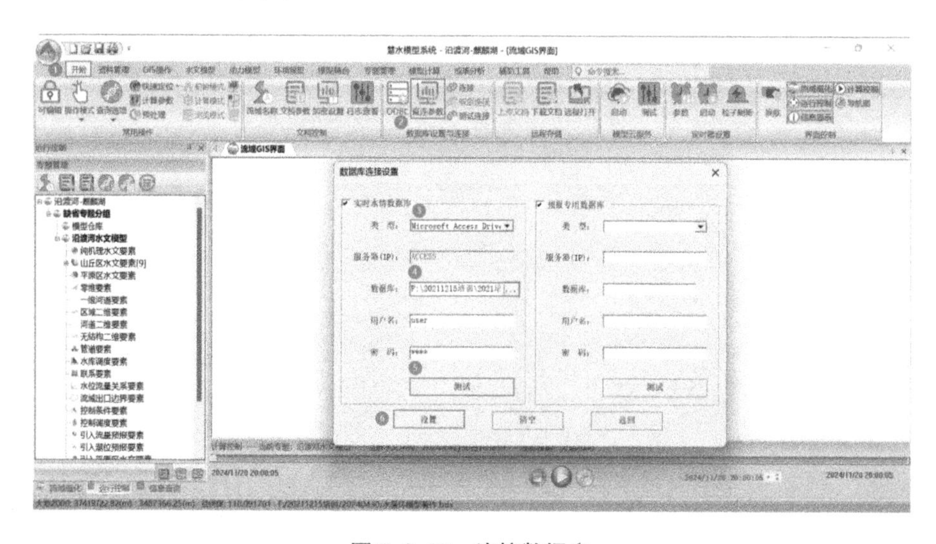

图 7.3-23　连接数据库

首先，城市模型的管网基础数据是通过数据库的方式存储的，因此需要先链接管网数据.mdb 数据库，右击选择“从数据库中引入数据”。

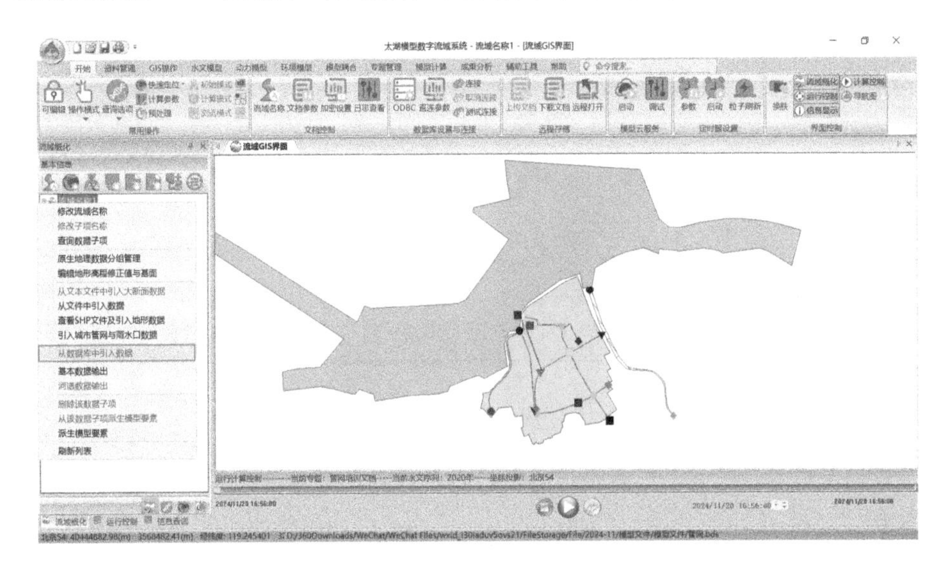

7.3-24　引入数据

在数据引入弹出框中去掉河道资料勾选，选择“数据库中引入”。

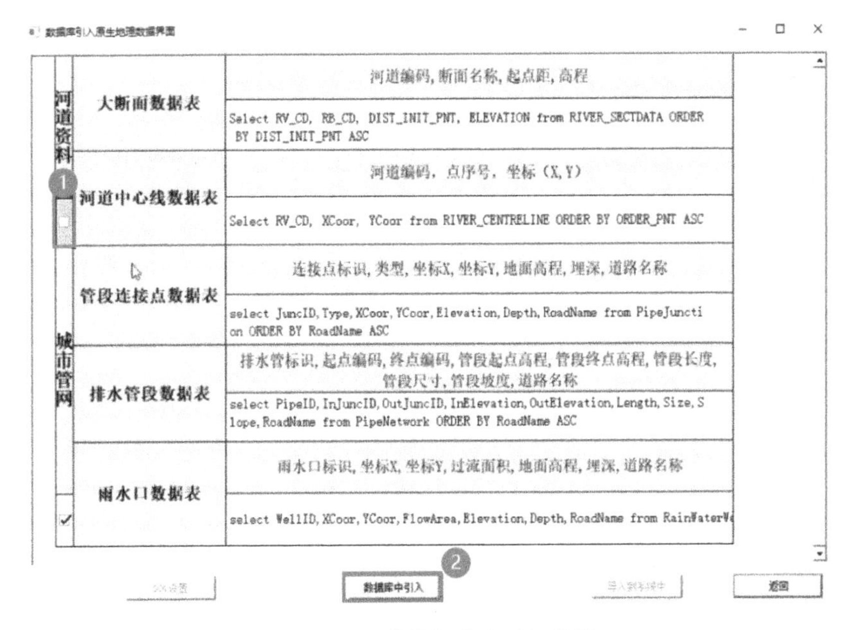

图 7.3-25　从数据库中引入数据

可以针对引入的数据进行分组命名，例如“管网培训文件”。点击“导入到系统中”。

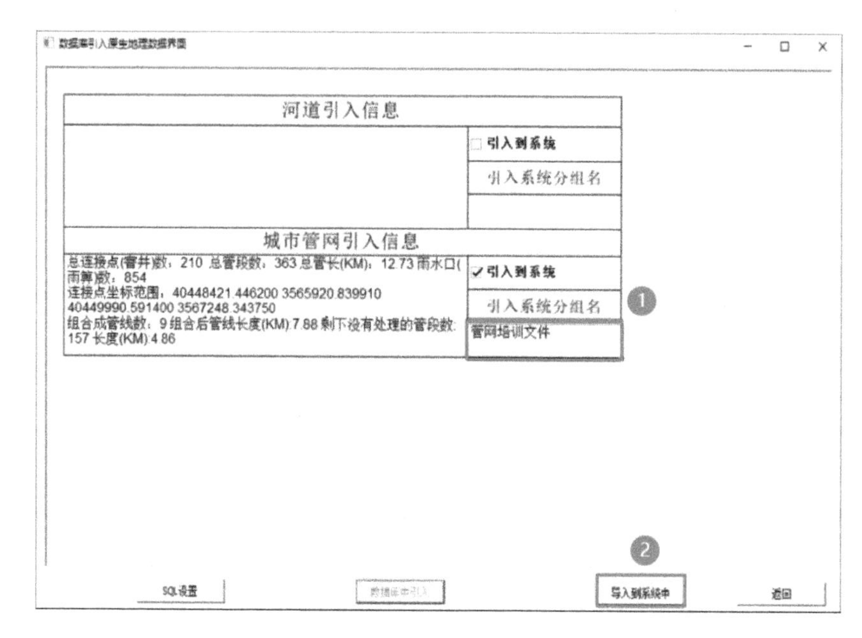

图 7.3-26　导入系统

引入完成后会显示在流域概化窗口的管道要素和一般模型中，右击管道要素，选择“派生模型要素”。

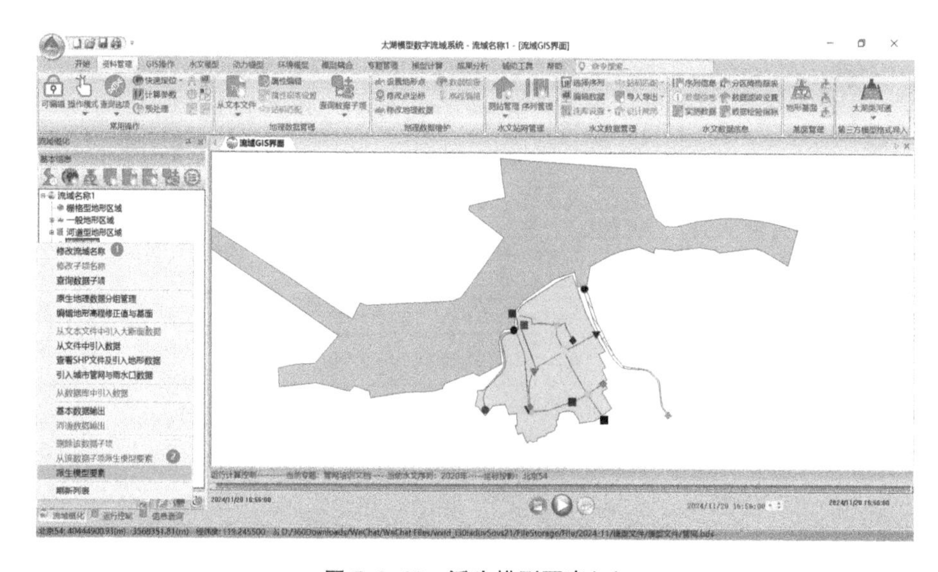

图 7.3-27　派生模型要素(1)

选择“管道模型”并新建管道图层，将数据放至“管道”图层。

从基本数据派生模型类型选择

模型及地理要素类型
管道模型
①

要素名称: 不能编辑名称

地理要素列表
江滨片[95196-99052]
江滨片[95879-96976]
江滨片[96147-96240]
江滨片[96469-99217]
江滨片[98428-98963]
江滨片[98694-99218]
江滨片[L2-newj1]
江滨片[7381-jb1]
江滨片[97185-97207]
③

选择派生图层
一般面区域
河道
堰闸
水文站
雨量站
边界条件
湖泊
平原区水文模型 ②
土地利用
管道
雨水口
地形
城区

属性列表

图 层 编 辑　④　设置　返回

图 7.3-28　设置管道图层

选中“管道”要素，找到动力要素菜单中的管道属性编辑可以查看管道的详细信息。

接下来进行雨水口的设置，右击一般地名，选择“派生模型要素”。

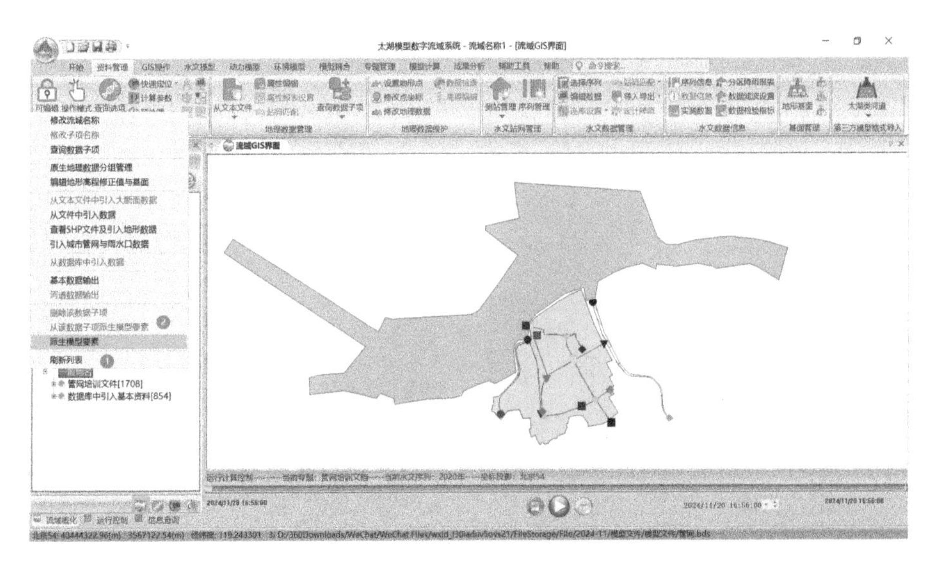

图 7.3-29　派生模型要素(2)

将刚刚引入的雨水口信息先派生成“一般地名”，新建“雨水口”图层，点击设置。

图 7.3-30 新建雨水口图层

将“雨水口”设置为当前图层，选择框选模式，选中引入的“雨水口”要素。

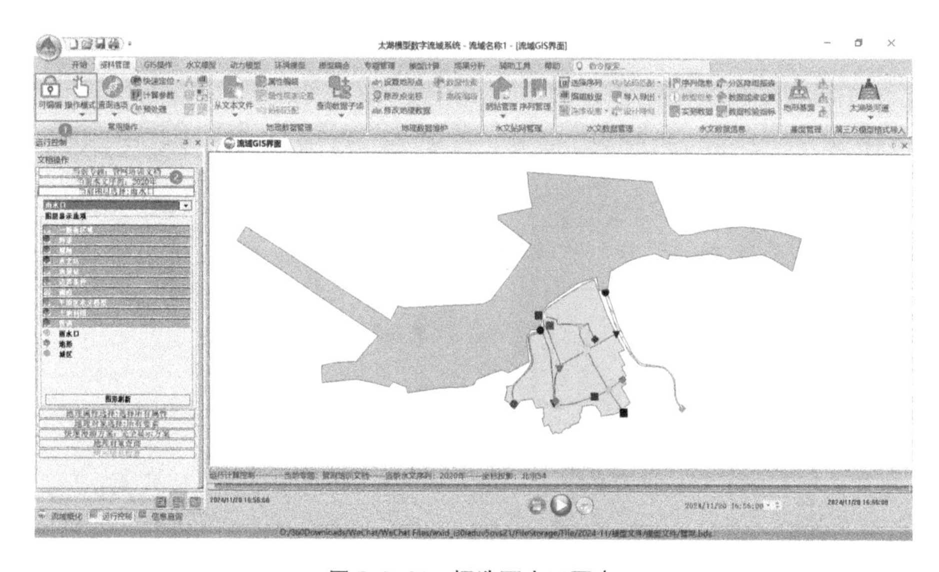

图 7.3-31 框选雨水口要素

在“GIS 操作”中进行雨水口“批量属性”编辑。

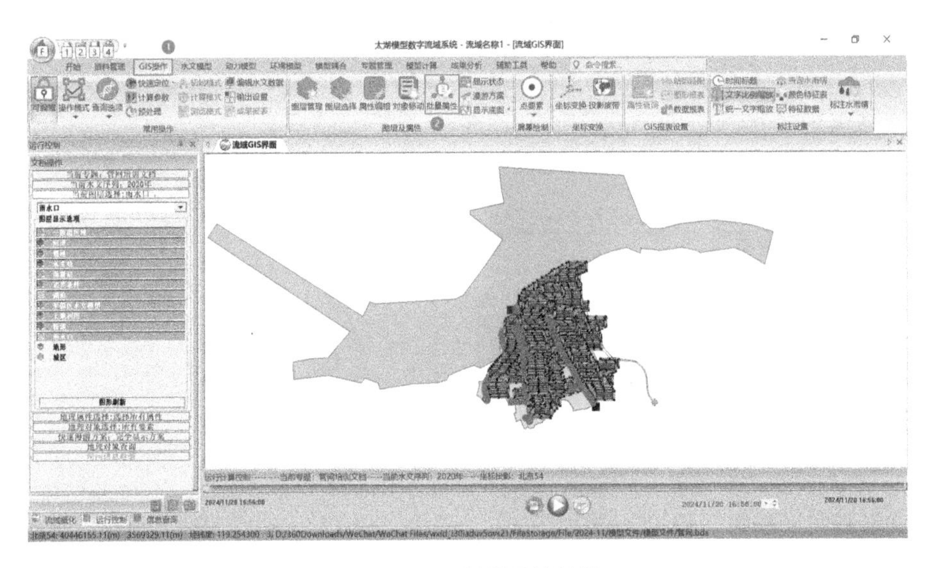

图 7.3-32　批量属性编辑

选择“编辑属性值”。

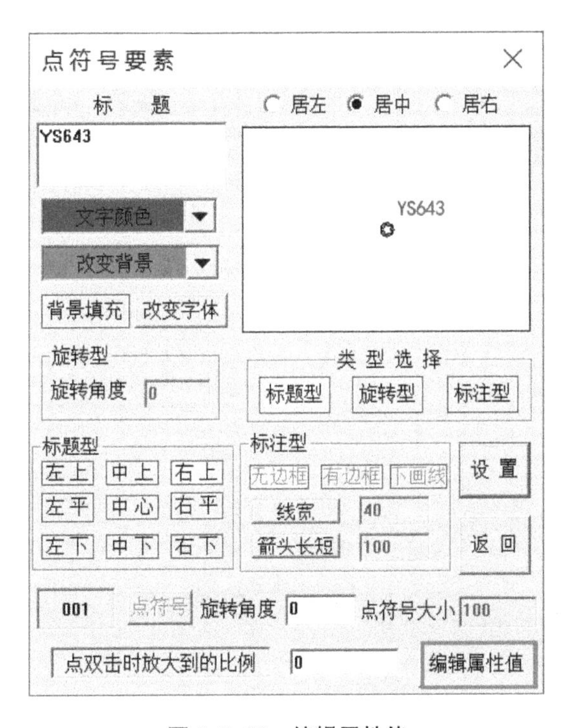

图 7.3-33　编辑属性值

增加新的要素类型并命名为“雨水口”属性。

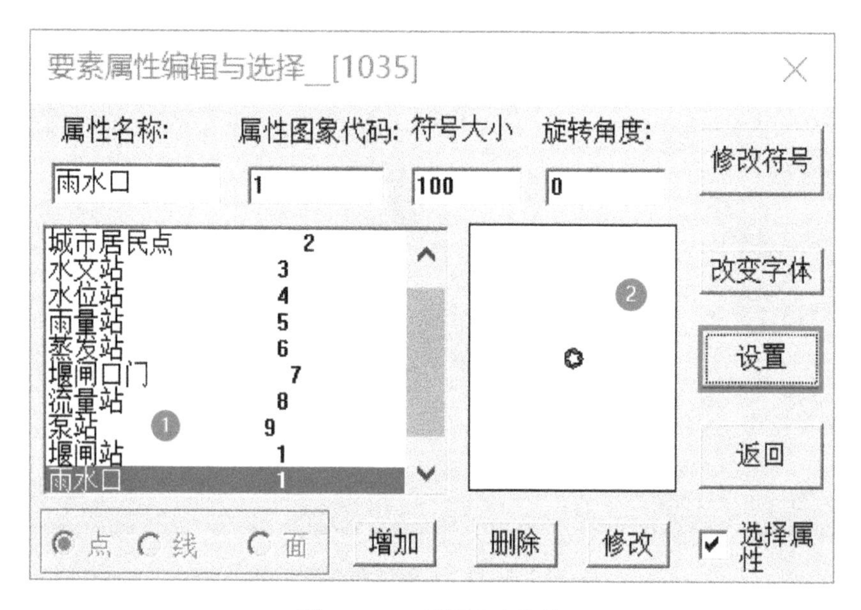

图 7.3-34 设置要素属性

从文本文件引入“江滨地形”。

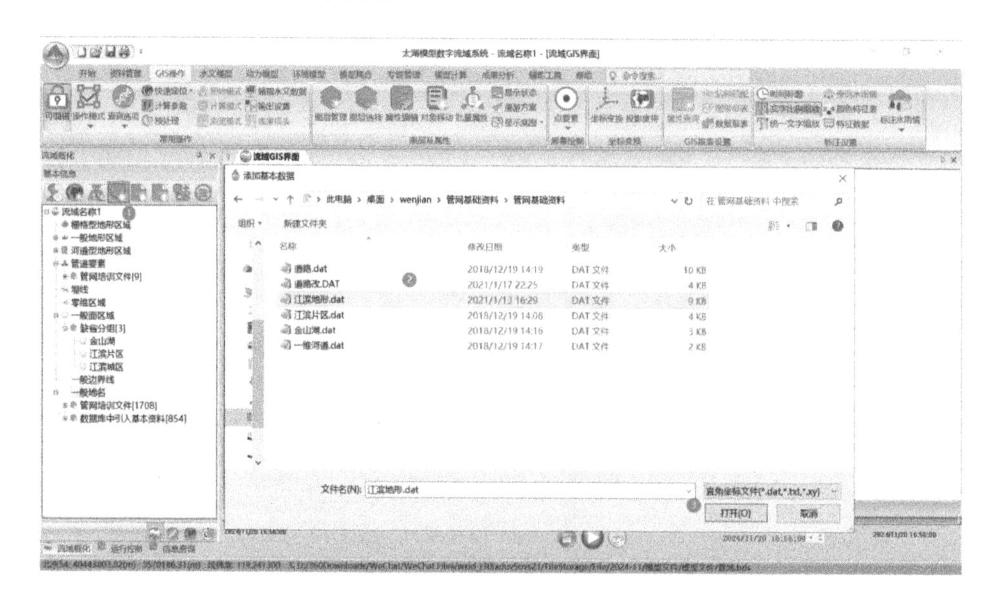

图 7.3-35 引入江滨地形文件

右击派生“一般面区域”并新增“地形”图层进行设置。

图 7.3-36　新增地形图层

继续引入城市模型范围，这里全部进行城市模型设置，因此范围同模型边界。再次引入江滨片区数据，并将其修改为“江滨城区”以作区分。

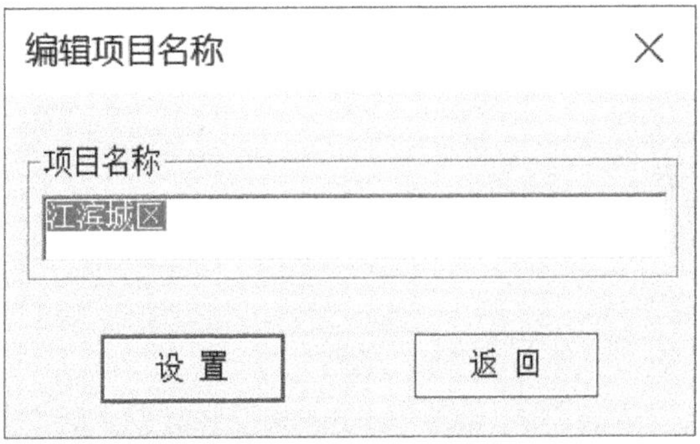

编辑项目名称
项目名称
江滨城区
设 置
返 回

图 7.3-37　引入江滨城区

右击“江滨城区”进行城区要素派生。

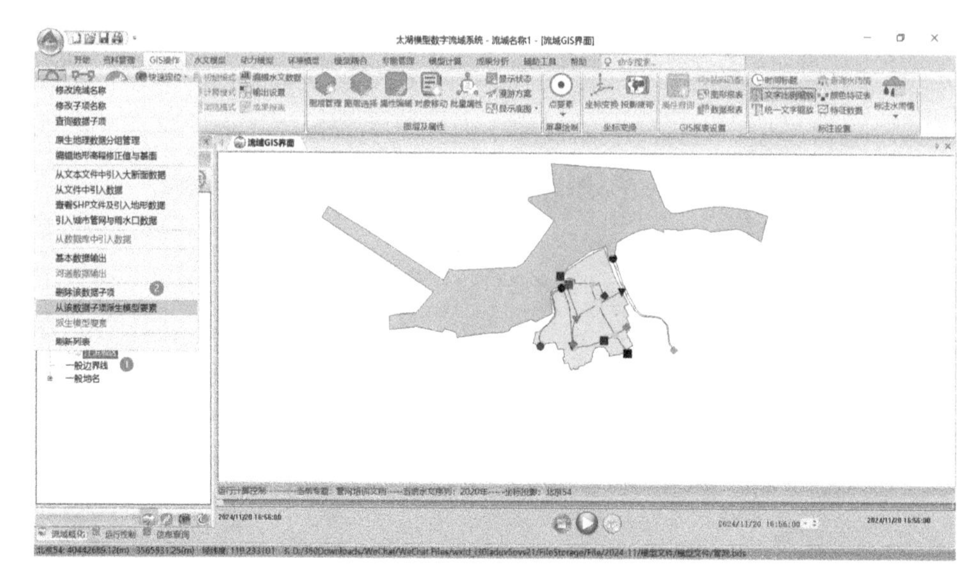

图 7.3-38　派生要素

派生成“一般面区域”并新建“城区”图层进行设置。

图 7.3-39　派生一般面区域,新建城区图层

7.3.3　模型概化、模型参数设置

接下来进行模型参数设置和相关模型概化，见图 7.3-40～图 7.3-51。右击“江滨城区”选择“P 要素属性”进行属性值的编辑。增加属性类型修改为“江滨城区”属性。

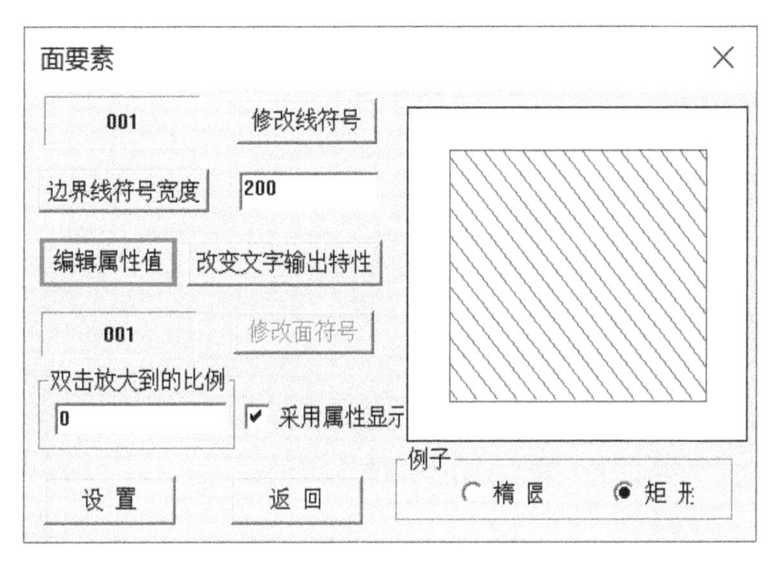

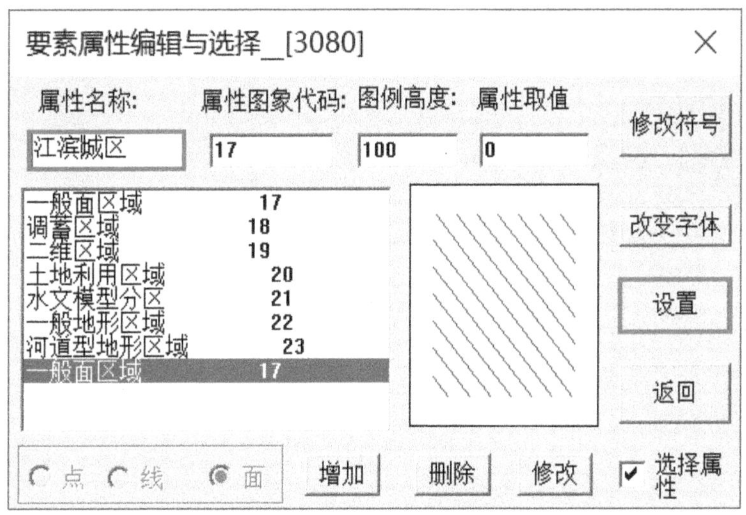

图 7.3-40　编辑属性值

点击自动概化按钮进行“节点概化”设置，这里可以设置成“10” m。

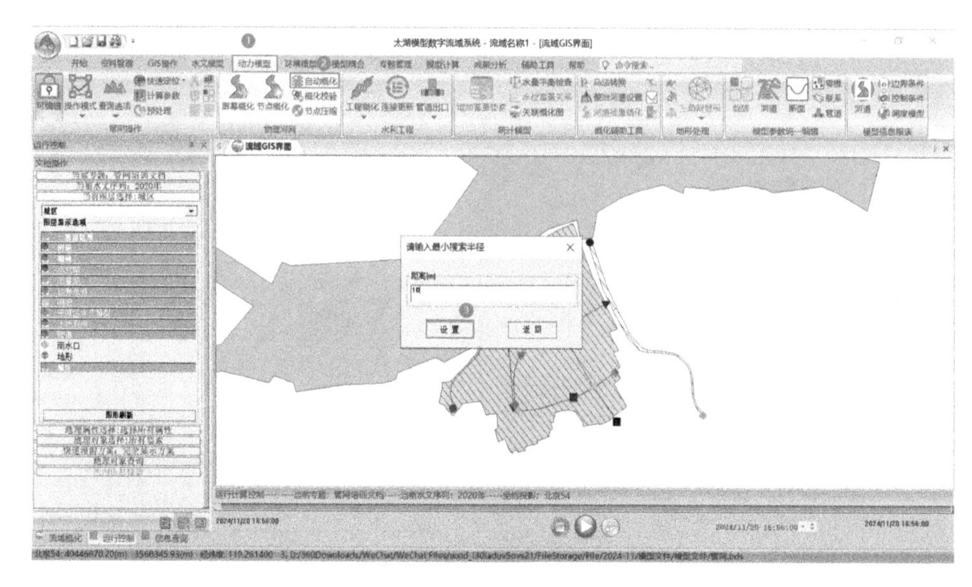

图 7.3-41　设置最小搜索半径

模型支持按照合适的距离设置计算节点，最后一列设置合适间距为“100” m。

编辑管道模型参数

名称	长度（m）	最低高程	最高高程	比降（万分之）	管径	糙率	调蓄井面积(m^2)	合适间距(m)	是否为排水管道
江滨片[95196-99052]	1359.8	-0.48	9.36	72.346	0.92	0.0120	1.00	100	Y
江滨片[95879-96976]	539.4	3.79	4.82	0.371	0.83	0.0120	1.00	100	Y
江滨片[96147-96240]	457.2	3.37	4.20	4.943	0.84	0.0120	1.00	100	Y
江滨片[96469-99217]	1433.1	0.02	5.52	37.513	1.04	0.0120	1.00	100	Y
江滨片[96425-98963]	466.1	1.36	5.55	84.867	0.65	0.0120	1.00	100	Y
江滨片[98094-99218]	1009.7	-0.72	4.76	54.273	1.09	0.0120	1.00	100	Y
江滨片[L2-new/1]	1034.2	1.67	4.24	25.898	1.22	0.0120	1.00	100	Y
江滨片[7381-jb1]	1106.9	1.45	2.57	9.802	2.00	0.0120	1.00	100	Y
江滨片[97186-97207]	450.9	1.29	5.00	82.152	0.55	0.0120	1.00	100	Y

设 置　　返 回

图 7.3-42　设置间距

同样可以在“管道”参数编辑中查看计算节点设置情况。

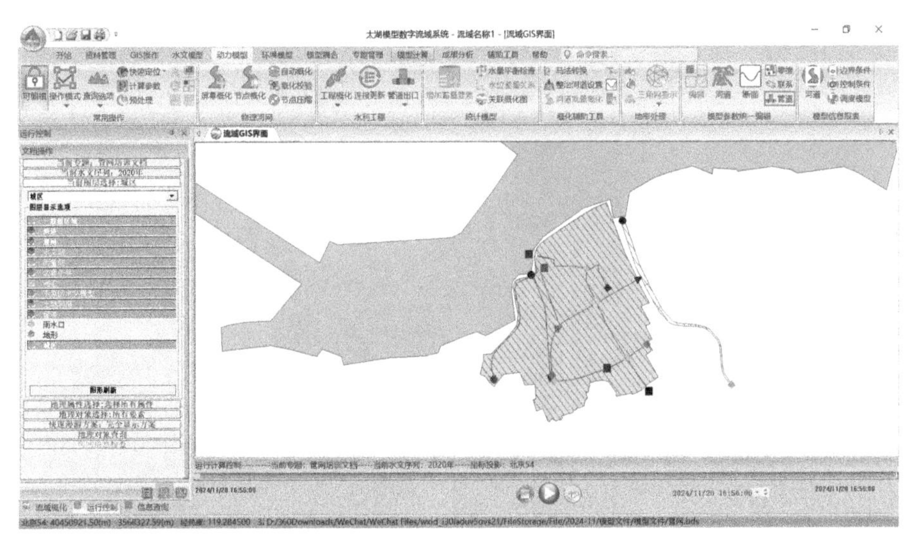

图 7.3-43　查看管道设置

找到“模型耦合”进行“城市模型”设置。

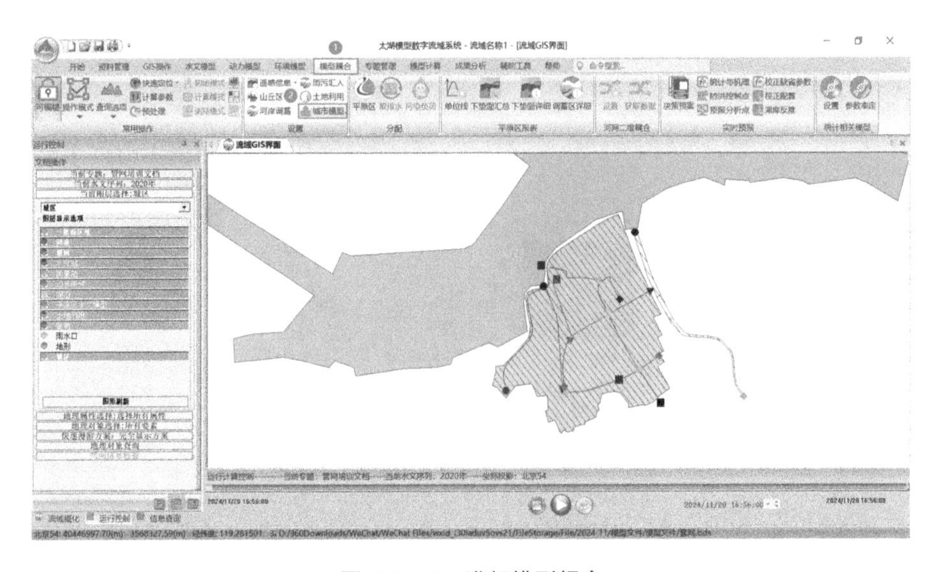

图 7.3-44　进行模型耦合

选择“江滨城区”和“雨水口”对象，“地面高程”选择“江滨片区”一般地形区域，“地面缺省高程”设为“15”。

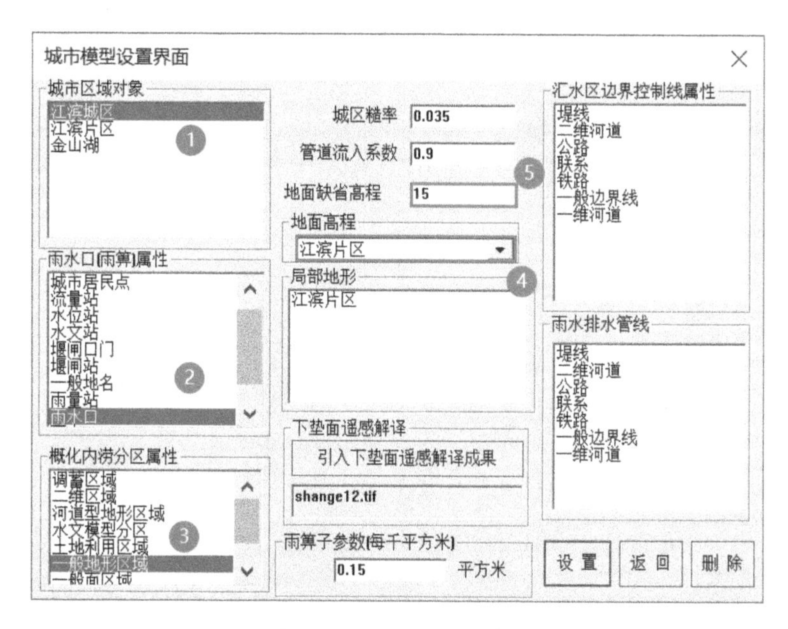

图 7.3-45 设置城市模型

点击引入下垫面遥感解译成果，需要将栅格数据放到模型文档 RASTER 文件夹下。选择引入“shange12”文件。

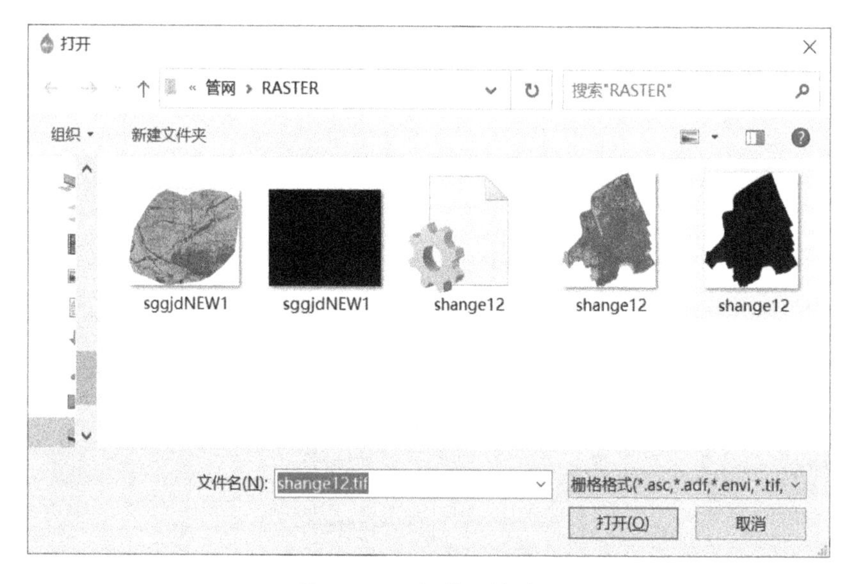

图 7.3-46 栅格文件引入

根据 Excel 文件中的类型依次设置，并保存。设置完毕进行平原区下垫面分配。

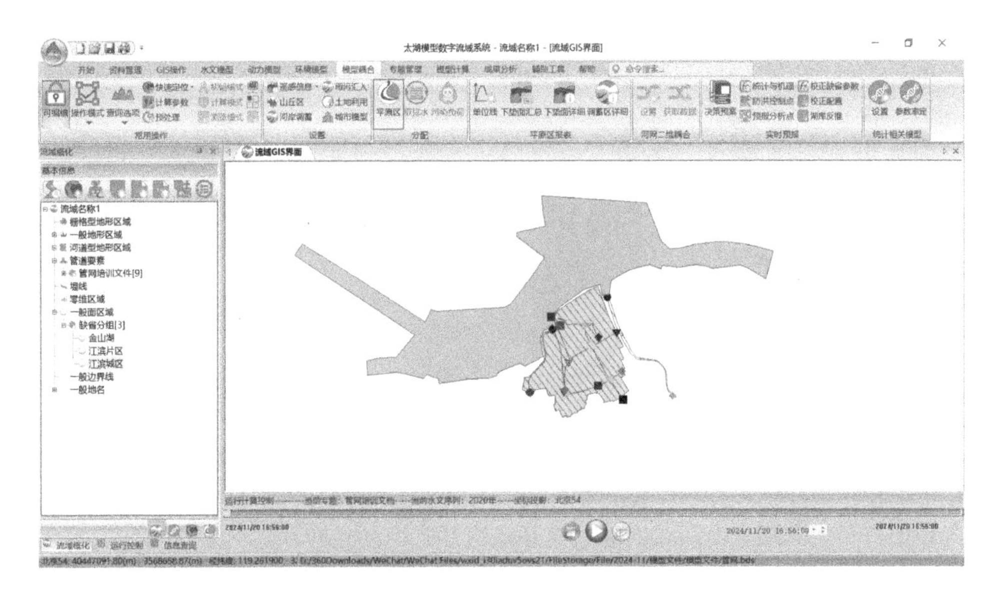

图 7.3-47　平原区下垫面分配

可以利用土地利用要素查看箭头流向。选择“GIS 操作”，点击“图层管理”，新增“出水口”图层，并将其置于当前图层。

图层管理

图层列表

序号	名称	是否显示	是否参与查询	显示比例范围	
				下限	上限
1	一般面区域	是	是	0	59000000000
2	河道	是	是	0	59000000000
3	堰闸	是	是	0	59000000000
4	水文站	是	是	0	59000000000
5	雨量站	是	是	0	59000000000
6	边界条件	是	是	0	59000000000
7	湖泊	是	是	0	59000000000
8	平原区水文模型	是	是	0	59000000000
9	土地利用	是	是	0	59000000000
10	管道	是	是	0	59000000000
11	雨水口	否	是	0	59000000000
12	地形	否	是	0	59000000000

图层操作 ①　出水口　② 创建图层　删除图层

图层排序　上移到顶部　上移　下移　下移到底部

图 7.3-48　新增出水口图层

选择“动力模型”，点击“水利工程——工程概化”进行管道出水口的概化。

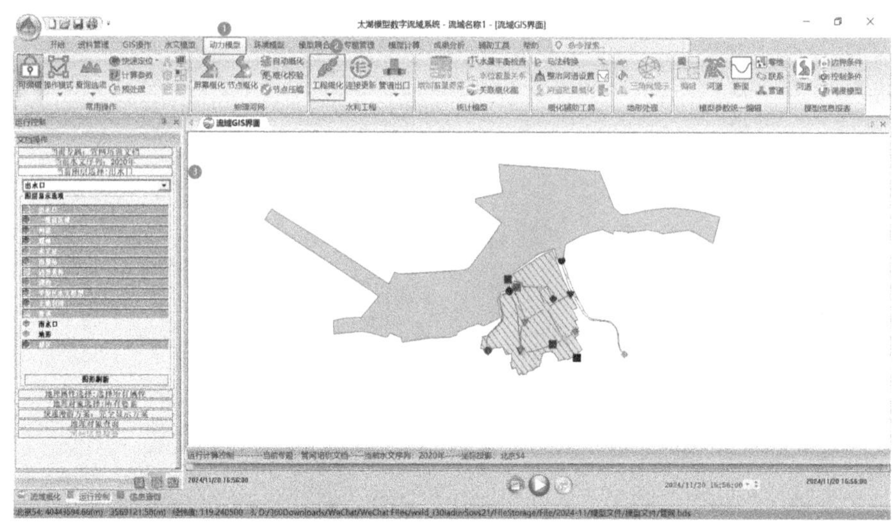

图 7.3-49　概化出水口

鼠标左击管道断面拉向湖泊，设置相关参数，这里可以修改管道出水口的位置，查看管道末断面的底高和尺寸信息。

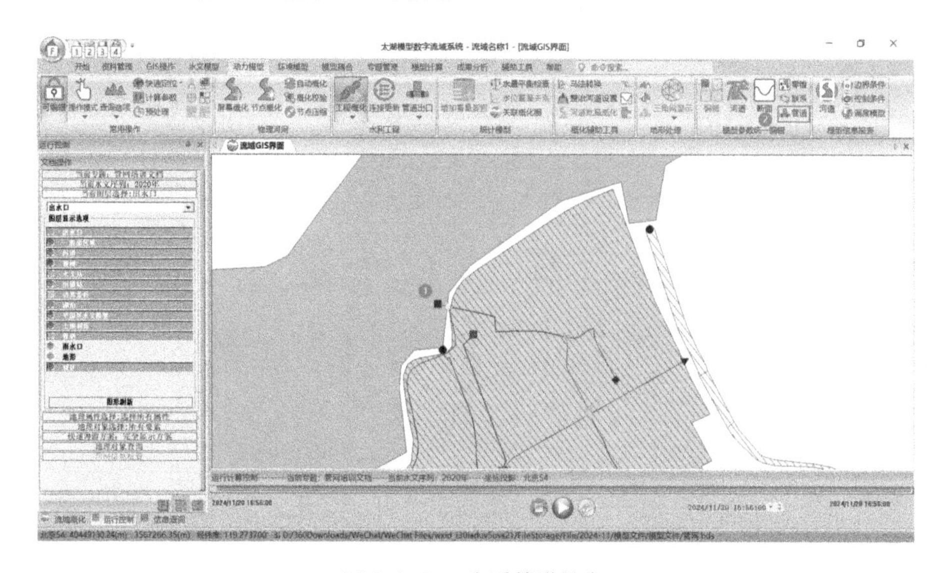

图 7.3-50　查看管道信息

选择已建出水口进行属性重新设置。选择出水口类型并设置宽度、底高，修改流出点信息为末断面。

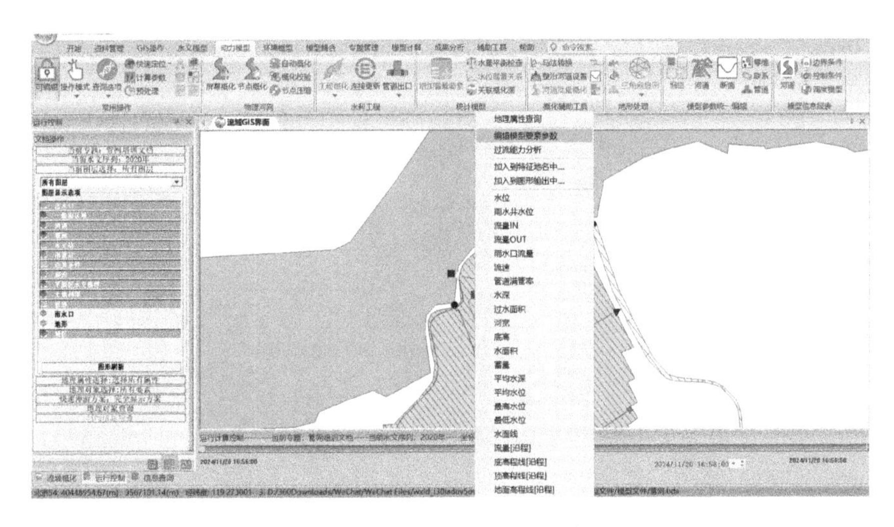

图 7.3-51　重新设置属性

7.3.4　边界设置、模型计算与输出

下面进行第三阶段模型计算及输出。

(1) 边界设置(图 7.3-52～图 7.3-57)

进行模型边界设置及计算,右击“边界条件编辑”,创建边界为“水位边界”。

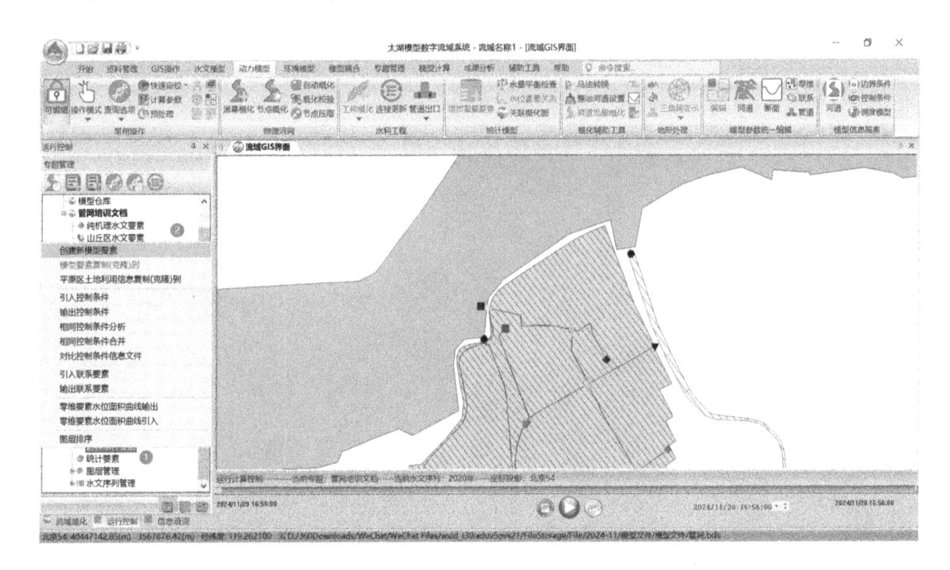

图 7.3-52　创建水位边界

按图 7.3-53 设置相应参数。

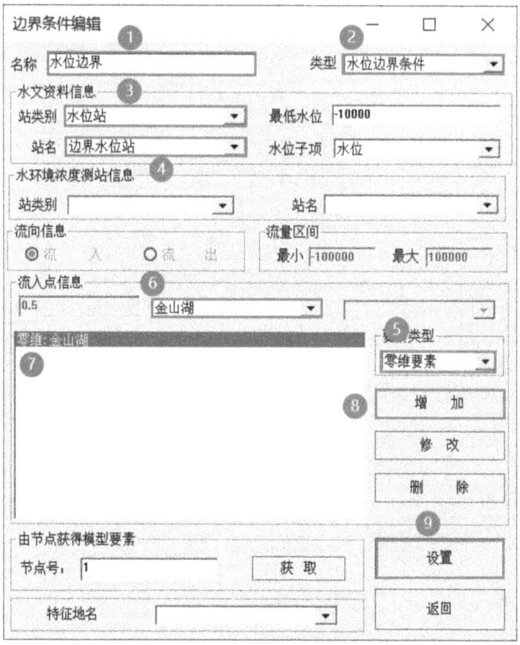

边界条件编辑
名称 水位边界 类型 水位边界条件
水文资料信息
站类别 水位站 最低水位 -10000
站名 边界水位站 水位子项 水位
水环境浓度测站信息
站类别 站名
流向信息 流 入 流 出
流量区间 最小 -100000 最大 100000
流入点信息
0.5 金山湖
零维:金山湖
类型 零维要素
增 加
修 改
删 除
由节点获得模型要素
节点号: 1 获 取
设置
特征地名
返回

图 7.3-53　设置参数

编辑水文数据,进行水位站数据的设置。

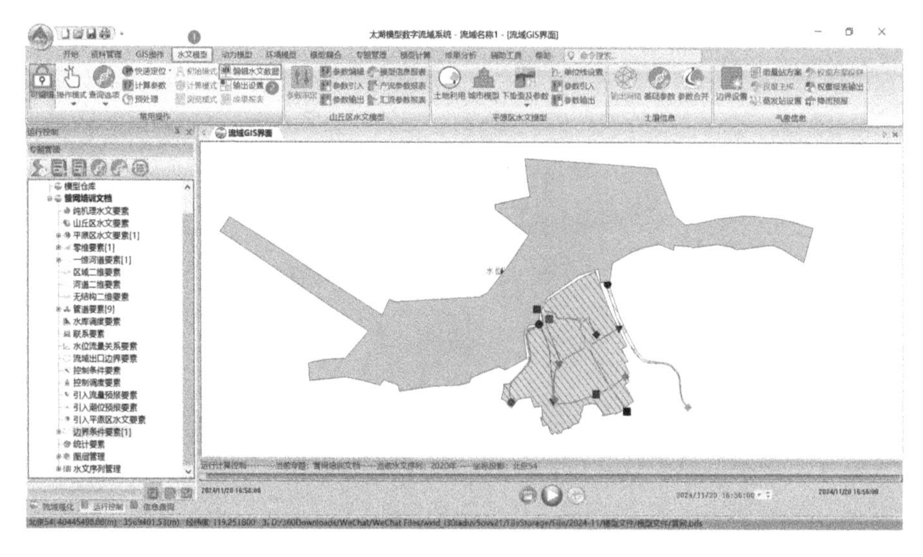

图 7.3-54　设置水位站数据

根据 Excel 中的数据修改对应年份，依次设置水位、降雨及蒸发数据。

(2) 模型计算与输出

接下来进行模型预处理，点击预处理、初始模式进行模型初始条件设置，修改计算步长为“10” s。

《管网培训文档》模型---参数调整对话框

模型计算时间步长参数							
水力模型时步长(S)	10	水文模型时步长(S)	3600	预报步长数	24	降雨预报时步长(H)	0
水文模型降雨误差处理设置							
采用降雨量均匀处理		单站均量均可 能最大比例	5.0	小时最大可能降雨量上限(mm)	150	小时最大可能降雨量下限(mm)	30
模型计算格式处理设置			平原区单位线选项	参数拟合		统计要素输出设置	
一维模型算法	传统算法		实时校正选项	传递波校正	包含河道外蓄量	统计输出步长数	1
模型成果输出控制						管网非线性求解参数	
每天第几小时		每小时第几分钟	0	每隔多少步长		松弛因子	0.150
方程迭代求解参数设置					自动生成初始条件设置		水质与泥沙模拟设置
名称	收敛条件	发散条件	迭代松弛因子	最大迭代次数	自动生成	恒定流法	计算浓度场
水位方程	0.0000001000	10000.0	1.0000	400	初始水位(m)	100000.000	计算水组成
流速方程	0.0000001000	40000.0	1.0000	400	初始水质浓度[illegible]	3	计算泥沙模型
浓度方程	0.0000001000	40000.0	1.0000	200	稳定流水位变幅	0.00010	资料收集最大时间(H)
是否保存模拟成果到数据库中		求急采用断面控制体法	方程求解采用并行	自动采用[illegible]	水质[illegible]转换选项	取上限	3
是否计算平原区河道漫堤（破圩）		涝水分析天数	10	过程线输出时间间隔(秒)	0	单位基流流量(每万KM^2)	80.0
山丘区汇流[illegible]系数		0.01000000	旁路线性水库初始调蓄水深(m)		0.01000000	节点方程求解算法	传统算法
模型成果输出到Access数据库控制					模型云服务相关设置		
每天第几小时		每小时第几分钟	0	每隔多少步长		是否支持模型云计算服务	输出到Web界面
同步水文地图校正							淹没结果全量输出

设置　返回

图 7.3-55　设置计算步长

点击“开始”按钮，按图 7.3-56 设置模型初始条件。

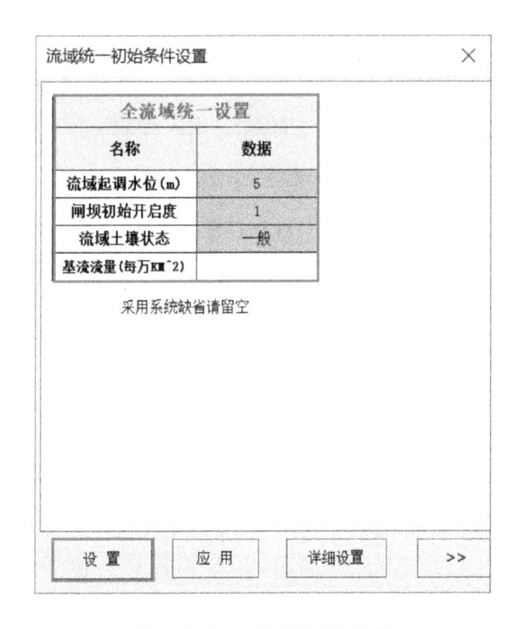

图 7.3-56　设置初始条件

点击详细设置将相关要素加入初始条件计算。

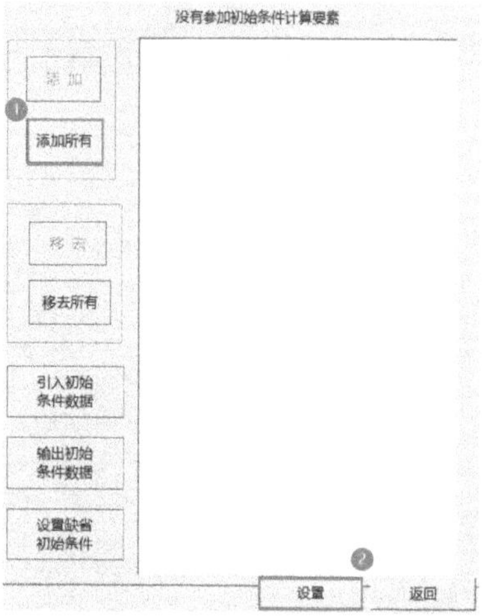

图 7.3-57　加入相关要素

模型计算到稳定状态可以停止并进行正式计算。打开土地利用图层，模型计算完毕可以查看淹没信息，在成果分析中也可以查看管网计算成果数据。

7.3.5　结果分析

(1) 计算方案

本次研究重点考虑管网 1 年、2 年、3 年、5 年一遇设计暴雨情况下的管道排水及地面积水情况，选取 1 年、2 年、3 年和 5 年一遇作为本次计算方案，河网边界条件采用河道常水位，具体计算方案见表 7.3-1。

表 7.3-1　模型计算方案表

序号	计算年型	计算边界	备注
方案一	1 年一遇	管网河网耦合(常水位 5.8 m/持续高水位 7.5 m)	管网均为现状管网
方案二	2 年一遇		
方案三	3 年一遇		
方案四	5 年一遇		

(2) 计算结果分析

根据镇江江滨片区管网设计暴雨过程，模拟计算片区管网排水情况，统计管道不达标率以及最不利情况下的积水面积，见表 7.3-2 和表 7.3-3。

表 7.3-2　模型计算成果统计表

工况	不达标长度(m)	占比	积水面积(km^2)	占比
1 年一遇	4 277	35.45%	0.175	8.37%
2 年一遇	4 936	40.91%	0.234	11.20%
3 年一遇	5 703	47.27%	0.259	12.39%
5 年一遇	7 097	58.82%	0.324	15.50%

表 7.3-3　模型计算成果统计表(金山湖 7.5 m)

工况	不达标长度(m)	占比	积水面积(km^2)	占比
1 年一遇	7 349	60.91%	0.317	15.17%
2 年一遇	7 459	61.82%	0.353	16.89%
3 年一遇	7 678	63.64%	0.379	18.13%
5 年一遇	7 897	65.45%	0.424	20.29%

经计算分析，江滨片区管道满足 1 年一遇设计标准的约占 64.55%，积水面积 0.175 km^2，约占总面积的 8.37%；满足 2 年一遇设计标准的约占 59.09%，积水面积 0.234 km^2，约占总面积的 11.20%；满足 3 年一遇设计标准的约占 52.73%，积水面积 0.259 km^2，约占总面积的 12.39%；满足 5 年一遇设计标准的约占 41.18%，积水面积 0.324 km^2，约占总面积的 15.50%。

当金山湖水位持续 7.5 m 时，边界水位发生倒灌，江滨片区管道满足 1 年一遇设计标准的约占 39.09%，积水面积 0.317 km^2，约占总面积的 15.17%；满足 2 年一遇设计标准的约占 38.18%，积水面积 0.353 km^2，约占总面积的 16.89%；满足 3 年一遇设计标准的约占 36.36%，积水面积 0.379 km^2，约占总面积的 18.13%；满足 5 年一遇设计标准的约占 34.55%，积水面积 0.424 km^2，约占总面积的 20.29%。

第 8 章

模型耦合

8.1 水文特征单元间的耦合

上文介绍了各水文特征单元的水循环过程中各阶段要根据需要采用最合适的模型算法模拟其中的水循环过程，其中模型可以是分布式的，也可以是集总式的，利用水文特征单元的概念可对其中关心的问题做精细、专门的研究，而对其他精度要求不高的区域可以采用成熟的模型进行模拟，这样可以有重点地进行研究。水文特征单元间的耦合，实际上是各特征单元交界面上的水量交换问题。某些特征单元交界面上的水量交换，在某一时间段是单向的或者变化的，时间尺度较大，可以采用显式连接方式进行耦合，如在垂向分层之间以降雨、蒸散发及下渗作为特征单元界面的交换方式时，可以采用显式连接耦合方式，也即产流型单元间、产流与汇流单元间可以采用显式连接的耦合方式。但对于汇流单元间的耦合，在同一垂向层中，由于特征单元间的界面水量交换频繁，且交换水量的时间尺度小，尤其是地表层的特征单元间的耦合，如中下游区域的平原区河道单元、湖泊行蓄洪区单元、闸坝单元间的耦合必须采用隐式耦合的方式解决，对于不同垂向分层汇流特征单元间的耦合，由于地下水运行的时间尺度较大，且其交换一般在同一时间是单向的，在现有的认知尺度下，可采用显式连接的耦合方式。下面重点构建地表单元间的耦合模型。

反映地表水流运行的一个重要参数是水位，水位的高低可以直观地反映水流运行的情况，研究者在知道水位后，相应的流量、流速等其他水力要素均可计算出来，河网节点、河网二维单元的边界点及湖泊行蓄洪区圩区单元的网格节点的水量平衡方程均相同，因此可将河网节点、河网二维单元的边界点及湖泊行蓄洪区圩区单元的网格节点统称为水位节点，其相应的水量平衡方程称为节点水位方程，将边界条件代入相应的节点水位方程中可以得到节点水位线性完备的代数方程组，对节点水位方程采用直接或迭代解法[111]求解出所有节点的水位过程，然后回代求解出河道断面水位流量、二维单元水位流速等水力要素。从中可看出，建立节点水位方程是耦合模型的关键，节点水位求出后，其他水力要素就能很快解出。

在流域水循环的研究中，产流过程与汇流过程的空间分布相比，汇流的分布式研究要更复杂一些，产流的空间分布研究相对比较简单，由于产流主要与下垫面因素相关，因此在产流计算单元的划分上无需做很小尺度的剖分，只需按照正常下垫面空间分布进行单元剖分。汇流的空间分布研究，需要在空间上剖分为相应的水文计算单元，一般取与时间尺度相当的汇流流程长作为空间剖分的尺度较为合适。上述研究提出的水文特征单元分类并不是唯一的分类，随着研究的深入及对流域水循环机理的进一步认识，水文特征单元可进一步细分，同时随着研究区域的扩大，还可增加水文特征单元类型，如大气水分的迁移与转化类型及海洋水循环区域单元等。

8.1.1 水文水动力的耦合

(1) 山丘区产汇流

为了模拟地表径流在整个山丘区流域内的流动，就要确定水流在每个栅格单元格内的流动方向。栅格单元格的水流方向是指水流流出该单元格的方向。一场降雨产生的地表径流在流域空间上总是从地势高处流向地势低处，又总是主要沿着坡度最大的方向流动，最终流向流域出口或河道断面上。实际中通常将每一个单元格看作一个点，根据流域的 DEM，采用 D8 法分析确定水流方向，即在 DEM 网格上，计算中心网格与相邻网格间的坡度，取坡度最大的网格为中心网格的流出网格(图 8.1-1)，该方向即为中心网格的流向。根据全流域的 DEM 资料，即可得到流域分水线、水系、流域面积区域以及子流域间的拓扑关系，因此模型中研究区域的所有栅格单元是从上游最终汇向一个出口点，从而实现山丘区的坡面产流与河道汇流的耦合。

(2) 平原区产汇流

高度城镇化地区地势平坦，水系发达，河流纵横交错，多呈网状分布。其汇流过程不同于山丘区，没有统一的汇流出口，而是将产水汇流到周边河道里。为了研究平原区产水量的河网分配，引入河网多边形的概念，可实现产流过程与水动力过程的耦合。

河网多边形是指由概化河网、各类分界线所围成的封闭区域，图 8.1-2 中 A 为概化河道围成的多边形；B 为概化河道与分界线(边界线、平原山区分界线、湖泊边界线、山丘分水线等)围成的多边形；C 为分水线与湖泊边界线围成的多边形。图 8.1-2 中 A 多边形面积上的产水或需水必须经周边的概化河道排泄或补给。B 多边形产水量或需水量只可能通过概化河道周边排出或补给，其他性质的边，例如沿江、沿海、湖泊岸边、山丘分水线或平原区的分界线等，是不能排泄多边形水量的。C 是一些特殊的多边形，它的周边无概化河道，例如滨湖的一些山丘，滨湖一侧的山丘区降雨产流只可能汇入湖泊。

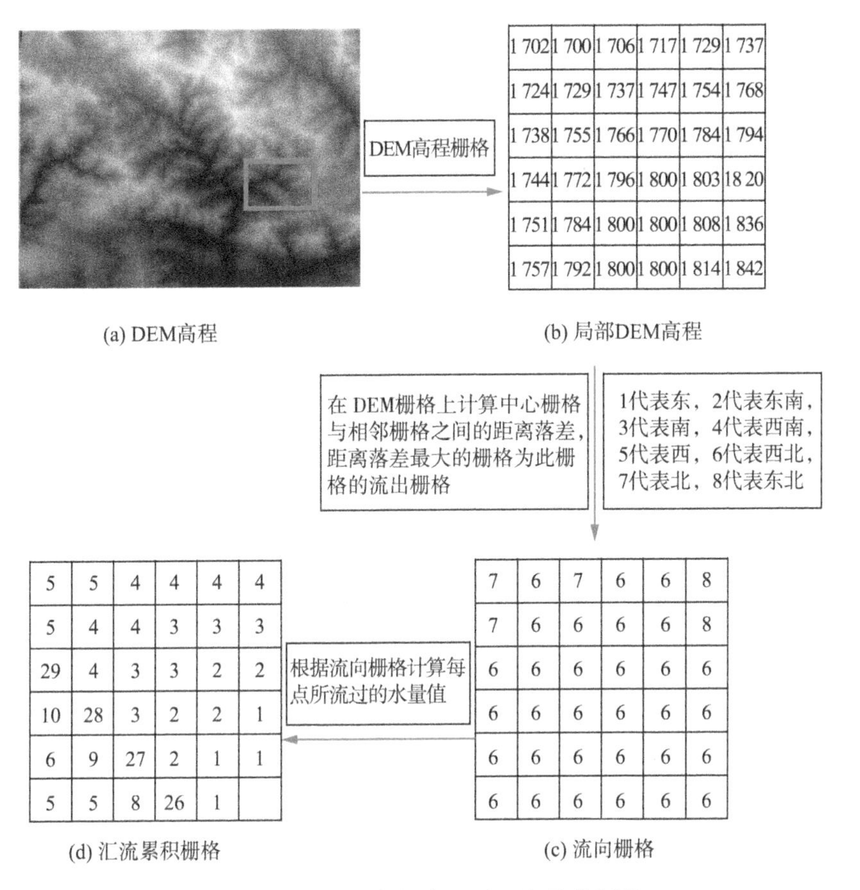

图 8.1-1　DEM 方向阵、汇流累积阵分析图

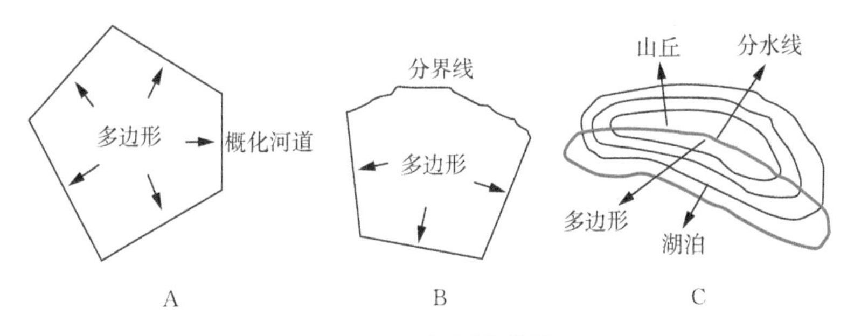

图 8.1-2　河网多边形

在没有微地形的情况下，多边形的产水量到周边河道的分配需做假定。有以下几种假定可供考虑和选择：①沿河长均匀分配；②根据距河道最短距离分配；③以河道过水能力为权重分配；④以距离和河道过水能力为权重分配。

为满足数值计算的需要，将计算区域划分为网格，例如 1 km ×1 km，利用此网格将分区和下垫面信息栅格化。为了便于数值模拟计算，对于分区而言，一个网格只有一个分区信息，而对于下垫面信息，一个网格可以包括多种下垫面信息。因此，对于跨两个或更多个分区的网格，取权重最大的分区作为该网格的分区；一个网格中的某种下垫面的面积可以小于网格面积，但各种下垫面的面积总和必须等于网格总面积。

为了将降雨所产生的水量分配到计算的各河道并考虑流域的调蓄，将河道多边形的产水量沿河长均匀分配到周边河道。此种处理方法假定水面、水田、旱地、城镇等下垫面在多边形内是均匀分布的。但实际分布是不均匀的，例如在城市附近，城镇面积所占比重较大。为了更准确地模拟平原区汇流，反映分区内下垫面的不均匀分布，利用地理信息系统提取所获得的下垫面的分布信息，把下垫面信息分配到概化河道。

图 8.1-3 是由概化河道构成的多边形，多边形由河道 1、2、3、4、5 构成，多边形面积为 A。多边形的面积及其圩内、圩外各类下垫面面积，可以用其覆盖的网格计算得到。多边形所包含面积上的数值只能分配到多边形周围概化河道 1、2、3、4 及 5。多边形中任一网格，都需要明确它的产流流向哪一条河道，其灌溉需水量又是取自于哪一条河道。在没有详细地形的情况下，假定该网格与其距离最近的河道相联系，即取图中距离 s 最小的概化河道作为与该网格相联系的概化河道，例如概化河道 5，即该网格的产水量流入与其相联系的概化河道 5，该网格的灌溉需水量亦只能从概化河道 5 引取。该网格与其他概化河道 1、2、3、4 无关。

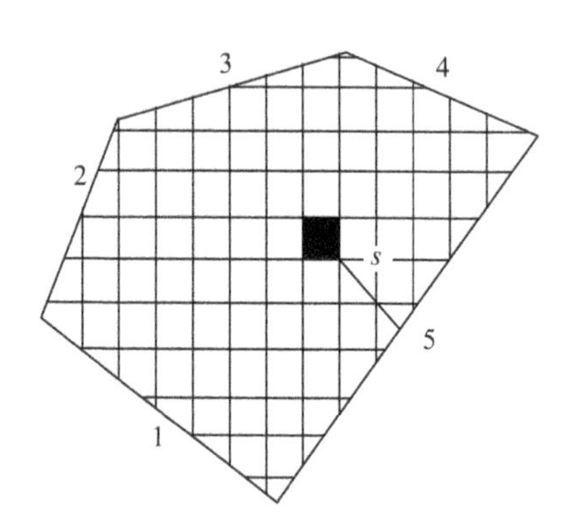

图 8.1-3　河网多边形栅格化处理

仅把距离大小作为网格与周围概化河道相联系的唯一依据，有时会产生不合理的结果，往往会出现一条小河与很多网格相联系的情况，结果在洪水时，有太多的雨洪汇集到该条小河，来不及排泄而形成高水位；或需要太多的灌溉水量而使得河道干涸。从模型计算的稳定性方面考虑，在分配中考虑河道过水能力，取综合系数：

$$\theta=\frac{s}{AR^{0.67}} \tag{8.1.1}$$

式中：θ 为综合系数；A 为过水面积，m^2；R 为水力半径，m；s 为计算网格到概化河道的最小距离，m。

将网格分配到多边形周边综合系数最小的那条概化河道，网格所属的下垫面亦随着网格的分配而归属于相应的概化河道。

8.1.2　城镇汇水单元与管网耦合

目前应用最为广泛的 SWMM 模型采用检查井作为地表与地下管网系统的连接要素，但是在实际生活中，为了不影响交通正常运行，检查井几乎处于完全密封的状态，并不具备过流能力，即使是在极端暴雨的条件下，也只有极少数的检查井被人为打开进行紧急排涝。城市涝水主要通过建立在路边的雨水篦子进入管网系统，因此，本研究认为雨水篦子是联系汇水区地表与地下管网系统的关键。

降雨经由区域水文模型计算产流，但由于地势低洼处易形成积水，可再次调蓄，因此将区域产流在进入雨水井之前的阶段，概化为区域调蓄过程。区域产流汇入区域调蓄单元，再由调蓄单元汇入雨水井。当地面水深较浅未完全淹没雨水井时采用堰流公式计算雨水井过流能力，当地面水深增加将雨水井完全淹没后采用孔口产流量计算公式来计算雨水井的过流能力。

城市地表与管网耦合方法示意图如图 8.1-4 所示，对于汇聚到雨水篦子所在网格的产流量，可认为其存储在调蓄单元中，通过汇水区内的地形高程计算调蓄单元的水位-面积关系，根据时段内地表汇产流量、雨水篦子补给地下管网产流量以及雨水篦子溢出产流量对调蓄单元进行水量平衡计算：

$$Q_{\text{Runoff}}-Q_{\text{Grate}}=\frac{\int_{Z_s^0}^{Z_s^t}As(z)\mathrm{d}z}{\mathrm{d}t} \tag{8.1.2}$$

式中，Q_{Runoff} 为时段内地表汇产流量，m^3/s；Q_{Grate} 为时段内的雨水篦子过产流量，其为正值代表从调蓄单元补给地下管网系统的产流量，负值代表从地下管网系统溢出至调蓄单元的产流量，m^3/s；Z_s^0 为时段初调蓄单元水位，m；Z_s^t 为时段末调蓄单元水位，m；$As(z)$为调蓄单元水位对应水面面积，m^2。差分格式为：

$$Q_{\text{Runoff}}-Q_{\text{Grate}}=As(Z_s^0)\frac{(Z_s^t-Z_s^0)}{\Delta t} \tag{8.1.3}$$

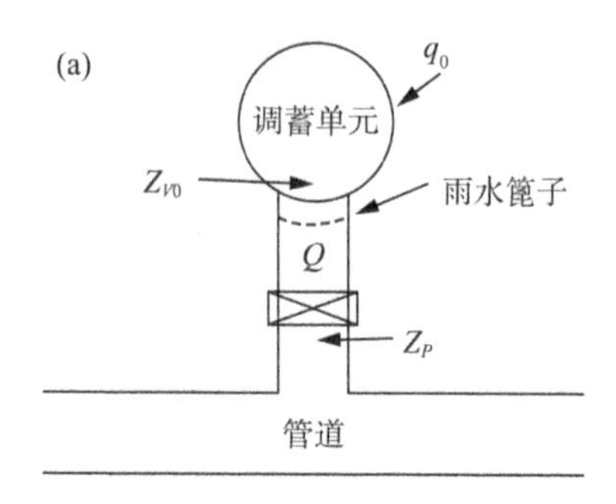

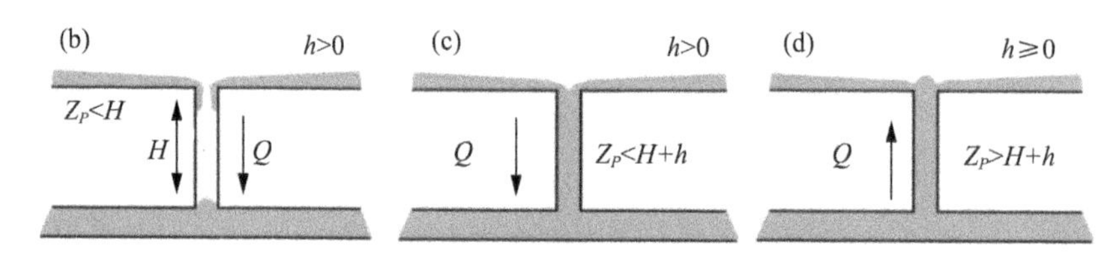

图 8.1-4　地表与管道产流量耦合交互方法

地表径流通过雨水井进入管道之后，经过管道与管道之间的连接点，最终汇流到排水口，进而汇入周边管道或河网耦合，其耦合概化方法如图 8.1-5 所示。

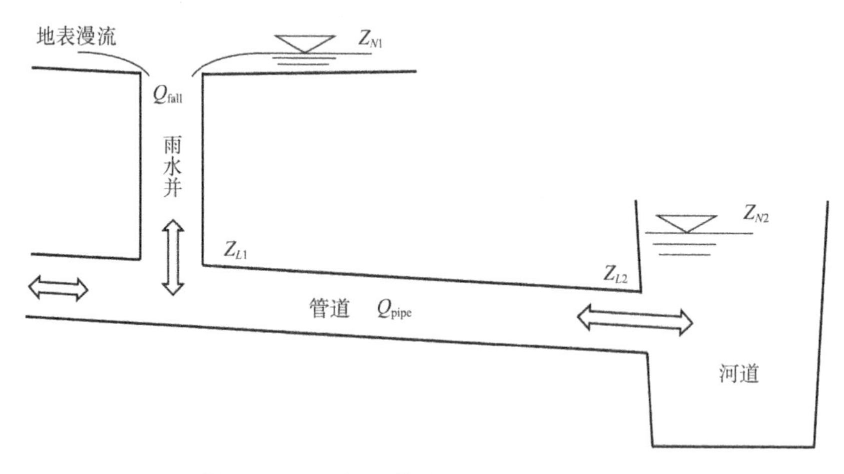

图 8.1-5　雨水井、管道以及河道耦合概化图

8.1.3　水动力之间的耦合

水流运动模拟由零维、一维、二维(准三维)模拟所组成,各部分模拟必须耦合联立才能求解,各部分模拟的耦合是通过模拟区域中控制水流运动的堰、闸、泵等进行连接,控制建筑物的过流产流量可以用水力学的方法来模拟,对于不同的控制建筑物采用相应的水力学公式进行计算,采用局部线性化离散出产流量与上下游水位的线性关系。

在河网水流模拟计算中,河道的交汇点称为节点,对于河网节点,按节点处的蓄水面积可分为两类:一是节点处有较大的蓄水面积,节点的水位变化产生的蓄水量变化不可忽略,这一类节点称为有调蓄节点;另一类是节点处的水量调蓄面积较小,水位变化产生的节点蓄水量变化可以忽略不计,这一类节点称为无调蓄节点。在河网一维水流计算中,节点实际上有一个基本假定:与河网节点相通的河道断面水位是相等的。即节点水面是平的,不考虑其中的水头差。

河网节点水量平衡式为:

$$\sum Q = A(z)\frac{\partial Z}{\partial t} \tag{8.1.4}$$

式中:$A(z)$为节点调蓄面积,$\sum Q$为包括降雨产汇流、河道出入流在内的所有出入节点的产流量。

从上述推导可见,在河网模拟计算中,节点水位的求解是整个河网水流模型计算的关键,节点水位获得后可以计算得到河道任一断面的产流量,也是全流域耦合的关键。对于每一个节点,根据节点类型分别建立相应的水量平衡方程,结合边界节点的边界条件,可构建关于节点水位的完备线性方程组,从而实现水动力过程之间的耦合求解。

8.2　模型耦合实践案例

8.2.1　建模流程

建模过程详见图8.2-1～图8.2-10。

首先选择麒麟湖水文水动力模型,右击派生新专题,将专题名称改为“麒麟湖+沿渡河产流”。点击设置。

右击,将其设为当前运行专题。

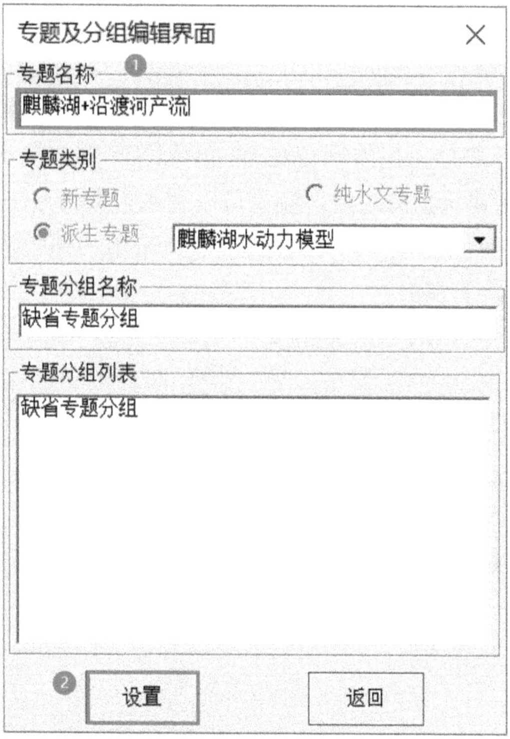

专题及分组编辑界面

专题名称 ❶

麒麟湖+沿渡河产流

专题类别

新专题　　纯水文专题

派生专题　　麒麟湖水动力模型

专题分组名称

缺省专题分组

专题分组列表

缺省专题分组

❷ 设置　　返回

图 8.2-1　派生新专题

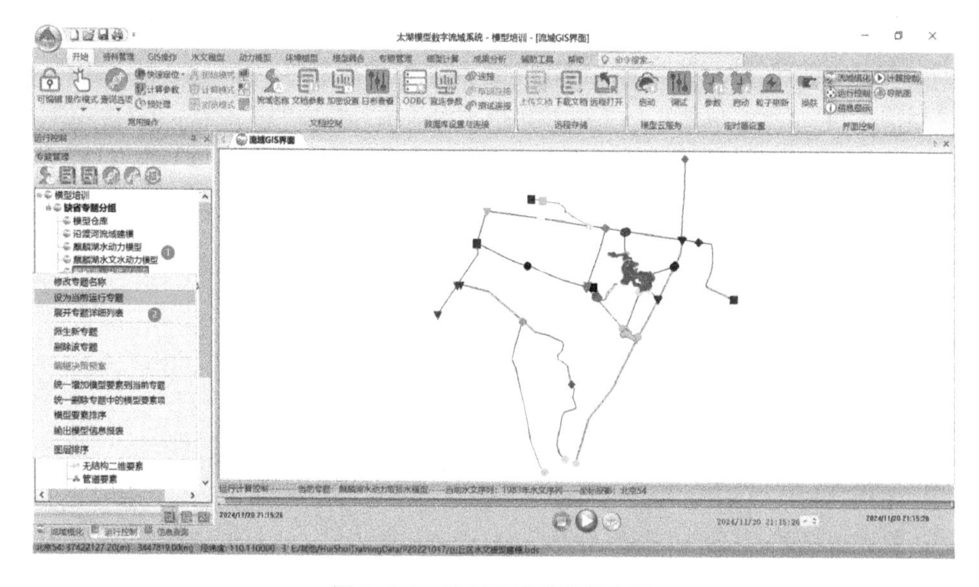

图 8.2-2　设置为当前运行专题

点击 GIS 操作中图层管理。将图层管理中的图层操作命名为“山区水文模型”,点击创建图层。

图层管理

图层列表

序号	名称	是否显示	是否参与查询	显示比例范围	
				下限	上限
1	平原区水文模型	否	是	0	59000000000
2	平原区土地利用	否	是	0	59000000000
3	一维河道	是	是	0	59000000000
4	湖泊	是	是	0	59000000000
5	湖泊地形	是	是	0	59000000000
6	水闸	是	是	0	59000000000
7	边界条件	是	是	0	59000000000
8	流量站	否	是	0	59000000000
9	水位站	否	是	0	59000000000
10	山丘区水文模型	否	是	0	59000000000
11	平原区雨量站	否	是	0	59000000000
12	雨量站泰森多边形	否	是	0	59000000000

图层操作 ① 山丘区水文模型 ② 创建图层 删除图层

图层排序 上移到顶部 上移 下移 下移到底部

图 8.2-3 图层管理

点击“麒麟湖+沿渡河产流”,选择“统一增加模型要素到当前专题”。

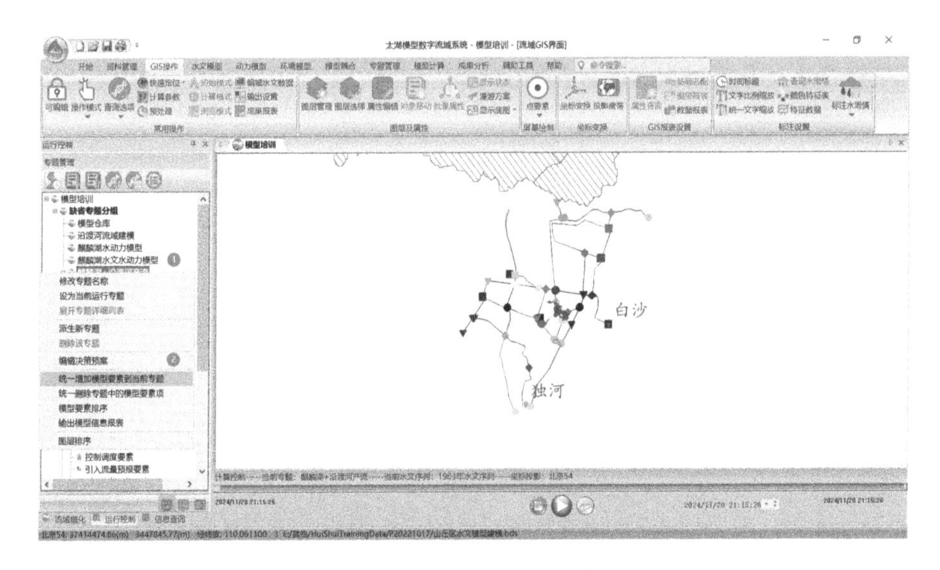

图 8.2-4 增加模型要素

在模型类别列表里选择“水文预报要素”，在地理属性列表里选择“0_所有属性”，将沿渡河 1～5 及沿渡河 1 级支流 2～5 全选，专题图层列表里选择山区水文模型，点击增加。

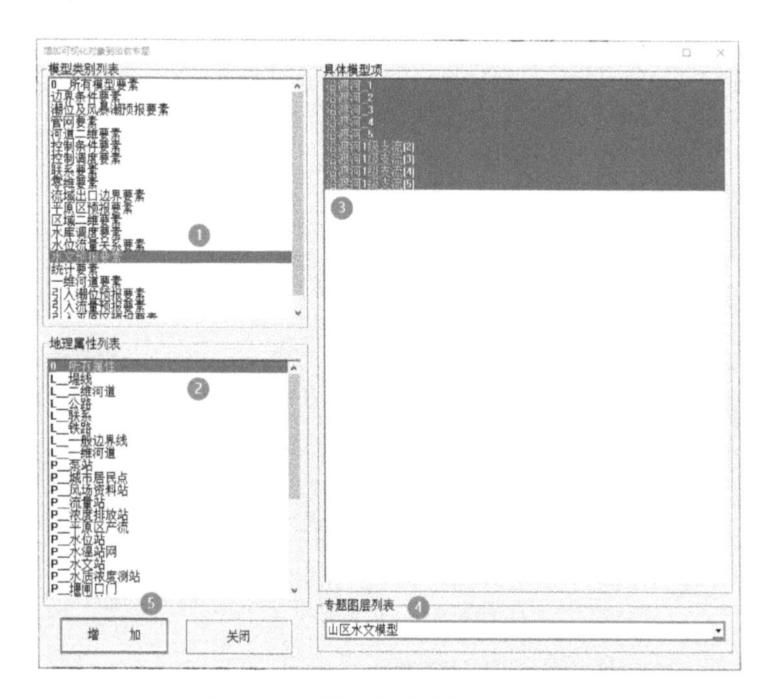

图 8.2-5 增加可视化对象到当前专题

点击“水文预报要素[9]”，选择“沿渡河_5”。

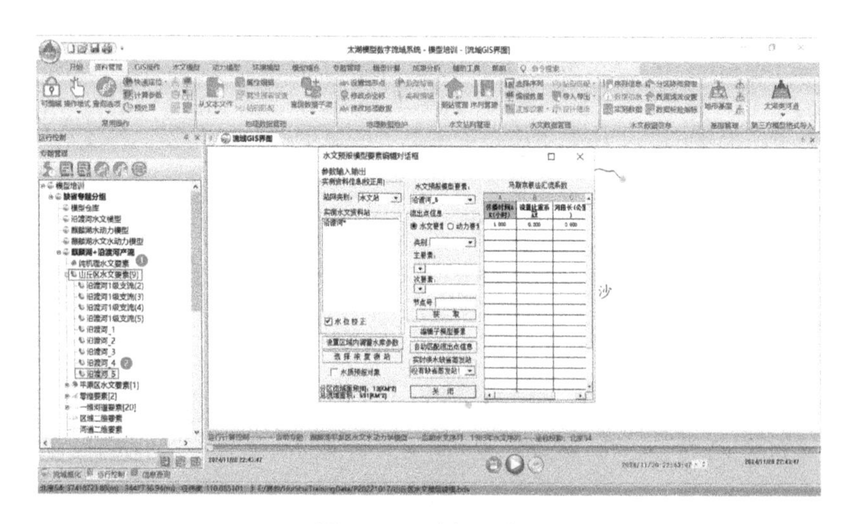

图 8.2-6 选择沿渡河

流出点信息选择“动力要素”，类别选择“一维河道要素”，主要素选择“龙王庙排洪渠”，次要素选择“龙王庙排洪渠-7”。

图 8.2-7　设置要素编辑

选择“模型计算”，点击“预处理”，点击“初始模式”。

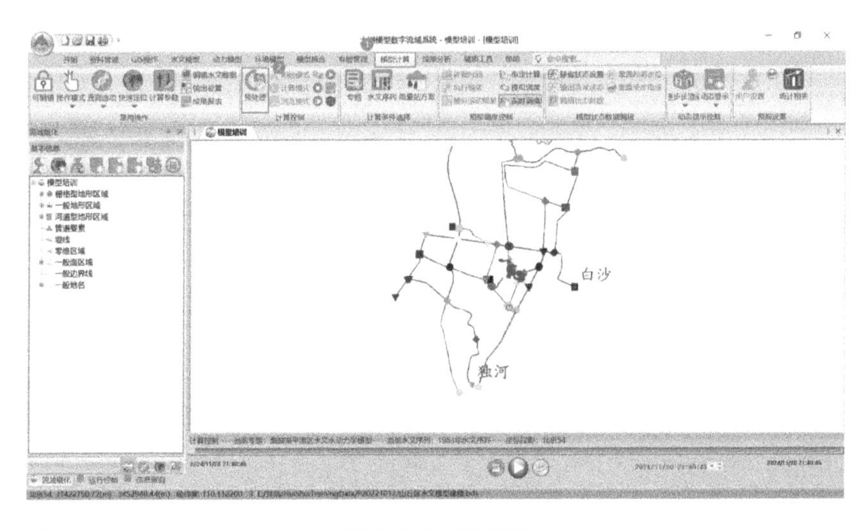

图 8.2-8　预处理

在流域统一初始条件设置里，“流域起调水位”选择“3” m，“闸坝初始开启度”选择“1”，“流域土壤状态”选择“一般”，点击设置。

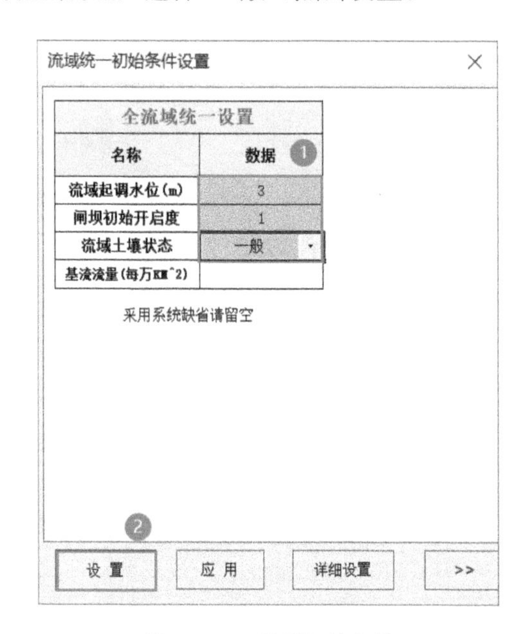

图 8.2-9 设置初始条件

在模型计算里选择计算模式，点击下方“启动”。选择“逐日渲染”。

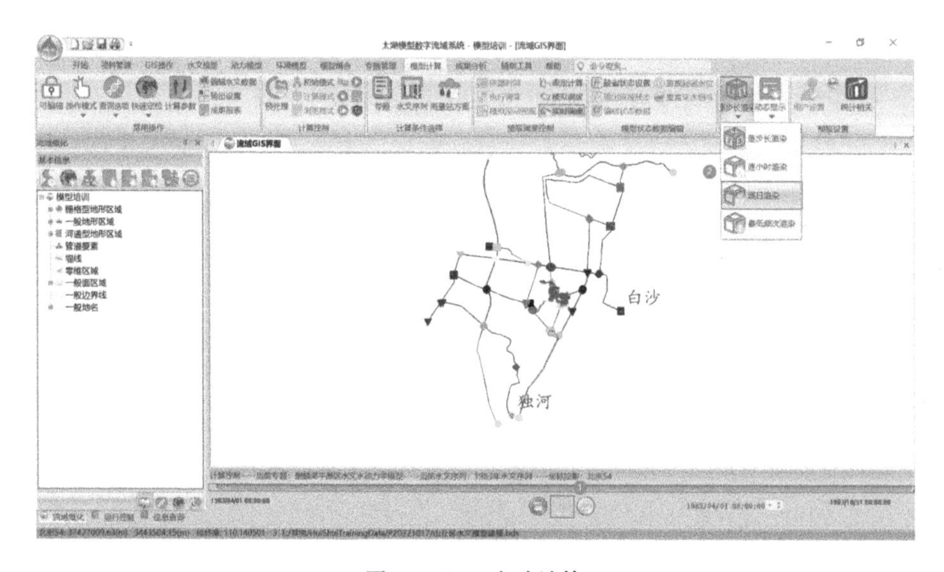

图 8.2-10 启动计算

在结果图形输出里选择“麒麟湖”，得到计算结果。

8.2.2 结果分析

对于平原河网水动力-山丘区耦合模型，无闸时湖泊水位与时间变化关系结果如图8.2-11所示，湖泊1与湖泊2水位变化基本一致，在1983年5月1日至5月25日左右水位发生明显突变，水位最大值都出现于1983年5月10日，湖泊1最大水位为6.550 m，湖泊2最大水位为6.413 m，整体呈现均匀波动状，但较不耦合时，波动较不均匀，在研究时段的后半部分1983年9月1日至10月28日，存在两个较明显的波动。平均水位前者为3.633 m，后者为3.596 m。水位值较不耦合时总体增大。

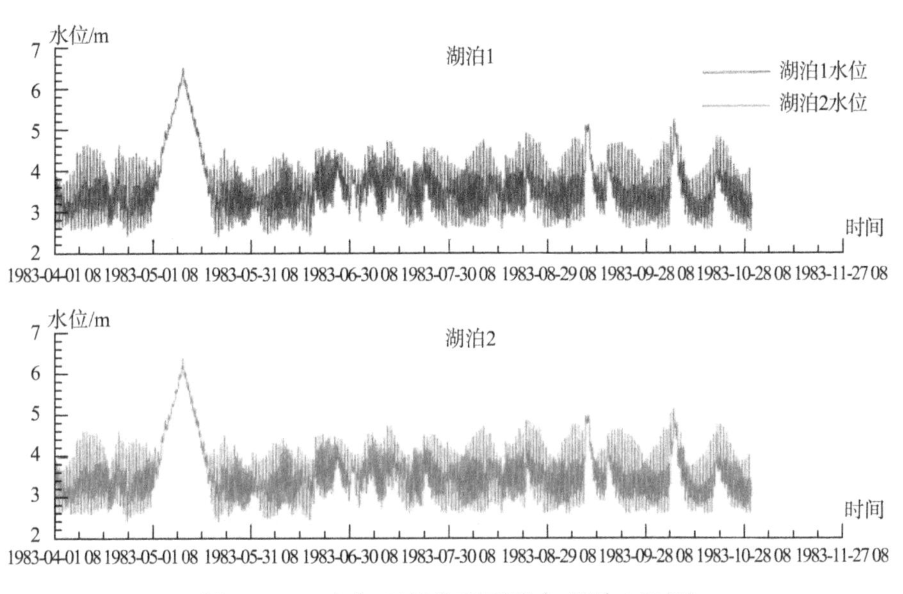

图8.2-11　水位-时间关系图(耦合，湖泊1无闸)

有闸时湖泊水位与时间变化关系结果如图8.2-12所示，湖泊1由于水闸设置在1983年5月1日至5月25日左右水位保持均匀变化，湖泊2发生明显突变，最大值为6.499 m，湖泊1最大水位为4.160 m，湖泊2最大水位为6.499 m，较不耦合时，波动不均匀，在研究时段的1983年9月1日至10月28日，存在三次较显著的波动。平均水位前者为3.496 m，后者为3.592 m。水位值较不耦合时整体偏大，较无闸时整体偏小。

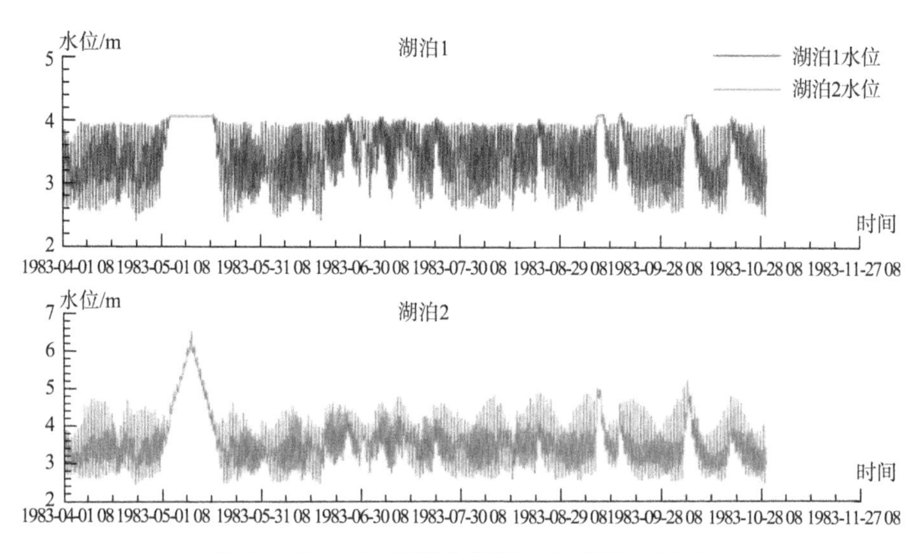

图 8.2-12　水位-时间关系图(耦合,湖泊 1 有闸)

参考文献

[1] 赵人俊. 流域水文模拟——新安江模型与陕北模型[M]. 北京：水利电力出版社，1984.

[2] 芮孝芳，朱庆平. 分布式流域水文模型研究中的几个问题[J]. 水利水电科技进展，2002(3)：56-58+70.

[3] 王中根，刘昌明，吴险峰. 基于 DEM 的分布式水文模型研究综述[J]. 自然资源学报，2003(2)：168-173.

[4] 熊立华，郭生练. 分布式流域水文模型[M]. 北京：中国水利水电出版社，2004.

[5] SINGH V P. Computer models of watershed hydrology[M]. Colorado，USA：Water resources publications，1995.

[6] 贾仰文，王浩，倪广恒，等. 分布式流域水文模型原理与实践[M]. 北京：中国水利水电出版社，2005.

[7] SHERMAN L K. Streamflow from rainfall by the unit-graph method [J]. Eng. News Record，1932，108:501-505.

[8] HORTON R E. The Role of infiltration in the hydrologic cycle[J]. Eos，Transactions American Geophysical Union，1933，14(1)：446-460.

[9] MCCARTHY G T. The unit hydrograph and flood routing[C]. Conference of the North Atlantic Division of US Corps of Engineers，1938.

[10] CLARK C O. Storage and the unit hydrograph[J]. Transactions of the American Society of Civil Engineers，1945，110(1)：1419-1446.

[11] HORTON R E. Erosional development of streams and their drainage basins; hydrophysical approach to quantitative morphology[J]. Geological Society of America Bulletin，1945，56(3)：275-370.

[12] CRAWFORD N H，LINSLEY R E. Digital simulation in hydrology：

Stanford watershed model Ⅳ[R]. Department of Civil Engineering, University of California, Technical Report No. 39, 1966.

[13] LINSLEY R K, CRAWFORD N H. Computation of a synthetic stream-flow record on a digital computer[J]. Int. Ass. Hydrol. Publ. 1960 (51): 526-538.

[14] SUGAWARA M. The flood forecasting by a series storage type model [M]//Floods and their computation: Proceedings of the Leningrad Symposium, 1969.

[15] ZHAO R J. Flood forecasting method for humid regions of China[R]. Technical Report, East China College of Hydraulic Engineering, Nanjing, China, 1977.

[16] ZHAO R J, LIU X R, SINGH V P. The Xin'anjiang model[J]. Computer Models of Watershed Hydrology, 1995: 215-232.

[17] TODINI E. The ARNO rainfall-runoff model[J]. Journal of Hydrology, 1996, 175(1-4): 339-382.

[18] MCCUEN, RICHARD H. A guide to hydrologic analysis using SCS methods[M]. Englewood Cliffs: Prentice-Hall, Inc, 1982.

[19] CLINE T J, MOLINAS A, JULIEN P Y. An auto-CAD-based watershed information system for the hydrogic model HEC-1 [J]. Jawra Journal of the American Water Resources, 1989, 25(3): 641-652.

[20] 袁作新. 流域水文模型[M]. 北京：水利电力出版社，1990.

[21] FREEZE R A, HARLAN R L. Blueprint for a physically-based, digitally-simulated hydrologic response model[J]. Journal of Hydrology, 1969, 9(3): 237-258.

[22] ABBOTT M B, BATHURST J C, CUNGE J A, et al. An introduction to the European hydrological system-Systeme Hydrologique Europeen, "SHE", 1: History and philosophy of a physically-based, distributed modelling system[J]. Journal of Hydrology, 1986, 87(1-2): 45-59.

[23] ABBOTT M B, BATHURST J C, CUNGE J A, et al. An introduction to the European hydrological system-Systeme Hydrologique Europeen, "SHE", 2: Structure of a physically-based, distributed modelling system[J]. Journal of Hydrology, 1986, 87(1-2): 61-77.

[24] BEVEN K J, CALVER A, MORRIS E M. The institute of hydrology

distributed model[R]. UK: Institute of Hydrology. Report No. 98, 1987.

[25] 李致家，刘金涛，葛文忠，等. 雷达估测降雨与水文模型的耦合在洪水预报中的应用[J]. 河海大学学报(自然科学版)，2004,32(6)：601-606.

[26] 刘三超，张万昌，高懋芳，等. 分布式水文模型结合遥感研究地表蒸散发[J]. 地理科学，2007(3)：354-358.

[27] 梁钟元，贾仰文，李开杰，等. 分布式水文模型在洪水预报中的应用研究综述[J]. 人民黄河，2007(2)：29-32.

[28] LIU X R. Climate change and large-scale hydrology in climate change and large-scale hydrology[M]. Nanjing: Hohai University Press, 1998.

[29] 刘新仁. 系列化水文模型研究[J]. 河海大学学报，1997(3)：9-16.

[30] 赵柏林，丁一汇. 淮河流域能量与水分循环研究(一)[M]. 气象出版社，1999.

[31] 金鑫，郝振纯，张金良. 水文模型研究进展及发展方向[J]. 水土保持研究. 2006(4)：197-199+202.

[32] CALVER A, WOOD W L. On the discretization and cost-effectiveness of a finite element solution for hillslope subsurface flow[J]. Journal of Hydrology, 1989, 110(1-2): 165-179.

[33] BANDINI F, BUTTS M, JACOBSEN T V, et al. Water level observations from unmanned aerial vehicles for improving estimates of surface water-groundwater interaction[J]. Hydrological Processes, 2017, 31(24): 4371-4383.

[34] 刘昌明，郑红星，王中根，等. 流域水循环分布式模拟[M]. 郑州：黄河水利出版社，2006.

[35] REFSHAARD J C, STORM B. MIKE SHE[J]. Computer Models of Watershed Hydrology, 1995: 809-846.

[36] WIGMOSTA M S, NIJSSEN B, STORCK P, et al. The distributed hydrology soil vegetation model [M]. Mathematical Models of Small Watershed Hydrology and Applications, Water Resource Publications, 2002.

[37] WIGMOSTA M S, VAIL L W, LETTENMAIER D P. A distributed hydrology-vegetation model for complex terrain[J]. Water Resources Research, 1994, 30(6): 1665-1679.

[38] LU M, KOIKE T, HAYAKAWA N. Distributed Xin'anjiang model using radar measured rainfall data[C]. Proceedings of International

Conference on Water Resources & Environmental Research: Towards the 21st Century. 1996, 1: 29-36.

[39] NEITSCH S L, ARNOLD J G, KINIRY J R, et al. Soil and water assessment tool theoretical documentation version 2009[R]. Texas Water Resources Institute, 2011.

[40] 丁晋利,郑粉莉. SWAT模型及其应用[J]. 水土保持研究,2004,11(4):128-130.

[41] 王中根, 刘昌明, 黄友波. SWAT模型的原理、结构及应用研究[J]. 地理科学进展, 2003, 22(1): 79-86.

[42] 夏军. 水文非线性系统理论与方法[M]. 武汉:武汉大学出版社,2002.

[43] 芮孝芳,黄国如. 分布式水文模型的现状与未来[J]. 水利水电科技进展,2004(2):55-58.

[44] BEVEN K J, KIRKBY M J. A physically based, variable contributing area model of basin hydrology[J]. Hydrological Sciences Bulletin, 1979, 24(1): 43-69.

[45] DUAN J, MILLER N L. A generalized power function for the subsurface transmissivity profile in TOPMODEL[J]. Water Resources Research, 1997, 33(11): 2559-2562.

[46] FRANCHINI M, WENDLING J, OBLED C, et al. Physical interpretation and sensitivity analysis of the TOPMODEL[J]. Journal of Hydrology, 1996, 175(1-4): 293-338.

[47] 李致家,张珂,姚成. 基于GIS的DEM和分布式水文模型的应用比较[J]. 水利学报,2006(8):1022-1028.

[48] LIU Z, TODINI E. Towards a comprehensive physically-based rainfall-runoff model[J]. Hydrology and Earth System Sciences, 2002, 6(5): 859-881.

[49] SINGH V P, FREVERT D K. Mathematical models of large watershed hydrology[M]. Littleton, Colorado: Water Resources Publication, 2002.

[50] LIU Z, TODINI E. Towards a comprehensive physically-based rainfall-runoff model[J]. Hydrology and Earth System Sciences, 2002, 6(5): 859-881.

[51] 刘志雨. ArcTOP:TOPKAPI与GIS紧密连接的分布式水文模型系统[J]. 水文,2005(4):18-22.

[52] 刘志雨,谢正辉. TOPKAPI模型的改进及其在淮河太湖流域洪水模拟中的应用研究[J]. 水文,2003(6):1-7.
[53] 程文辉，王船海，朱琰. 太湖流域模型[M]. 河海大学出版社,2006.
[54] 李光炽,王船海. 内涝型流域洪灾洪水模拟[J]. 成都科技大学学报,1995(1):87-96.
[55] 王船海,郭丽君,芮孝芳,等. 三峡区间入库洪水实时预报系统研究[J]. 水科学进展,2003,14(6):677-681.
[56] 王船海,李光炽. 行蓄洪区型流域洪水模拟[J]. 成都科技大学学报,1995(2):6-14.
[57] BEVEN K J. How far can we go in distributed hydrological modeling? [J] Hydrology and Earth System Sciences, 2001, 5(1):1-12.
[58] 戚晓明,陆桂华,金君良. 水文尺度与水文模拟关系研究[J]. 中国农村水利水电,2006(11):28-31.
[59] 奇欢，王小平. 系统建模与仿真[M]. 北京：清华大学出版社,2003.
[60] PORPORATO A, RIDOLFI L. Nonlinear analysis of river flow time sequences[J]. Water Resources Research, 1997, 33(6): 1353-1367.
[61] REGGIANI P, SIVAPALAN M, HASSANIZADEH S M. Conservation equations governing hillslope responses: Exploring the physical basis of water balance[J]. Water Resources Research, 2000, 36(7): 1845-1863.
[62] 丁晶,王文圣,金菊良. 论水文学中的尺度分析[J]. 四川大学学报(工程科学版),2003(3):9-13.
[63] 丁晶,王文圣. 水文相似和尺度分析[J]. 水电能源科学,2004(1):1-4.
[64] 夏军. 水问题的复杂性与不确定性研究与进展[M]. 北京:中国水利水电出版社, 2004.
[65] 于翠松. 水文尺度研究进展与展望[J]. 水电能源科学,2006(6):17-19+114.
[66] GUO S L, WANG J X, XIONG L H, et al. A macro-scale and semi-distributed monthly water balance model to predict climate change impacts in China[J]. Journal of Hydrology, 2002, 268(1-4): 1-15.
[67] 刘国纬. 水文循环的大气过程[M]. 北京:科学出版社,1997.
[68] BLÖSCHL G, SIVAPALAN M. Scale issues in hydrological modelling: A review[J]. Hydrological Processes, 1995, 9(3-4): 251-290.
[69] 李眉眉,丁晶,王文圣. 基于混沌理论的径流降尺度分析[J]. 四川大学学

报(工程科学版),2004(3):14-19.

[70] 夏军,胡宝清,谢平,等.区域尺度气象因子向局部尺度聚解的灰色系统与模式识别方法研究[J].水科学进展,1996(S1):73-79.

[71] BEVEN K. Linking parameters across scales: subgrid parameterizations and scale dependent hydrological models[J]. Hydrological Processes, 1995, 9(5-6): 507-525.

[72] BLÖSCHL G. Scaling in hydrology[J]. Hydrological Processes, 2001, 15(4): 709-711.

[73] MILLER J R, RUSSELL G L. Investigating the interactions among river flow, salinity and sea ice using a global coupled atmosphere-ocean-ice model[J]. Annals of Glaciology, 1997, 25: 121-126.

[74] KITE G W. Simulating Columbia River flows with data from regional-scale climate models[J]. Water Resources Research, 1997, 33(6): 1275-1285.

[75] LISTON G E, SUD Y C, WOOD E F. Evaluating GCM land surface hydrology parameterizations by computing river discharges using a runoff routing model: Application to the Mississippi Basin[J]. Journal of Applied Meteorology, 1994, 33(3): 394-405.

[76] BLAZKOV S, BEVEN K. Flood frequency prediction for data limited catchments in the Czech Republic using a stochastic rainfall model and TOPMODEL[J]. Journal of Hydrology, 1997, 195(1-4): 256-278.

[77] Dooge J. Scale problems in hydrology//Reflections in Hydrology: Science and Practice, Kiesel Memorial Lecture, American Geophysical Union, Washington D C:1986.

[78] CRAWFORD N H, LINSLEY R K. Digital simulation in Hydrology: Stanford watershed model Ⅳ [R]. Tech. Rep No. 39, Stanford University, 1966.

[79] LAW B E, FALGE E, GU L, et al. Carbon dioxide and water vapor exchange of terrestrial vegetation in response to environment [J]. Agricultural and Forest Meteorology, 2002, 113: 97-120.

[80] 任立良,刘新仁. 基于数字流域的水文过程模拟研究[J]. 自然灾害学报,2000, 9(4): 45-52.

[81] 芮孝芳,石朋.数字水文学的萌芽及前景[J].水利水电科技进展,2004

(6):55-58+73.

[82] 王光谦,刘家宏. 数字流域模型[M]. 北京:科学出版社,2006.

[83] MOORE I D, GRAYSON R B, LADSON A R. Digital terrain modeling: A review of hydrological, geomorphological, and biological applications[J]. Hydrological Processes, 1991, 5(1): 3-30.

[84] O'CALLAGHAN J F, MARK D M. The extraction of drainage networks from digital elevation data[J]. Computer Vision, Graphics, and Image Processing, 1984, 28(3): 323-344.

[85] WILSON J P, Gallant J C. Digital terrain analysis[M]//Terrain analysis: Principles and applications. New York:Wiley, 2000.

[86] FREEMAN T G. Calculating catchment area with divergent flow based on a regular grid[J]. Computers & Geosciences, 1991, 17(3): 413-422.

[87] QUINN P, BEVEN K, CHEVALLIER P, et al. The prediction of hillslope flow paths for distributed hydrological modelling using digital terrain models[J]. Hydrological Processes, 1991, 5(1): 59-79.

[88] 李丽,郝振纯. 基于 DEM 的流域特征提取综述[J]. 地球科学进展,2003 (2):251-256.

[89] LEA N J. An aspect-driven kinematic routing algorithm[M]//Overland Flow. CRC Press, 1992: 374-388.

[90] TARBOTON D G. A new method for the determination of flow directions and upslope areas in grid digital elevation models[J]. Water Resources Research, 1997, 33(2): 309-319.

[91] FAIRFIELD J, LEYMARIE P. Correction to "drainage networks from grid digital elevation models" by John Fairfield and Pierre Leymarie[J]. Water Resources Research, 1991, 27(10).

[92] XIONG L, GUO S, O'CONNOR K M. Review of methods for deriving physical descriptors of the watershed topography from DEM [J]. Advances in Water Science, 2002, 13(6): 775-780.

[93] WOLOCK D M, MCCABE JR G J. Comparison of single and multiple flow direction algorithms for computing topographic parameters in TOPMODEL[J]. Water Resources Research, 1995, 31(5): 1315-1324.

[94] MOORE I D, LEWIS A, GALLANT J C. Terrain attributes: estimation methods and scale effects[J]. Geography, 1993.

[95] BAND L E. Topographic partition of watersheds with digital elevation models[J]. Water Resources Research, 1986, 22(1): 15-24.

[96] JENSON S K, DOMINGUE J O. Extracting topographic structure from digital elevation data for geographic information system analysis [J]. Photogrammetric Engineering and Remote Sensing, 1988, 54(11): 1593-1600.

[97] MARTZ L W, DE JONG E. CATCH: A FORTRAN program for measuring catchment area from digital elevation models[J]. Computers & Geosciences, 1988, 14(5): 627-640.

[98] MARTZ L W, GARBRECHT J. Numerical definition of drainage network and subcatchment areas from digital elevation models [J]. Computers & Geosciences, 1992, 18(6): 747-761.

[99] GARBRECHT J, MARTZ L W. TOPAZ: An automated digital landscape analysis tool for topographic evaluation, drainage identification, watershed segmentation and subcatchment parameterization—TOPAZ user manual[M]. Durant: USDA-ARS Publication, 1997.

[100] GARBRECHT J, MARTZ L W. The assignment of drainage direction over flat surfaces in raster digital elevation models [J]. Journal of Hydrology, 1997, 193(1-4): 204-213.

[101] MARTZ L W, GARBRECHT J. An outlet breaching algorithm for the treatment of closed depressions in a raster DEM[J]. Computers & Geosciences, 1999, 25(7): 835-844.

[102] 孔凡哲,芮孝芳. 处理 DEM 中闭合洼地和平坦区域的一种新方法[J]. 水科学进展,2003(3):290-294.

[103] WANG L, LIU H. An efficient method for identifying and filling surface depressions in digital elevation models for hydrologic analysis and modelling [J]. International Journal of Geographical Information Science, 2006, 20(2): 193-213.

[104] 虞玉诚. 数字流域水系生成系统研究[D]. 河海大学,2005.

[105] 芮孝芳,石朋. 基于地貌扩散和水动力扩散的流域瞬时单位线研究[J]. 水科学进展,2002(4):439-444.

[106] 国家质量监督检验检疫总局,中国国家标准化管理委员会. GB/T 21010—2017. 土地利用现状分类[S]. 2017.

[107] 王船海,向小华. 通用河网二维水流模拟模式研究[J]. 水科学进展,2007(4):516-522.

[108] 王船海,梁金焰,林金裕,等. 闽江口河网二维潮流数学模型[J]. 台湾海峡,2002,21(4):389-399.

[109] 王船海,程文辉. 河道二维非恒定流场计算方法研究[J]. 水利学报,1991(1):10-18.

[110] 程文辉,王船海. 用正交曲线网格及"冻结"法计算河道流速场[J]. 水利学报,1988(6):18-25.

[111] 李光炽,王船海. 大型河网水流模拟的矩阵标识法[J]. 河海大学学报,1995(1):36-43.